浙江省“十四五”普通高等教育本科规划教材
国家理科基地教材

化学生物学实验

（第二版）

浙江大学化学系
主　编　曾秀琼　吴　起
副主编　汤谷平　方　芳　姚　波

科学出版社
北　京

内 容 简 介

本书共 8 章，第 1、2 章介绍了化学生物学实验基本知识和基本操作。第 3～8 章是实验部分，共编写了 37 个实验，包括生化分离分析实验、生物材料制备实验、化学中基因工程实验、化学中蛋白质工程实验、化学中细胞工程实验和探索性实验。书后的附录介绍了化学生物学实验特殊试剂的配制和最新生物信息数据库等资料。为了适应信息化教学的需求，本书配套了部分实验仪器的使用、代表性实验操作及相关内容等数字化资源，读者可扫描书中二维码观看。

本书可作为高等学校化学、化工、材料、药学、生物和医学等相关专业本科生、研究生的实验教材，也可作为相关领域科技工作者的参考书。

图书在版编目（CIP）数据

化学生物学实验 / 曾秀琼，吴起主编. —2 版. —北京：科学出版社，2024.1

国家理科基地教材

ISBN 978-7-03-077833-8

Ⅰ. ①化… Ⅱ. ①曾… ②吴… Ⅲ. ①生物化学–实验–高等学校–教材 Ⅳ. ①Q5-33

中国国家版本馆 CIP 数据核字（2024）第 006833 号

责任编辑：丁 里 李丽娇 / 责任校对：杨 赛

责任印制：吴兆东 / 封面设计：迷底书装

科学出版社 出版

北京东黄城根北街 16 号

邮政编码：100717

http://www.sciencep.com

北京厚诚则铭印刷科技有限公司印刷

科学出版社发行 各地新华书店经销

*

2013 年 1 月第 一 版 开本：787×1092 1/16

2024 年 1 月第 二 版 印张：12 1/4

2025 年 1 月第五次印刷 字数：283 000

定价：49.00 元

（如有印装质量问题，我社负责调换）

《化学生物学实验》(第二版)

编写委员会

主　编　曾秀琼　吴　起

副主编　汤谷平　方　芳　姚　波

编　委　(按姓名笔画排序)

王　琦　方　芳　白宏震　林贤福　邬建敏
汤谷平　李浩然　吴　起　陆　展　陈志春
陈恒武　周　峻　赵　璇　胡兴邦　胡秀荣
施蒂儿　姚　波　徐旭荣　奚凤娜　傅春玲
曾秀琼

第 1 章　化学生物学实验基本知识

1.1　实验室规则及须知

化学生物学实验是让学生掌握化学生物学专业知识、训练化学生物学实验技术和基本技能，从而培养学生专业综合能力和科研能力的重要课程。

学生应高度重视化学生物学实验的学习，严格遵守以下规章制度和要求：

(1) 遵守实验室的各项安全制度及防护要求。进入实验室需按要求着装，穿实验服，戴护目镜，挽起长发。禁止在实验室内吸烟和饮食。

(2) 实验前应认真预习，明确实验目的、基本原理和操作步骤，知晓所用仪器和试剂的使用及注意事项等。没有按要求完成预习任务的学生不能进入实验室。

(3) 认真细致地完成实验，积极思考，仔细观察，如实记录实验结果及数据。

(4) 注意生化药品、动植物样品、易燃易爆化学品等的使用，杜绝实验事故的发生。爱护实验仪器，节约实验用品，严禁私自带离实验物品。

(5) 配制的试剂和实验样品需贴上标签，放在冰箱中的易挥发溶液和酸性溶液需密封。

(6) 按要求进行杀死或解剖等动物实验操作，严禁将动物、手术器械或药物挪作他用。

(7) 按要求收集和处理实验废弃物，不能将其直接倒入水槽或者垃圾桶，特别是生物类废弃物需经消毒、灭菌或者其他无害化处理。

(8) 实验结束后，关闭所有电器，整理和清洗实验器具。经教师或助教检查同意后，方可离开实验室。注意，离开前应彻底洗净双手及手臂。

(9) 完成实验报告时，需对实验数据及结果进行分析和讨论，严禁伪造数据和抄袭。

1.2　实验室安全及防护知识

实验过程中使用的化学药品、试剂、仪器设备种类繁多，在实验工作中要求实验人员必须遵守操作规程，加强安全意识，避免一切可能发生的事故。化学生物学实验存在一些与常规实验室不同的安全隐患，因此必须熟悉有关事故的应急处理措施。

1.2.1　生物源的危害和防护

化学生物学实验中使用的部分生物材料，如微生物、动物组织、细胞培养液、血液和分泌物等，都可能存在细菌和病毒感染的潜在风险。处理这些生物材料时必须小心谨慎，严格做好自身的安全防护。做完实验后必须用肥皂、洗涤剂或消毒液洗净双手。

被污染的物品必须进行高压灭菌或烧成灰烬，被污染的实验桌面应擦洗消毒，被污染的玻璃用具应在清洗和高压灭菌之前浸泡在消毒液中。进行细胞实验和遗传重组实验时，更应根据有关规定加强生物危害的有效防范。

1.2.2　放射性和紫外线辐射的危害和防护

放射性材料和器具的存放和操作必须在有放射性标志的专用实验室中进行，切忌在普通实验室中进行。实验后应及时淋浴，定期进行体检。

紫外线对人体皮肤和眼睛的危害最为明显，严重时可导致皮肤癌和白内障。防止紫外线危害的主要措施有：①在紫外线下操作时要戴防护手套，佩戴具有紫外线防护功能的护目镜或防护面罩，并遮蔽暴露的皮肤；②紫外照射消毒后空气中臭氧富集，不宜立即开始工作，应在停止紫外线照射 30min 后开始工作；③超净工作台进行紫外线照射消毒后，应用强风吹扫后再进行工作。

1.2.3　生物样品的存放

生物样品大多需要低温保存。例如，大多数酶试剂、蛋白质和 DNA 等样品都可以 2～8℃冷藏，或者−20～−18℃冷冻保存。

(1) 微生物菌种的冷冻保存：通常将微生物菌种保存在 10%～30%甘油溶液中(菌种和甘油按 1∶1 的比例)，然后置于−80℃冷冻保存。

(2) 细胞的冷冻保存：取生长良好且存活率较高状态下的细胞进行冷冻保存，可用二甲基亚砜(DMSO)或甘油作为冷冻保护剂，冷冻保护剂浓度为 5%或 10%。

(3) 传统降温的冷冻保存：先将冻存管放入 4℃冰箱约 40min，再置于−20℃冰箱 30～60min，然后置于−80℃超低温冰箱中过夜，最后置于液氮罐中长期保存。

(4) 程序降温的冷冻保存：先利用等速降温机以 1～3℃ · min^{-1} 的速度降至−120℃，再置于液氮槽中长期储存。

1.2.4　生物类实验废弃物的处理

生物类实验废弃物应根据其物理化学特性、病源特性选择合适的容器和方式，专人分类收集，进行消毒灭菌或焚烧处理，做到日产日清。液体废弃物一般可加漂白粉进行氯化消毒处理，固体可燃性废弃物可及时焚烧，固体非可燃性废弃物分类收集后可加漂白粉进行氯化消毒处理后做最终处置。具体如下：

(1) 可燃性的固体废弃物，如一次性鞋套、帽子、工作服和口罩等，可放入污物袋内集中焚烧。

(2) 可重复利用的器材，如玻璃器皿和搪瓷容器等，可先用消毒液浸泡后清洗，再经高压蒸汽灭菌后重新使用。

(3) 含有或者接种过大肠杆菌等微生物的废弃物需先用消毒片处理或高压灭菌，再倒入下水道或专用垃圾桶。接触过大肠杆菌等微生物的实验器材需用消毒液浸泡或高压灭菌。注意，切勿直接将未处理的含菌废弃物倒入水槽或垃圾桶。

(4) 含有 PCR 产物的废弃物应用 1mol · L^{-1} HCl 溶液浸泡 6h 以上。PCR-ELISA 检测所产生的洗板废液应收集至 1mol · L^{-1} HCl 溶液中。

(5) 含有尿、唾液和血液等生物样品的废弃物应先用漂白粉处理 2～4h，再倒入化粪池或厕所，或者将它们进行焚烧处理。

(6) 含有 EB 废弃物的处理方法。

EB 含量大于 $0.5mg \cdot mL^{-1}$ 的溶液：用水稀释至浓度低于 $0.5mg \cdot L^{-1}$；加入一倍体积的 $0.5mol \cdot L^{-1}$ $KMnO_4$，再加入等量的 $25mol \cdot L^{-1}$ HCl，室温放置数小时；加入一倍体积的 $2.5mol \cdot L^{-1}$ NaOH，混匀并废弃。

EB 含量小于 $0.5mg \cdot L^{-1}$ 的溶液：小于 $10\mu g \cdot L^{-1}$ 时，可以直接倒入水槽；大于 $10\mu g \cdot L^{-1}$ 时，按 $1mg \cdot mL^{-1}$ 的量加入活性炭后充分混匀，用滤纸过滤，将活性炭与滤纸密封后置于专门的回收容器中。

含 EB 的电泳胶：如果 EB 含量小于 0.1%，可以直接扔掉。如果胶发红，即表明 EB 含量超过 0.1%，应进行焚烧处理。

其他接触 EB 的固体废弃物：回收至黑色的玻璃瓶中，定期进行焚烧处理。

(7) 实验动物尸体(包括内脏器官)、粪便及其分泌物等的处理办法。

正常饲养动物排放的无害污秽垫料，必须用塑料袋包装，放置在指定的地点，按垃圾处理；有潜在危害及感染性的污秽垫料，必须用专用塑料袋包装，交由专门部门进行无害化处理。

无潜在危害的实验动物尸体、脏器，必须用塑料袋包装，进行掩埋或焚烧等无害化处理。

有潜在危害及感染性的动物尸体和废弃物，消毒后用专用塑料袋严格包装，置于专用冰柜，交由专门部门进行无害化处理。

1.2.5　其他的实验室安全及防护知识、实验室废弃物处理

1. 防中毒的基本措施和应急处理

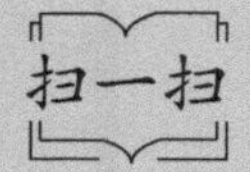

1-1　防中毒的基本措施和应急处理

2. 防化学烧伤与割伤的基本措施和应急处理

扫一扫　1-2　防化学烧伤与割伤的基本措施和应急处理

3. 防触电的基本措施和应急处理

扫一扫　1-3　防触电的基本措施和应急处理

4. 防爆的基本措施和应急处理

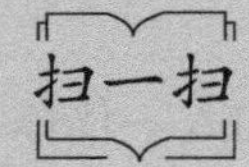

1-4　防爆的基本措施和应急处理

5. 防火的基本措施和应急处理

1-5　防火的基本措施和应急处理

6. 常见化学试剂的储存

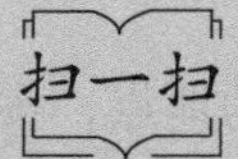

1-6　常见化学试剂的储存

7. 常见化学废液的处理

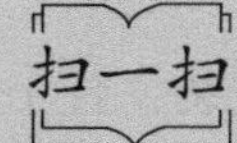

1-7　常见化学废液的处理

（吴　起、曾秀琼、汤谷平）

第 2 章　化学生物学实验基本操作

2.1　常用仪器的洗涤

化学生物学实验对仪器清洁程度的要求比一般化学实验更高。这是因为化学生物学实验中经常用到蛋白质、核酸、细胞、菌液等生化试剂或生物样品，它们对许多常见的杂质如金属离子和有机物等都十分敏感，“微升”和“微克”级的微量杂质影响都很大。玻璃器皿、金属器皿、塑料和橡胶制品等不同材质的仪器的洗涤方法略有不同，下面进行简单介绍。

2.1.1　玻璃器皿的洗涤

玻璃器皿的洗涤一般经过浸泡、刷洗、浸酸和清洗四个步骤。通常要求洗涤后玻璃器皿内壁被水完全润湿，不挂水珠。

新购置的玻璃器皿应先置于 1%～2%稀盐酸中浸泡过夜，以除去附着的碱性物质，再用自来水冲洗干净，最后用去离子水润洗 2～3 次，自然晾干或 100℃左右烘干备用。

使用后的玻璃器皿先用毛刷蘸洗涤剂刷洗，再分别用自来水冲洗和去离子水润洗。

附着有色物质或者油污的比色皿，可先用 HCl-乙醇溶液或 5% NaOH 浸泡，再按常规方法洗涤。注意，绝不可用强酸或强碱长时间浸泡比色皿。

接触过微生物样品的玻璃器皿应先进行高压灭菌后再洗涤。接触过血浆的容器可以用 45%尿素溶液(或 1%氨水)浸泡，使血浆溶解，然后按常规方法洗涤。

严重污染的玻璃器皿可先用铬酸洗液浸泡，再按常规方法洗涤。铬酸洗液是浓硫酸和重铬酸钾饱和溶液的混合液，具有很强的氧化性、腐蚀性、酸性和去污能力。使用铬酸洗液时需小心，务必注意安全。

2.1.2　其他材质器皿的洗涤

塑料器皿在化学生物学实验中使用较多，这些材料通常耐腐蚀能力强、不耐热。现用的塑料制品多是采用无毒并经特殊处理的包装，打开包装即可使用，多为一次性物品。若需洗涤的塑料制品，第一次使用时，可先用 8mol · L^{-1} 尿素(用盐酸调 pH=1)清洗，然后依次用去离子水、1mol · L^{-1} KOH 和去离子水清洗，再用 1×10^{-3}mol · L^{-1} EDTA 除去金属离子的污染，最后用去离子水彻底清洗。每次使用时，可只用 0.5%去污剂清洗，然后用自来水和去离子水洗净，晾干备用。

化学生物学实验中所用的橡胶制品主要是瓶塞。新购置的瓶塞带有大量滑石粉及杂质，应先用自来水冲洗，再做常规处理。常规洗涤方法是：每次用后立即置于水中浸泡，然后用 2% NaOH 或洗衣粉煮沸 10～20min，以除去黏附的蛋白质。自来水冲洗后再用 1%

盐酸浸泡30min，或者去离子水冲洗后煮沸10～20min，晾干备用。

铝和搪瓷器皿中的污垢可用5%～10%硝酸溶液洗涤。

2.2 常用消毒灭菌方法

化学生物学实验涉及细胞培养和生化反应等操作，这些操作必须排除其他生物因素的干扰，因此实验前必须进行消毒灭菌处理，否则很容易导致实验失败。常用的灭菌方法可分为物理法和化学法。物理法主要有加热灭菌、过滤除菌和紫外线辐射灭菌等；化学法主要是利用消毒液和抗生素溶液进行擦拭和浸泡。

2.2.1 物理消毒灭菌方法

1. 高温干热灭菌

高温干热灭菌方法可分为热空气灭菌和火焰灼烧灭菌。

热空气灭菌是将物品在160℃以上保持90～120min，使蛋白质变性，杀死细菌和芽孢而达到灭菌目的。主要用于体积较大的玻璃器皿(如烧杯和培养瓶)、金属器皿以及不能与蒸汽接触的物品(如粉剂和油剂)等的消毒灭菌。火焰灼烧灭菌常利用酒精灯的火焰进行灼烧消毒。主要用于接种环、接种针和镊子等金属用具，以及试管口、瓶口和玻璃涂布棒等玻璃器具的消毒灭菌。

2. 高温湿热灭菌

煮沸消毒和高压蒸汽灭菌都是常用的高温湿热灭菌方法。

煮沸消毒是利用100℃煮沸5min可杀死一切细菌繁殖体的原理，具有条件简单、使用方便等特点。高压蒸汽灭菌对生物材料有良好的穿透力，能造成蛋白质变性凝固而使微生物死亡，常用于培养基、工作服、橡胶物品等的灭菌。从高压灭菌锅中取出消毒完毕的物品(不包括液体)，应烘干后储存备用，否则潮湿的物品表面容易被微生物污染。

3. 过滤除菌

过滤除菌是将液体或气体样品通过微孔薄膜或微孔膜过滤器，从而滤去大于孔径的细菌等微生物颗粒。过滤除菌大多用于遇热容易变性而失效的试剂、培养液和血清等灭菌。

4. 紫外线辐射灭菌

紫外线是波长为200～300nm的一种低能量电磁辐射，可杀死多种微生物。紫外线的直接作用是通过破坏微生物的核酸及蛋白质等而使其灭活，间接作用是通过紫外线照射产生的臭氧杀死微生物。紫外线辐射工作台的距离应不超过1.5m，照射时间以30min为宜。紫外线对培养细胞与试剂等会产生不良影响，因此不要开着紫外灯进行操作。

2.2.2 化学消毒灭菌方法

化学消毒灭菌方法的原理是用化学试剂破坏细菌的代谢机能，从而抑制或杀死微生物。常见的化学消毒灭菌剂有凝固蛋白消毒剂(酚类、酸类和醇类)、溶解蛋白消毒剂(氢氧化钠和石灰等)、氧化蛋白类消毒剂(含氯消毒类和过氧化物类)、阳离子表面活性剂(季铵盐类)、烷基化消毒剂(福尔马林和环氧乙烷等)。下面介绍一些使用较多的化学消毒剂。

(1) 乙醇：75%乙醇常用于皮肤消毒和体温计浸泡消毒，可迅速杀灭细菌，对一般病毒作用较慢。因不能杀灭芽孢，故不能用于手术器械等的浸泡消毒。

(2) 乳酸：常用于空气消毒，$100m^3$空间用 10g 乳酸熏蒸 30min，即可杀死葡萄球菌及流感病毒。

(3) 漂白粉：应用最广的杀菌剂，主要成分为有效浓度 25%～30%的次氯酸钙，可渗入细胞内，氧化细胞酶的硫醇基团，破坏胞浆代谢，特别是在酸性环境中杀菌力更强。

(4) 过氧乙酸：具有漂白和腐蚀作用，是一种高效消毒剂。常用浓度为 0.5%～2%，可通过浸泡、喷洒、擦抹等方法进行消毒。

(5) 新洁尔灭：属于季铵盐类阳离子表面活性剂，可用其 0.1%水溶液对皮肤、器械、工作台表面进行擦拭和浸泡消毒。

(6) 福尔马林：属于烷基化消毒剂，含有 34%～40%甲醛，有较强的杀菌作用。1%～3%溶液可杀死细菌繁殖体，5%溶液可杀死芽孢。适用于皮毛、人造纤维、丝织品等不耐热物品的消毒。

2.3　化学生物学样品的处理和纯化

化学生物学实验中研究的样品大多数是生物大分子，包括蛋白质、糖和核酸。研究这些生物大分子的性质，首先要得到高度纯化且具有生物活性的目标样品，这就涉及样品的处理和纯化等技术。下面分别进行介绍。

2.3.1　材料的选取和前处理

微生物、植物和动物都可作为制备生物大分子的原材料，所选用的材料主要依据实验目的确定。对于微生物，应注意它的生长状态，在微生物的对数生长期，细胞活性较强，可以获得高产量。植物材料所含生物大分子的量则随植物品种和生长发育状况不同而有所变化。对于动物组织，必须选择有效成分含量丰富的脏器组织为原材料，先进行破碎、脱脂等处理。预处理后的样品可冷冻保存。

2.3.2　细胞的破碎

蛋白质、基因重组产品、胞内酶、干扰素、胰岛素、生长激素等基因工程产物都是细胞内的分泌物质，因此需要将收集的细胞进行破碎，使目标产物释放出来。破碎细胞的方法主要有机械破碎法、物理破碎法、化学破碎法和生物法等。

机械破碎法处理量大，破碎效率高，主要依靠球磨作用和均质作用。机械破碎法包括珠磨法、高压匀浆法、撞击破碎法和超声波破碎法等。其中，超声波破碎法在处理少量样品时操作方便，液体损失量少，破碎率高。

物理破碎法主要包括渗透压冲击法和反复冻融法。渗透压冲击法是各种细胞破碎方法中最温和的一种，通过渗透压由高到低的突然变化，水迅速进入细胞，引起细胞壁和细胞膜的膨胀破裂。反复冻融法是基于冷冻后细胞膜的疏水键结构破裂而增加细胞的亲水性，并且细胞内的水形成冰晶，反复冻融后，细胞会发生膨胀而破裂。

化学破碎法是利用化学试剂改变细胞壁或细胞膜的结构，使细胞膜破裂而释放胞内物质。

生物法中的酶溶法是利用水解酶分解细胞壁上的化学键，使细胞壁破碎而释放出其内含物。酶溶法具有选择性好、破碎效率高、对目标产物破坏小、操作条件要求低等优点。

2.3.3　蛋白质的提取和纯化

1. 蛋白质的提取

影响蛋白质提取的主要因素是溶解度及扩散。对于水溶性蛋白质，可以采用水溶液提取法，提取液的 pH、盐浓度和温度等对提取效果都有明显影响。对于疏水性蛋白质，可以采用有机溶剂提取法。

2. 蛋白质的分离纯化

蛋白质的分离纯化方法很多，根据目标蛋白质及杂质性质主要可分为以下四大类：

(1) 根据蛋白质溶解度不同进行分离的方法主要有盐析法、等电点沉淀法、低温有机溶剂沉淀法。

(2) 根据蛋白质分子大小差别进行分离的方法主要有超滤法和凝胶过滤法。

(3) 根据蛋白质带电性质进行分离的方法主要有电泳法、离子交换色谱法等。

(4) 根据配体特异性进行分离的方法有亲和色谱法。

2.3.4　核酸的提取和纯化

1. 常规方法

核酸的分离主要是指将核酸与蛋白质、多糖、脂肪等生物大分子分开，操作中要避免核酸的降解。细胞中的核酸主要有脱氧核糖核酸(DNA)和核糖核酸(RNA)，这些核酸的水溶性比蛋白质高。核酸分离纯化的基本方法包括酚抽提法、色谱法和密度梯度离心法。

(1) 酚抽提法：利用核酸和蛋白质的溶解度不同，加入有机溶剂和无机盐等溶液，即可获得纯度较高的核酸。

(2) 色谱法：主要包括亲和色谱、离子交换色谱等。因分离和纯化同步进行，并且有试剂盒供应，色谱法被广泛应用于核酸的纯化。

(3) 密度梯度离心法：利用单双链 DNA、RNA、蛋白质等的密度不同，经过密度梯度离心，从而实现分离和纯化。

2. 质粒 DNA 的提取与纯化

质粒是细菌内独立于染色体并能自我复制的双链共价闭合环状 DNA 分子，是携带外源基因进入细菌中扩增或表达的重要载体。质粒 DNA 的提取与纯化的方法很多，主要包括碱裂解法、煮沸裂解法和 SDS 裂解法等。

(1) 碱裂解法：该方法是一种适用范围很广的方法，能从所有的大肠杆菌(*E. coli*)菌株中分离出质粒 DNA。碱裂解法是利用 SDS 和 NaOH 的共同作用，使细胞中蛋白质与染色体 DNA 发生变性，释放出共价闭环的质粒 DNA，后者通过无水乙醇沉淀和 70%乙醇回收。

(2) 煮沸裂解法：该方法是加入裂解液后煮沸，以破坏细胞而释放 DNA，离心后去除变性蛋白质等组分，从上清液中即可得到质粒 DNA。此方法的操作简单，成本低，但抗干扰能力差。

(3) SDS 裂解法：该方法是将细胞悬浮于等渗蔗糖溶液中，先用溶菌酶和 EDTA 破坏细胞壁，再用 SDS 裂解。SDS 裂解法的条件比前面两种方法温和，因此可以用于大质粒 DNA(＞15kb)的提取。

2.3.5 样品的浓缩和干燥

核酸和蛋白质等生物大分子在提取和纯化后，往往需要进行浓缩和干燥。常用的浓缩和干燥方法有以下几种。

(1) 冷冻干燥法：也称“冻干”，即先将含蛋白质或核酸的溶液或混悬液冷冻成固态，然后在低温和高真空度下使冰升华，留下浓缩、干燥物质的过程。

(2) 超滤法：利用不同孔径大小薄膜对溶液中各种不同相对分子质量的溶质分子截留的性质，进行选择性过滤。

(3) 沉淀法：利用不同溶剂或缓冲液对核酸和蛋白质的溶解度不同，通过沉淀的方法回收被稀释的样品，从而实现浓缩。

(4) 减压蒸发：降低体系压力使水的沸点降低，从而加速蒸发，实现样品浓缩。

(5) 吸收法：通过吸附剂直接去除溶剂分子，使样品浓缩。注意：吸附剂应易于分离，不能与溶液组分发生化学反应，不吸附和破坏生物大分子。

2.4 离心技术

离心技术是物质分离的一个重要手段，它是将悬浮着细小颗粒的待分离溶液置于离心转头中，利用转头高速旋转所产生的离心力，将微小颗粒按密度或质量的不同而实现分离的一种技术。离心技术从 19 世纪末出现发展至今，离心机的基本结构变化不大。

2.4.1 离心技术的原理

当物体围绕中心轴做圆周运动时，运动物体受到离心力的作用。旋转速度越快，运动物体所受到的离心力越大。在相同转速条件下，容器中不同大小的悬浮颗粒或高分子溶质以不同的速率沉降。经过一定时间的离心操作，就有可能实现不同悬浮颗粒或高分子溶质的有效分离。

1. 沉降速度

沉降速度是指在强大的离心力作用下，单位时间内物质颗粒沿半径方向运动的距离。

$$\frac{\mathrm{d}x}{\mathrm{d}t}=\frac{2r^2(\rho_\mathrm{p}-\rho_\mathrm{m})}{9\eta}\omega^2X=\frac{d^2(\rho_\mathrm{p}-\rho_\mathrm{m})}{18\eta}\omega^2X$$

式中，r 为球形粒子半径；d 为球形粒子直径；η 为流体介质的黏度；ρ_p 为粒子的密度；ρ_m 为介质的密度；ω 为旋转角速度；X 为离心转子的半径距离，cm。

从上式可知，颗粒沉降速度与以下三方面因素有关。

(1) 颗粒本身的性质：沉降速度与颗粒直径和密度成正比。

(2) 介质的性质：沉降速度与介质的黏度、密度成反比。

(3) 离心条件：颗粒沉降速度与离心时的转速、旋转半径成正比。

2. 沉降系数

沉降系数是指颗粒在单位离心力场中粒子移动的速度。沉降系数用 s 表示，是为了纪念斯韦德贝里(Svedberg)对离心技术的贡献。$10^{-13}s$ 称为斯韦德贝里单位或沉降系数单位，用 S 表示，即 $1S=10^{-13}s$。

沉降系数是生物大分子的特征常数，除与颗粒的密度、形状和大小有关外，还与介质的密度、黏度有关，因此它与温度及浓度有密切的依赖关系。为了便于比较在不同的条件下所测得的沉降系数，通常规定温度为 20℃、以水为介质的条件下，测得的 s 值为标准状态 s 值。

根据 1924 年斯韦德贝里对沉降系数的定义，s 的表示式为

$$s=\frac{\mathrm{d}x/\mathrm{d}t}{\omega^2X}=\frac{d^2(\rho_\mathrm{p}-\rho_\mathrm{m})}{18\eta}$$

从上式可看出：①当 $\rho_\mathrm{p}>\rho_\mathrm{m}$ 时，$s>0$，粒子顺着离心方向沉降；②当 $\rho_\mathrm{p}=\rho_\mathrm{m}$ 时，$s=0$，粒子到达某一位置后达到平衡；③当 $\rho_\mathrm{p}<\rho_\mathrm{m}$ 时，$s<0$，粒子逆着离心方向上浮。

2.4.2 离心机的类型和转头的分类

1. 离心机的类型

离心机按用途可分为分析用、制备用及分析-制备用离心机；按结构特点可分为管式、吊篮式、转鼓式和碟式等类型；按转速大小可分为低速($<1.0\times10^4\mathrm{r\cdot min^{-1}}$)、高速($1.0\times10^4\sim2.5\times10^4\mathrm{r\cdot min^{-1}}$)和超速($>2.5\times10^4\mathrm{r\cdot min^{-1}}$)三种类型。

低速离心机又称为常速离心机，其最大转速在 $1.0\times10^4\mathrm{r\cdot min^{-1}}$ 以内，相对离心力在 10^4g 以下，主要用于分离细胞、细胞碎片、培养基残渣等固形物以及粗结晶等较大颗粒。高速离心机的转速为 $1.0\times10^4\sim2.5\times10^4\mathrm{r\cdot min^{-1}}$，相对离心力达 $1\times10^4g\sim1\times10^5g$，主要用于分离各种沉淀物、细胞碎片和较大的细胞器等。超速离心机的转速达 $2.5\times10^4\sim8\times10^4\mathrm{r\cdot min^{-1}}$，最大相对离心力可以超过 5×10^5g。

2. 常见离心转头的分类

(1) 角式转头：角式转头是指离心管腔与转轴成一定倾角的转头。它由一块完整的金属制成，拥有 4～12 个装离心管用的机制孔穴(离心管腔)，孔穴的中心轴与旋转轴之间的角度为 20°～40°，角度越大，沉降越结实，分离效果越好。

(2) 水平转头：水平转头由吊着的 4 个或 6 个吊篮(离心套管)构成。当转头静止时，吊篮垂直悬挂，当转头转速达到 200～800r · min^{-1} 时，吊篮荡至水平位置，此时离心管方向与离心力方向一致，使得样品在离心过程中具有相对最长的粒子移动路径(图 2.1)，同时减少了对流和涡旋引起的壁效应，提高了分离纯度。这种转头最适合进行密度梯度区带离心。

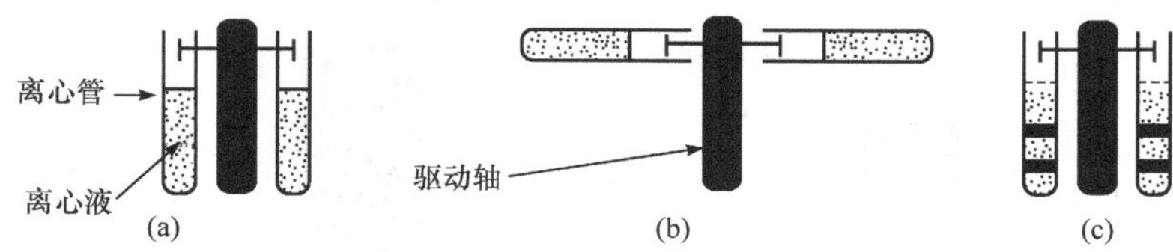

图 2.1　沉降颗粒在水平转头中离心时的行为和结果

(a) 起始状态；(b) 运行状态；(c) 结束状态

(3) 垂直转头：垂直转头中离心管垂直放置。离心前，离心管中的样品溶液受重力的作用呈水平分布；离心时，离心力作用使液面由水平分布转为垂直分布，被分离颗粒沉降在后半管壁。垂直转头的样品沉降距离特别短，对流也不明显，离心所需时间短，适用于密度梯度区带离心。

2.4.3　常用离心方法

1. 差速离心

采用不同的离心速度和离心时间，使沉降速度不同的颗粒分批分离的方法称为差速离心。差速离心一般采用角式转头。操作时，采用均匀的悬浮液进行离心，选择合适的离心力和离心时间，使大颗粒先沉降，取出上清液，在加大离心力的条件下再进行离心，分离得到较小的颗粒。经多次离心后不同大小的颗粒分批分离(图 2.2)。差速离心得到的沉降物含有较多杂质，需经过重新悬浮和多次离心，才能获得较纯的分离产物。

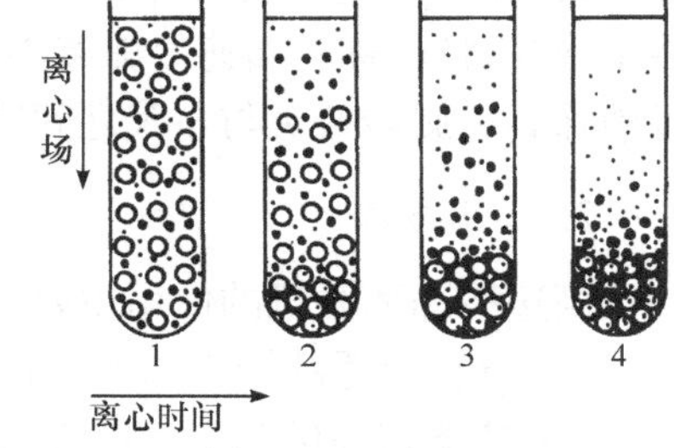

图 2.2　差速离心

差速离心主要用于分离大小和密度差异较大的颗粒。

2. 速度区带离心

在离心管中灌装好预制的一种正密度梯度介质液，在其表面小心铺上一层样品溶液。该正密度梯度介质液的最大密度低于样品混合物的最小密度。在离心过程中，样品中各组分按照它们各自的沉降速度沉降，被分离成一系列的样品组分区带，故称为速度区带离心[图 2.3(a)]。该方法依据样品中各组分沉降速度的差别而使其分离，离心过程中各组分的移动是相互独立的。速度区带离心时间不能过长，必须在沉降速度最大的样品区带沉降到离心管底部之前就停止离心，否则样品中所有的组分都将沉淀下来，不能达到分离的目的。

3. 等密度离心

如果离心管中介质的密度梯度范围包括样品中所有组分的密度，离心过程中各组分将逐步移至与它本身密度相同的地方形成区带[图 2.3(b)]，这种分离方法称为等密度离心。在等密度离心中，各组分的分离完全取决于组分之间的密度差。离心时间的延长或转速提高不会破坏已经形成的样品区带，也不会发生共沉现象。

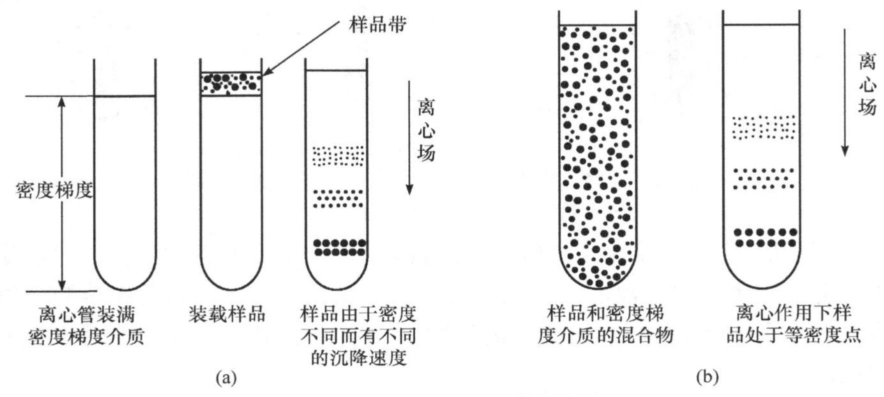

图 2.3　速度区带离心(a)和等密度离心(b)

2.4.4　高速冷冻离心机

1. 基本原理

为了防止高速离心过程中温度升高而使酶等生物分子变性失活，有些高速离心机安装了冷冻装置，称为高速冷冻离心机。高速冷冻离心机的温度可以调节和维持在 0～40℃，以消除高速旋转转头与空气之间摩擦而产生的热量。

2. 使用方法

高速冷冻离心机的使用主要包括以下步骤：

(1) 选择合适的转头和离心管。

(2) 按下离心机盖门，接通电源，离心机进入待机和预冷状态。

(3) 打开离心机盖门，取出预冷的离心管，将样品倒入离心管内，在天平上将对称放置的离心管(连同盖子)进行平衡。

(4) 旋紧离心管，对称放入转头的孔内，按下离心机盖门。

(5) 设置合适的离心参数，按 START 键，离心机进行运转并开始倒计时。

(6) 离心结束转子完全停止时，离心机盖门自动弹开，此时方可取出离心管。

3. 使用注意事项

高速离心机的转速高，产生的离心力大，若使用不当可能发生严重事故，因此使用离心机时必须严格遵守操作规程。

(1) 预冷状态时需按下离心机盖门，离心结束后吸干腔内水，离心机盖门保持打开。

(2) 离心前务必拧紧转头和离心管，否则会造成事故。

(3) 高速离心时，离心管所盛液体不能超过总容量的 2/3，否则液体容易溢出。

(4) 对称放置的离心管质量需相同，否则会对离心机造成很大的损伤。

(5) 在离心过程中，操作人员不得离开离心机室。一旦发生异常情况，先按 STOP 键。

(6) 离心机要水平放置，机器运转时不得移动离心机。

(7) 转头长时间不用时要涂一层上光蜡保护，严禁使用变形、损伤或老化的离心管。

2.5 常用色谱分离技术

随着生物工程技术和医药工业的迅猛发展，蛋白质及酶在工业生产、生化研究、临床等方面的应用越来越广泛，纯度高、结构和活性完整的蛋白质样品的需求日益增加。蛋白质的分离纯化技术已成为生命科学研究、生物技术产业化的关键之一。蛋白质的分离纯化方法主要包括凝胶电泳法和色谱法，其中色谱法的最大特点是分离效率高，可以应用于氨基酸、糖和蛋白质等的分离。根据蛋白质相对分子质量的大小、电荷、疏水性、生物亲和性和溶解性等性质，色谱法分离蛋白质的模式有凝胶色谱、离子交换色谱、反相色谱、亲和色谱和分配色谱等。下面简单介绍几种色谱分离技术，疏水作用色谱和亲和色谱详见实验 1 和实验 2。

2.5.1 凝胶色谱

凝胶色谱(gel chromatography，GC)又称凝胶渗透色谱(gel permeation chromatography，GPC)，是以多孔凝胶填料为固定相，利用凝胶对不同分子大小组分的阻滞作用不同，从而达到分离的效果。

凝胶色谱的固定相是惰性的球状凝胶颗粒，颗粒内部具有立体网状结构，形成很多孔穴。当含有不同分子大小的组分样品进入凝胶色谱柱后，各组分向固定相的孔穴内扩散，组分的扩散程度取决于其分子大小和孔穴的大小。比孔穴孔径大的分子不能扩散到孔穴内部，只能随流动相向下流动，因而最先流出；较小的分子则可以扩散到孔穴内部，流动速度慢，因而最后流出。样品经过凝胶色谱后，各组分按分子大小依次流出，从而达到分离目的(图 2.4)。

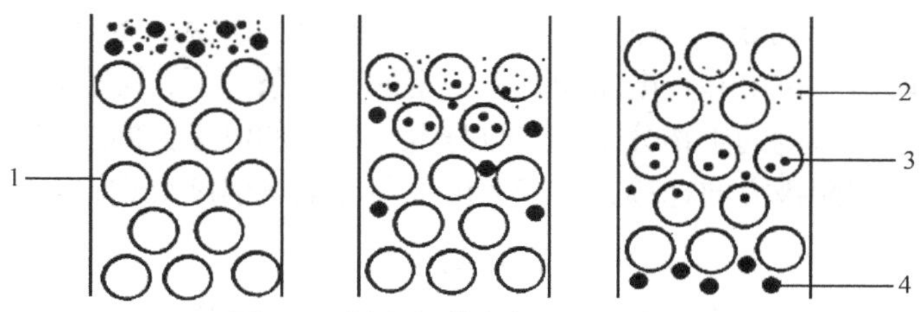

图 2.4 凝胶色谱分离原理示意图

1. 凝胶颗粒；2. 小分子组分；3. 中等分子组分；4. 大分子组分

2.5.2　离子交换色谱

离子交换色谱(ion exchange chromatography，IEC)是利用不同组分与离子交换剂亲和力的不同而进行分离的色谱方法，广泛应用于氨基酸、蛋白质、多肽和核酸等离子型生物分子的分离，具有灵敏度高、选择性和重复性好、分离速度快等优点。

离子交换色谱的固定相是离子交换剂，它是由不溶于水的高分子(母体)引入可解离的电荷基团(活性基团)形成的。根据活性基团所带电荷的性质，离子交换剂分为阳离子交换剂和阴离子交换剂(图 2.5)。

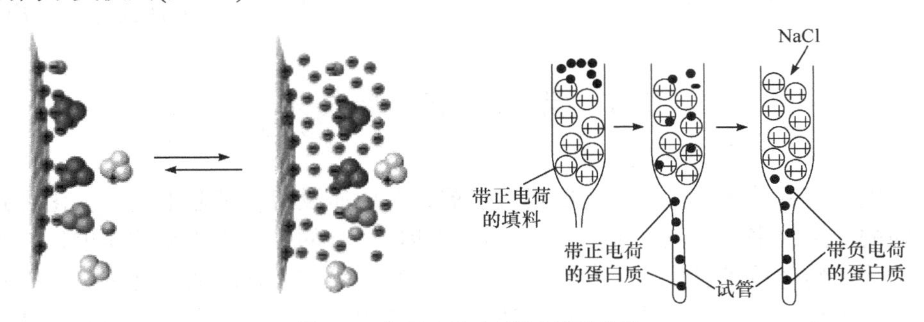

图 2.5　离子交换色谱原理示意图

2.5.3　反相色谱

反相色谱(RPC)是液相色谱分离模式中应用较为广泛的一种，在各种有机化合物的分离和分析中起着重要作用。20 世纪 80 年代后，反相色谱法逐渐应用于生物大分子(如蛋白质、多肽、核酸)的分离和鉴定。

反相色谱柱固定相与被分离物之间的作用为疏水作用。由于蛋白质本身的疏水性有差异，具有疏水能力的填料通过与蛋白质疏水基团的相互作用实现蛋白质的分离。反相色谱具有柱效高、分离能力强和重复性好等优点。值得注意的是，反相色谱中固定相的疏水性较强，因此可能使相对分子质量较大的蛋白质发生构象变化而失活，因此反相色谱在生物分离中主要应用于肽类物质的分离。

2.6　电 泳 技 术

2.6.1　基本原理

电泳是指带电粒子或分子在电场中定向移动的现象。DNA、蛋白质等生物大分子属于两性物质，即同时具有正电和负电基团，在一定的 pH 条件下，可表现为净电荷为正或为负。在电场作用下，带电的生物分子朝与自身电荷相反的电极方向迁移，即阴离子向阳极方向迁移，阳离子向阴极方向迁移，电场力由电荷和电场强度决定，可用下式表示：

$$F = qE$$

式中，F 为带电粒子所受电场力；q 为净电荷；E 为电场强度。

除电场力外，带电粒子在迁移过程中还受到溶液的阻力(F')作用，其大小可以用斯托克斯(Stokes)公式来表征：

$$F' = 6\pi r\eta v$$

式中，r 为带电粒子的半径；η 为溶液的黏度系数；v 为带电粒子的迁移速率。当带电粒子在电场中匀速运动时，$F = F'$，则可以得到

$$qE = 6\pi r\eta v$$

电泳迁移率(m)可以表述为单位电场强度($1\text{V}\cdot\text{cm}^{-1}$)下带电粒子的迁移速率

$$m = v / E = q / 6\pi r\eta$$

由上式可知，电泳迁移率与带电粒子所带净电荷成正比，与带电粒子的大小和溶液的黏度成反比。

DNA 凝胶电泳就是利用 DNA 分子在电场中的电泳行为，利用凝胶填充介质对不同相对分子质量的 DNA 的阻力不同而实现分离的技术。

2.6.2　琼脂糖凝胶电泳

琼脂糖凝胶电泳(agarose gel electrophoresis)是以琼脂糖作为筛分介质的一种电泳方法，用于分离相对分子质量较大的 DNA 或病毒等。琼脂糖是一种线形中性高聚物，其分子结构由 1,3-连接的 β-D-半乳呋喃糖和 1,4-连接的 3,6-脱水 α-L-半乳呋喃糖构成。

琼脂糖在水中加热到 90℃以上完全溶解，温度降至 30～40℃时凝固成半透明的果冻状胶体，琼脂糖凝胶电泳就是利用这种胶体作为筛分介质建立起来的一种分离技术。电泳过程中，DNA 片段的迁移距离(迁移率)与碱基对的个数成反比。因此，大片段 DNA 迁移速率慢，小片段 DNA 迁移速率快。根据一系列已知相对分子质量的 DNA 标准品(marker)与未知样品的迁移距离，可以推测未知 DNA 的相对分子质量。琼脂糖凝胶浓度一般为 0.3%～2.0%(w/V)，根据 DNA 片段的大小选择合适的凝胶浓度。琼脂糖凝胶具有制备简单、结构均一、易于染色等优点，是目前应用最为广泛的平板凝胶电泳技术。

2.6.3　聚丙烯酰胺凝胶电泳

聚丙烯酰胺凝胶电泳(polyacrylamide gel electrophoresis，PAGE)也是常见的电泳技术，通常用于分离蛋白质和小分子核酸。聚丙烯酰胺凝胶是由丙烯酰胺单体(Acr)和交联剂 N,N'-甲叉双丙烯酰胺(bis-acrylamide，Bis)在过硫酸铵(催化剂)及四甲基乙二胺(加速剂)作用下形成的三维网状高聚物。聚丙烯酰胺凝胶的孔径大小由凝胶的浓度(T，%)和交联度(C，%)两个因素决定。

$$T = \frac{m_{\text{Acr}}(\text{g}) + m_{\text{Bis}}(\text{g})}{V(\text{mL})} \times 100\%$$

$$C = \frac{m_{\text{Bis}}(\text{g})}{m_{\text{Acr}}(\text{g}) + m_{\text{Bis}}(\text{g})} \times 100\%$$

改变凝胶浓度和交联度，可获得不同孔径、密度、黏度、弹性和机械强度的凝胶，以适应各种样品的分离。

2.6.4　毛细管电泳

毛细管电泳(capillary electrophoresis，CE)是一种以石英毛细管为分离柱，以高压直流电场为驱动力，根据样品中各组分在电场中的迁移速率不同而实现分离的电泳技术。毛细管电泳是建立在带电粒子本身的电泳行为以及毛细管壁双电层引起的电渗流(electroosmotic flow，EOF)共同作用基础上的一种电泳技术。电渗流形成机理如图 2.6 所示，石英毛细管内表面在电解质溶液中解离并带负电荷，溶液中的正电荷受到吸引在负电荷的内侧形成正电荷层，即在毛细管表面形成了双电层。双电层在电场中带动溶液从正极向负极整体迁移，形成电渗流。

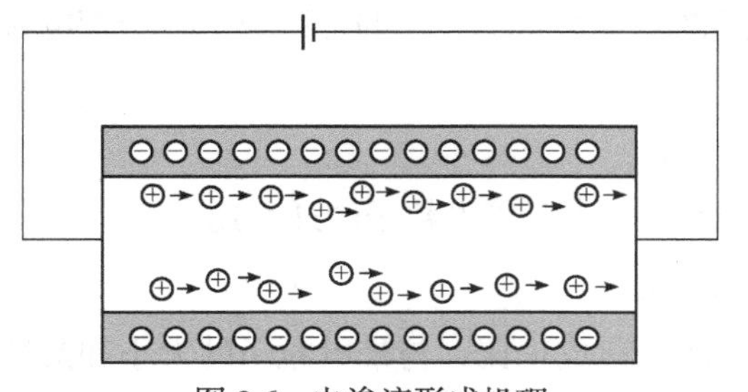
图 2.6　电渗流形成机理

电渗流的大小与电场强度、溶液离子强度及 pH 等因素有关。带电粒子和中性分子在毛细管中的迁移方向和速率受到电渗流和自身电泳的共同作用。对于带正电荷的粒子，其电泳方向与电渗流方向一致，因此电泳速率是两者之和。而带负电荷的粒子相反，电泳速率为两者之差，中性粒子的电泳速率就是电渗流的速率。因此，毛细管电泳技术不仅能够分离带电粒子，也能够分离中性粒子。

毛细管电泳仪的装置如图 2.7 所示，主要包括毛细管分离柱、毛细管进口和出口的储液瓶、电极、直流高压电源和检测器等部分。毛细管电泳是经典的平板凝胶电泳和现代色谱技术结合的产物。它最显著的特点是分离效率高，理论塔板数可以达到 10^6。采用毛细管凝胶电泳分离 DNA 片段，可以使碱基数相差 1bp 的片段完全分离。另外，它还具有试样用量少和分析速度快等特点，现已广泛用于药物、多肽、核酸和蛋白质等各类化合物的分析。

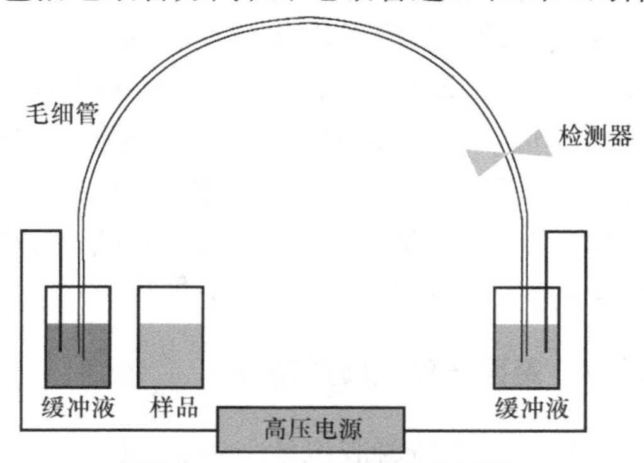

图 2.7　毛细管电泳仪装置图

2.6.5　凝胶成像技术

电泳分离结束后通常要经过染色，将核酸标记上荧光染料，再采用凝胶成像技术获取电泳谱图，并分析结果。核酸染色通常采用嵌入式荧光染料，如溴乙锭(EB)或 SYBR Green 等。在紫外光或可见光激发下，结合到核酸分子上的荧光染料能够发出高强度荧光，采用荧光成像系统即可成像。

2.7　PCR 技术

2.7.1　PCR 技术简介

聚合酶链式反应(polymerase chain reaction，PCR)是由美国科学家穆利斯(Mullis)在 20

世纪 80 年代提出的一种体外酶促合成 DNA 片段的技术。PCR 是以母链 DNA 为模板，以特定引物为延伸起点，在 DNA 聚合酶催化下，通过变性、退火和延伸等步骤，体外复制出与母链模板 DNA 互补的子链 DNA 的过程。PCR 技术可在数小时之内大量扩增目的基因或 DNA 片段，从而免除基因重组和分子克隆等一系列烦琐操作。

2.7.2　PCR 技术的基本原理和过程

PCR 技术的基本原理类似于 DNA 的天然复制过程，其特异性依赖于与靶序列两端互补的寡核苷酸引物。PCR 循环过程由变性—退火—延伸三个基本步骤构成(图 2.8)：①模板 DNA 的变性；②模板 DNA 与引物的退火(复性)；③引物的延伸。重复上述过程，就可获得更多的“半保留复制链”，这种新链又可成为下次循环的模板。每完成一个循环需 1～4min，1～3h 就能将目的基因扩增放大几百万倍。

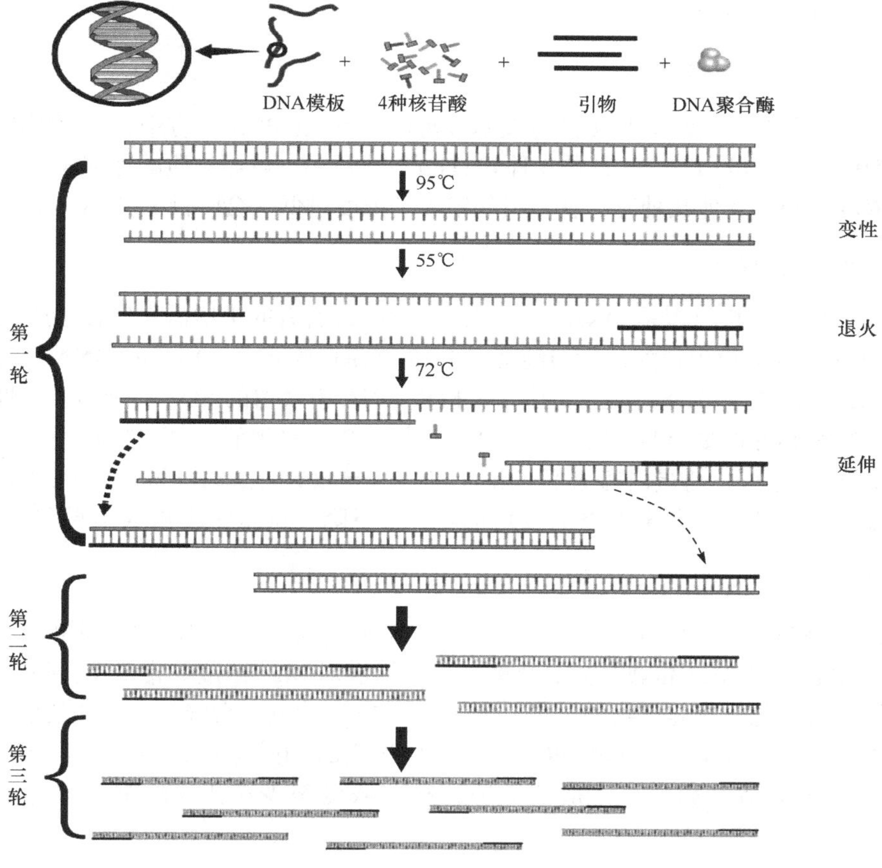

图 2.8　PCR 的反应过程

2.7.3　PCR 的五个元素

参与 PCR 的五个元素为：引物、酶、dNTP、模板和 Mg^{2+}。

1. 引物

引物的选择将决定 PCR 产物的大小、特异性及退火温度。引物设计通常有一些原则，如：①引物与模板的序列需严格互补；②引物与引物之间避免形成稳定的二聚体或发夹结构；③引物不能在模板的非目的位点引发 DNA 聚合反应(错配)等。引物的长度、碱基构成、二级结构等都对 PCR 有重要影响。

2. 酶及其浓度

Taq DNA 聚合酶基因全长 2496 个碱基，编码 832 个氨基酸，酶蛋白分子质量为 94kDa。该酶在 75～80℃时每个酶分子每秒可延伸约 150 个核苷酸，温度过高(90℃以上)或过低(22℃以下)都可影响 Taq DNA 聚合酶的活性。该酶具有良好的热稳定性。一般典型的 PCR 反应需酶量约为 2.5U(总反应体积为 50～100μL 时)，浓度过高可引起非特异性扩增，浓度过低则导致产物量减少。

3. dNTP 的质量和浓度

dNTP 的质量和浓度与 PCR 扩增效率有密切关系。在 PCR 反应中，通常使用的 dNTP 浓度为 50～200μmol · L^{-1}，尤其是 4 种 dNTP 的浓度要相等(等物质的量配制)，若其中任何一种浓度不同于其他几种时，就会引起错配。浓度过低又会降低 PCR 反应的产量。

4. 模板(靶基因)核酸

PCR 反应的模板可以是 DNA，也可以是 RNA，后者的扩增需先反转录成 cDNA 后再进行 PCR 反应。模板核酸的量与纯度对 PCR 结果影响很大。传统的 DNA 纯化方法通常采用 SDS 和蛋白酶 K 来消化处理标本。模板 DNA 中残留的 SDS 等蛋白质变性剂及乙醇等有机溶剂都可直接影响 PCR 反应，特别是 SDS 含量很低(＜0.01%)的情况下就能强烈抑制 PCR 的进行；若蛋白酶 K 没有除干净，会导致聚合酶的降解。在 PCR 反应中，过高的模板投入量往往会导致 PCR 反应的特异性下降，从而导致 PCR 实验失败。

5. Mg^{2+}浓度

Mg^{2+}对 PCR 扩增的特异性和产量有显著的影响，特别是对 Taq 酶的影响尤为明显。Taq DNA 聚合酶是 Mg^{2+}依赖性酶，该酶的催化活性对 Mg^{2+}浓度非常敏感。过高的 Mg^{2+}浓度会导致酶催化非特异产物的扩增，而过低的 Mg^{2+}浓度又会降低 Taq 酶的催化活性。且 Mg^{2+}能与 dNTP 结合，会影响 PCR 反应液中游离的 Mg^{2+}浓度，因而 Mg^{2+}浓度在不同的反应体系中应适当调整。一般反应中，Mg^{2+}浓度至少应比 dNTP 总浓度高 0.5～1.0mmol · L^{-1}。

2.7.4 PCR 仪及其使用

1. 基本原理和结构

PCR 仪的核心是循环控温系统，一个完整的 PCR 反应通常需要三个温度，即变性(94℃)、退火(50～60℃)和延伸(72℃)，并且至少需要 30 个循环。目前，大多数商品化 PCR

仪均采用半导体控温系统，配有 96 孔反应台，可同时进行 96 个样品的平行 PCR 扩增。此类仪器通常需要较高的控制精度和较快的升降温速率。PCR 仪的外观结构如图 2.9 所示。

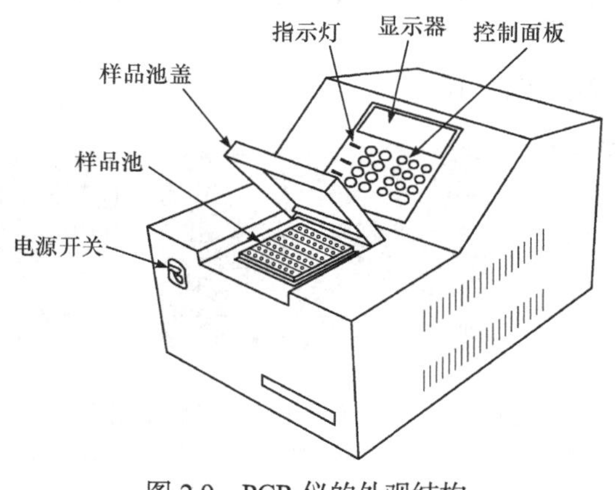

图 2.9　PCR 仪的外观结构

2. 操作方法

PCR 仪的主要操作有：开启电源、设置程序、运行和关闭电源。

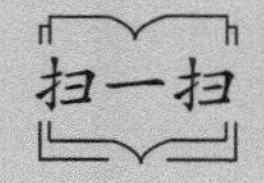

2-1　PCR 仪的使用

2.8　细胞培养技术

化学生物学技术包括基因工程、细胞工程和酶工程等实验技术，因而与细胞培养有十分紧密的关系。细胞培养是指从体内组织取出细胞，在体外模拟体内环境下提供细胞适宜的营养条件和温度，使其生长繁殖并进行传代，同时维持其结构和功能的实验技术。

2.8.1　体外培养细胞的分类

根据是否能贴附于支持物上生长的特征，体外培养细胞可分为贴附型细胞和悬浮型细胞两大类。

1. 贴附型细胞

大多数培养细胞贴附生长，属于贴壁依赖性细胞，大致分为以下两种类型。

(1) 成纤维型细胞：细胞在支持物表面呈梭形或不规则三角形生长，中央有卵圆形核，胞质突起，生长时呈放射状。

(2) 上皮型细胞：细胞在培养器皿支持物上生长，具有扁平不规则多角形特征，中央有圆形核，细胞彼此紧密相连成单层膜。生长时呈膜状移动，处于膜边缘的细胞总与膜相连，很少单独移动。

2. 悬浮型细胞

悬浮型细胞呈圆形，不贴于支持物上，呈悬浮生长，容易大量繁殖，如某些癌细胞及白血病细胞。

各种不同细胞的形貌如图 2.10 所示。

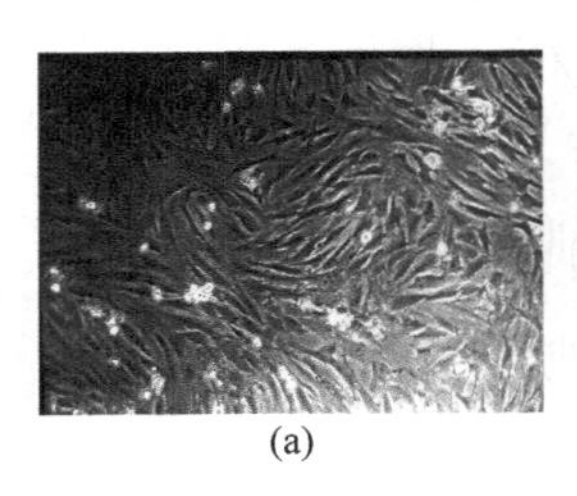
(a)

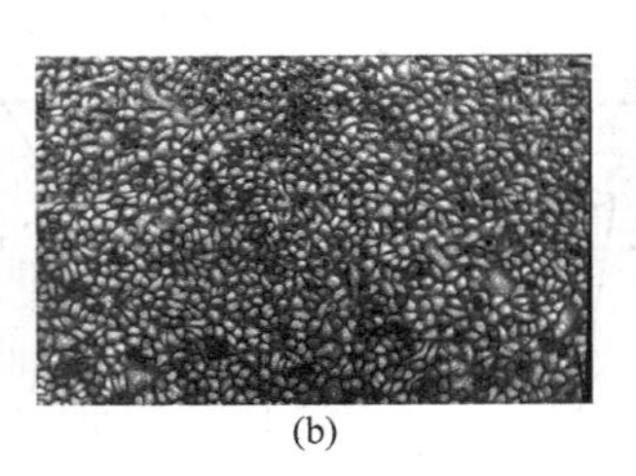
(b)

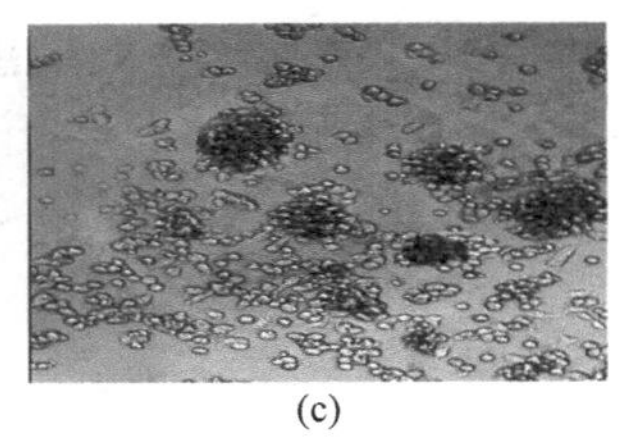
(c)

图 2.10　各种不同细胞的显微镜图像

(a) 成纤维型细胞；(b) 上皮型细胞；(c) 悬浮型细胞(经 EB 病毒转化后的淋巴母细胞)

2.8.2　培养细胞的生长和增殖过程

体内细胞生长在动态平衡环境中，而组织培养细胞的生存环境是培养瓶和培养皿等容器，生存空间和营养有限。因此，当细胞增殖达到一定密度后，需要分离出一部分细胞和更新营养液，否则将影响细胞的继续生存。这个分离过程称为传代。

1. 培养细胞的生命期

正常培养细胞的生命期大多经历以下三个阶段。

(1) 原代培养期：是指从体内取出组织接种培养到第一次传代之间的阶段，一般持续 1～4 周。此期细胞呈活跃的移动，可见细胞分裂，但不旺盛。原代培养细胞与体内原组织的形态结构和功能活动非常相似。

(2) 传代期：当培养条件较好时，细胞增殖旺盛，并能维持二倍体核型。为保持二倍体细胞性质，细胞应在原代培养期或传代后早期冻存。

(3) 衰退期：此期细胞增殖很慢或不增殖，细胞形态轮廓增强，最后衰退凋亡。

2. 培养细胞的一代生长过程

培养细胞的“一代”是指从细胞接种到分离再培养的一段时间。在细胞一代中，细胞能倍增 3～6 次。培养细胞的“一代”一般要经过以下三个阶段。

(1) 潜伏期：细胞接种培养后，首先在培养液中悬浮，此时细胞质回缩，胞体呈圆球形；然后附着或贴附于底物表面上。

(2) 指数增生期：这是细胞增殖最旺盛的阶段，一般细胞分裂指数为 0.1%～0.5%，肿瘤细胞等分裂指数可达 3%～5%。此期是进行各种实验最好和最主要的阶段。

(3) 停滞期：细胞数量达到饱和密度后，若不及时进行传代，细胞将停止增殖，进入停滞期。停滞期细胞虽不增殖，但仍有代谢活动。

2.8.3　原代细胞的培养

1. 培养条件

体外细胞培养所需的条件与体内细胞基本相同，主要包括以下四个部分。

(1) 无污染环境：培养环境无毒和无菌是保证细胞生存的首要条件。在培养过程中，要保持细胞生存环境无污染、代谢物及时清除等。

(2) 恒定的温度：维持培养细胞旺盛生长，必须有恒定适宜的温度。偏离温度范围，细胞可能受到严重损伤，导致细胞全部死亡。

(3) 气体环境：气体是动物细胞培养必需条件之一，所需气体主要是 O_2 和 CO_2。

(4) 细胞培养基：培养基是培养细胞中供给细胞营养和促使细胞生长繁殖的基础物质，也是培养细胞生长和繁殖的生存环境。

2. 原代培养

原代细胞培养，即第一次培养，是指将培养物放置在体外生长环境中持续培养，中途不分割培养物的培养过程。原代培养首先用无菌操作的方法，从动物体内取出所需的组织或器官，切成一定大小的组织块，直接或经消化分散成为单个游离的细胞(分别称为组织块法和消化法培养)，在人工培养条件下，使其不断生长、繁殖直至细胞贴满培养瓶内壁，继续培养 3～5 日，待细胞长成单层，便可进行传代培养。

注意，需定期观察，若培养液呈黄色且浑浊，表示已污染；若培养液变成桃红色，表示细胞生长不好，可能是培养液 pH 过高；若培养液变为淡黄色且清澈，表示细胞生长良好。

3. 细胞的冻存与复苏

细胞低温冷冻储存和复苏是细胞室的常规工作。与细胞传代保存相比，细胞冻存可以节约人力物力，减少污染，减少细胞生物学特性变化。冻存和复苏的原则是“慢冻快融”。

细胞冻存的具体方法参见“1.2.3　生物样品的存放”。

冷冻保存细胞的解冻与复苏要点如下：

(1) 快速解冻。冻存细胞从液氮中取出后，立即放入 37℃水浴中，轻轻摇动冷冻管，使其快速融化，融化时间最好不要超过 3min。

(2) 轻缓解冻。由于冷冻后细胞变得非常脆弱，因此解冻操作要轻缓。一般情况下，解冻后的细胞可以直接接种培养；如果细胞对冷冻保护剂敏感，解冻后的细胞应先通过离心去除冷冻保护剂，再进行接种。

2.9　其他仪器的使用

2.9.1　移液枪

1. 基本原理和结构

移液枪(又称移液器或微量加样器)最早出现于 1956 年，由德国科学家 Schnitger

发明。1958 年，德国 Eppendorf 公司开始生产按钮式微量加样器，成为世界上第一家生产微量加样器的公司。移液枪可分为两种：一种是固定容量的，另一种是可调容量的。按移液的量程，常用的移液枪有 2μL、20μL、100μL、1000μL、5000μL 等多种规格。按同时移取的枪头通道数，移液枪可分为单通道和多通道。按其加样的物理学原理不同，移液枪可分为使用空气垫(又称活塞冲程)加样和使用无空气垫的活塞正移动加样。每种移液枪都配有专用的枪头，枪头通常是一次性的，也可以 120℃高压灭菌后重复使用。

2. 操作方法

移液枪的操作主要包含以下步骤：①安装枪头和设定容量；②吸液和放液；③弹出枪头。

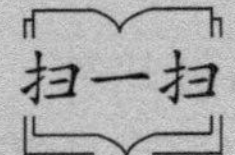

2-2　移液枪的使用

3. 注意事项

(1) 当枪头有液体时，切勿将移液枪水平或倒置放置，以防液体流入活塞室而腐蚀活塞。若液体不小心进入活塞室，应及时清除污染物。

(2) 使用完毕后，将移液枪量程调至最大值，且垂直放置在移液枪架上。

(3) 使用前需检查是否漏液。吸液后在液体中停 1～3s，观察枪头内液面是否下降。如果液面下降，首先检查枪头是否有问题，否则说明活塞组件有问题。

(4) 需要高温消毒的移液枪，应先确定是否适合高温消毒。

(5) 吸液时，需缓慢平稳地松开拇指，绝不允许突然松开，以防溶液吸入过快，冲入移液枪内腐蚀柱塞而造成漏气。

(6) 吸取血清蛋白质溶液或有机溶剂时，枪头内壁会残留一层“液膜”，第二次吸取时的体积会大于第一次的体积。

(7) 定期对移液枪进行校准，可用分析天平称量所取水质量的方法。

2.9.2　气相色谱仪

1. 基本原理和结构

气相色谱是对气态物质或在一定温度下可气化的物质进行检测的一种分析方法，是利用试样中各组分在流动相和固定相间的分配系数不同而实现有效分离。气相色谱仪基本流程如图 2.11 所示，主要组成部分有载气系统、进样系统、分离系统及温度控制系统、检测系统和记录系统五大部分。

(1) 载气系统：包括气源、气体净化、气体流速的控制和测量几个部分。气相色谱的载气包括氮气、氦气、氢气等气体。钢瓶中的高压载气经过减压、净化后进入进样系统。

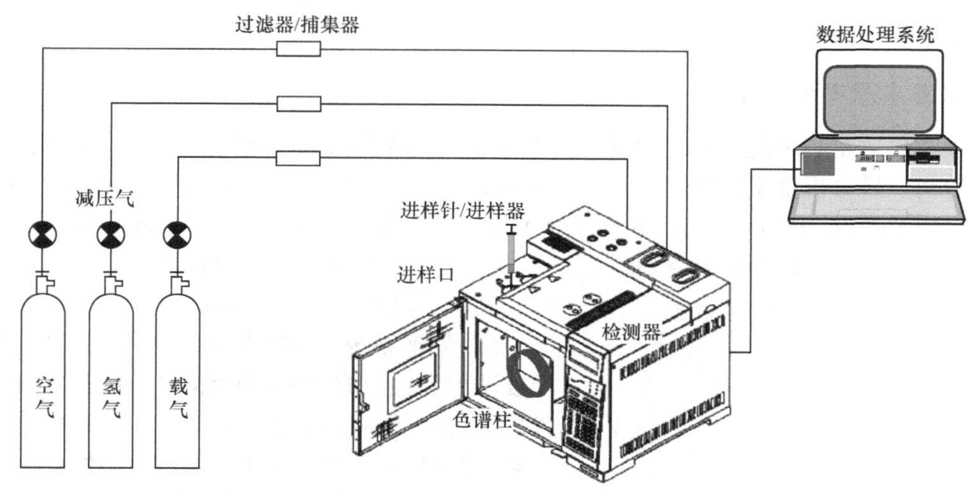

图 2.11　气相色谱仪的基本流程

(2) 进样系统：包括进样器、气化室(将液体试样瞬间气化为蒸气)。试样从进样器注入气化室，在气化室的高温作用下瞬间气化，由载气携带进入色谱柱(分离系统)。

(3) 分离系统及温度控制系统：由色谱柱和温度控制装置组成。色谱柱是气相色谱仪的核心部件，其作用是分离试样。色谱柱主要有填充柱和毛细管柱两大类。试样经色谱柱后进入检测器。温度控制主要是指对色谱柱、气化室、检测器三处的温度进行控制。

(4) 检测系统：包括检测器和控温装置。检测器是气相色谱仪的重要组成部分，主要有火焰离子化检测器、热导检测器、电子捕获检测器、火焰光度检测器和质谱检测器等。试样经色谱柱分离后，各组分根据其保留时间的不同，按顺序跟随载气进入检测系统，检测器将各组分的质量或浓度随时间的变化转化成易于测量的电信号。

(5) 记录系统：包括放大器、记录仪(或数据处理装置和工作站)等。记录系统是具有处理色谱仪信号数据功能的系统，包括峰面积的积分、分析结果的计算、误差分析、色谱图的输出等。

2. 操作方法

不同型号气相色谱仪的操作方法不同，但都包含以下主要步骤。

(1) 打开氮气钢瓶，设置合适的压力。

(2) 开启气相色谱仪和计算机，打开操作软件。

(3) 设置进样口温度、柱温和检测器条件等参数。

(4) 打开氢气和空气钢瓶，设置合适的压力，待测试条件稳定后点火。

(5) 设置样品保存路径，进样。

(6) 测试结束后系统输出报告。

(7) 关闭氢气和空气钢瓶，关闭操作软件，当进样口、检测器温度均降至 100℃以下，关闭主机电源和载气钢瓶，关闭计算机。

2.9.3　液相色谱仪

1. 基本原理和结构

液相色谱是利用混合物在液-固或不能互溶两种液体之间分配比的差异，对混合物进行先分离、后分析鉴定的操作，其流动相是液体。液相色谱根据固定相的不同，分为液-液色谱(liquid-liquid chromatography，LLC)和液-固色谱(liquid-solid chromatography，LSC)。

液相色谱仪一般由输液系统、进样器、色谱柱、检测器、数据记录及处理装置等组成，其基本流程如图 2.12 所示。

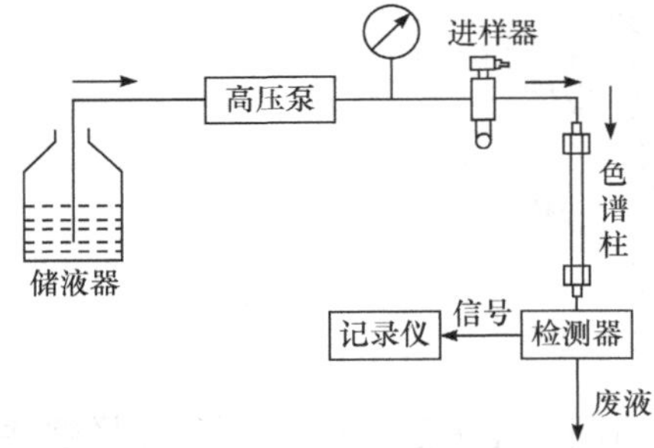

图 2.12　液相色谱仪的基本流程

(1) 输液系统：输液系统由储液器、高压泵和梯度洗脱装置组成，是液相色谱系统中最重要的部件之一。梯度洗脱装置是采用色谱工作站控制的高压泵，将两种或两种以上不同溶剂按不同比例压入混合室，再流入色谱柱内，以达到高效分离的目的。

(2) 进样器：一般采用六通阀，其关键部件由圆形密封垫子(转子)和固定底座(定子)组成。六通阀具有耐高压、进样量准、重复性好和操作方便等优点。

(3) 色谱柱：一般为多孔硅胶，以及以硅胶为基质的键合相、氧化铝、多孔炭、有机聚合物微球等，其粒度一般为 3μm、5μm、7μm 和 10μm 等，柱效理论值可达到 5×10^4～$1.6\times10^5 m^{-1}$。

(4) 检测器：分为通用型和专用型两大类。通用型检测器可连续测量色谱柱中流出物的全部特性变化，主要包括示差折光检测器、介电常数检测器和电导检测器等；专用型检测器用于测量被分离样品组分中某种特性的变化，包括紫外检测器、荧光检测器和放射性检测器等。

2. 操作方法

不同型号液相色谱仪的操作方法不同，但都包含以下主要步骤。

(1) 检查各流动相的体积，打开计算机，开启液相色谱仪所有开关，打开液相色谱仪操作软件。

(2) 设置泵压、流动相比例、流速、时间和检测器波长等参数。

(3) 打开高压泵，使仪器运转。

(4) 设置样品保存路径，进样。

(5) 分析完成后输出报告。

(6) 实验结束后，用流动相冲洗液相色谱仪。

(7) 关闭操作软件，关闭液相色谱仪所有开关，关闭计算机。

2.9.4　红外光谱仪

1. 基本原理和结构

红外光谱是用一定频率的红外光聚焦照射被分析的试样，如果分子中某个基团的振动频率与照射红外光相同就会产生共振，这个基团就吸收了一定频率的红外光，用仪器记录吸收红外光的情况，得到全面反映待测试样成分特征的光谱，从而推测出化合物的类型和结构。红外光谱法的特点包括速度快、样品量少(几微克至几毫克)、特征性强、不破坏样品以及能分析各种状态试样等。傅里叶变换红外光谱仪的结构如图 2.13 所示。

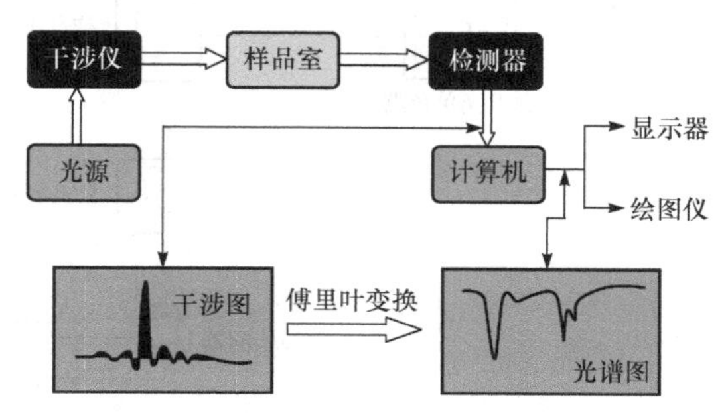

图 2.13　傅里叶变换红外光谱仪的结构

2. 操作方法

不同型号红外光谱仪的操作方法不同，但都包含以下主要步骤。

(1) 依次打开计算机、红外光谱仪、红外软件。

(2) 设置透射比和扫描次数等参数。

(3) 测量空气背景，测量样品。

(4) 标定吸收峰频率，打印谱图。

(5) 结束后，关闭操作软件，关闭红外光谱仪和计算机。

2.9.5　荧光分光光度计

1. 基本原理和结构

具有 π-π 电子共轭系统的分子易吸收某一波段的紫外光而被激发，这些处于激发态的分子是不稳定的。如果该物质具有较高的荧光效率，则在返回基态的过程中将以荧光的形式释放出一部分能量而回到基态。

在稀溶液中，荧光强度 I_f 与入射光强度 I_0、荧光量子效率 φ_f 及荧光物质的浓度 c 等有关，可表示为

$$I_f = k\varphi_f I_0 \varepsilon bc$$

式中，k 为比例常数，与仪器性能有关；ε 为摩尔吸光系数；b 为液层厚度。

由高压汞灯或氙灯发出的紫外光和蓝紫光经激发光单色器分光后，以特定的波长照射到样品池，激发样品中的荧光物质发出荧光，荧光经过发射光单色器滤光后，被光电倍增管接收，然后以图像或数字的形式显示。若固定激发波长，扫描发射波长所获得的光谱图称为荧光发射光谱；反之，若固定发射波长，扫描激发波长所获得的光谱则称为荧光激发光谱。

不同物质由于分子结构不同，其激发态能级的分布具有各自不同的特征，这种特征反映在荧光上表现为各种物质都有其特征荧光激发和发射光谱，因此可以用荧光激发和

发射光谱的不同对物质进行定性分析。

荧光分光光度计通常由光源、激发光单色器、发射光单色器、样品池和检测器等部分组成(图 2.14)。

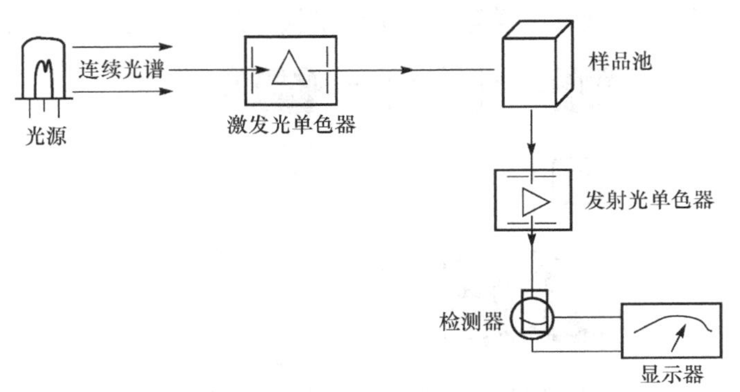

图 2.14　荧光分光光度计的结构

(1) 光源：光源为氙弧灯，发射出强度较大的连续光谱，且在 300～400nm 强度几乎相等。

(2) 激发光单色器：置于光源和样品池之间的为激发光单色器或第一单色器，筛选出特定的激发光谱。

(3) 发射光单色器：置于样品池和检测器之间的为发射光单色器或第二单色器，采用光栅作为单色器，筛选出特定的发射光谱。

(4) 样品池：通常由四面透光的石英池(液体样品用)或固体样品架(粉末或片状样品用)组成。测量液体时，光源与检测器成直角；测量固体时，光源与检测器成锐角。

(5) 检测器：用光电管或光电倍增管作检测器，可将光信号放大并转换为电信号。

2. 操作方法

不同型号荧光分光光度计的操作方法不同，但都包含以下主要步骤。

(1) 打开电源开关和氙灯开关，预热 20min 后打开操作软件进入自检状态。

(2) 选择测定模式，共有光谱测定、定量测定和动力学测定三种模式。设置激发波长和扫描波长。

(3) 打开样品池盖，将样品池和参比池插入比色皿架。

(4) 盖好样品池盖，调零后进行测定。测定完毕后可保存文件。

(5) 进行寻峰和峰面积计算等数据处理。

2.9.6　二氧化碳培养箱

1. 基本原理和结构

二氧化碳培养箱可以模拟形成类似细胞/组织在生物体内的生长环境，如稳定的温度(37℃)、稳定的二氧化碳水平(5%)、恒定的酸碱度(pH 7.2～7.4)、较高的相对饱和湿度(95%)，从而对细胞/组织进行体外培养。二氧化碳培养箱结构如图 2.15 所示。

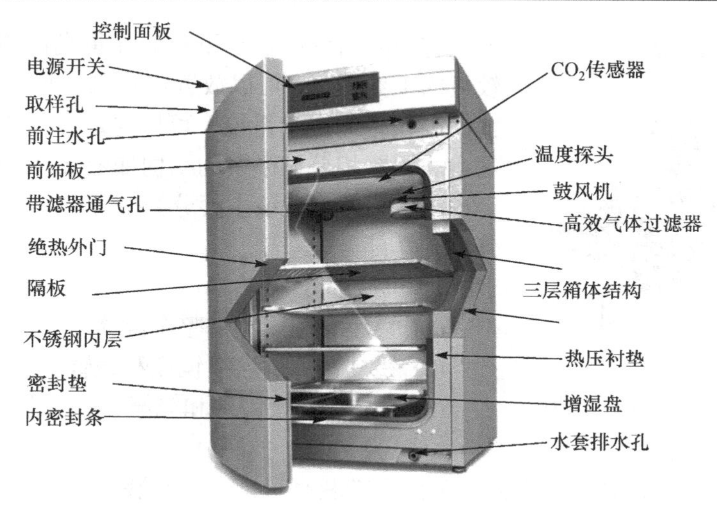

图 2.15　二氧化碳培养箱结构示意图

(1) 微处理控制系统：是维持培养箱内温度、湿度和二氧化碳浓度稳定的操作系统。

(2) 培养箱的加热：分为气套式加热和水套式加热。气套式加热是通过遍布箱体气套层内的加热器直接对内箱体加热；水套式加热是通过一个独立的水套层包围内部的箱体维持温度恒定。

(3) 二氧化碳浓度控制：一般是通过红外传感器或热导传感器进行测量以便于调整。红外传感器是通过一个光学传感器检测二氧化碳水平；热导传感器是基于对内腔空气热导率的连续测量，输入二氧化碳气体的低热导率会使腔内空气的热导率发生变化，产生一个与二氧化碳浓度直接成正比的电信号。

(4) 湿度控制：大多通过增湿盘的蒸发作用，产生的相对湿度可达 95%左右。

(5) 污染物的控制：带有自动高温热空气杀菌装置，能使箱内温度达到高温(如 200℃)，从而杀死所有污染微生物，甚至芽孢等耐高温微生物。

2. 注意事项

(1) 未注水前，不能开启二氧化碳培养箱，否则会损坏加热元件。

(2) 培养箱运行数月后，水箱内的水因挥发可能减少，应及时补水。

(3) 二氧化碳传感器是在饱和湿度下校正的，因此需确保增湿盘时刻装有灭菌水。

(4) 二氧化碳钢瓶压力低于 0.2MPa 时，应更换钢瓶。

(5) 如果二氧化碳培养箱长时间不用，关闭前必须清除箱内水分，通风 24h 后再关闭。

(6) 清洁二氧化碳培养箱时，不能碰撞传感器和搅拌电机风轮等部件。

2.9.7 倒置相差显微镜

1. 基本原理和结构

倒置相差显微镜是相差显微镜和倒置显微镜的结合，具有倒置显微镜的倒置观察方式，同时成像原理与相差显微镜成像原理一致。倒置相差显微镜的照明系统位于镜体上

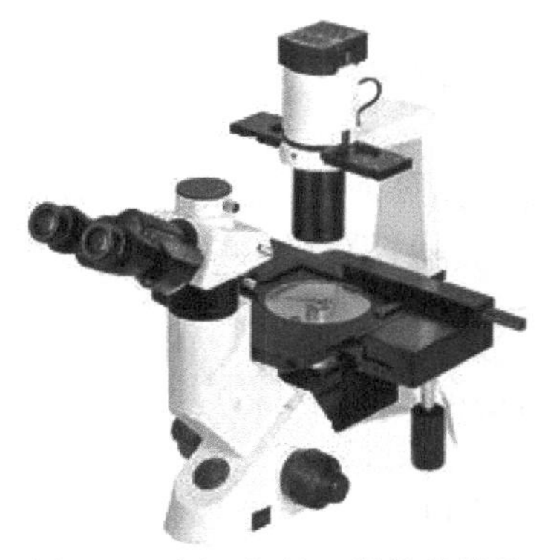

图 2.16　倒置相差显微镜的结构

方，物镜和目镜则位于下部。在集光器和载物台之间有较大的工作距离，可以放置培养皿、细胞培养瓶等容器，辅助以相差的光学系统，可以对培养器皿中的细胞进行观察。倒置相差显微镜的结构如图 2.16 所示。

倒置相差显微镜主要分为三部分：机械部分、照明部分和光学部分。

1) 机械部分

(1) 镜座：用以支持整个镜体。

(2) 镜柱：用以连接镜座和镜臂。

(3) 镜臂：连接镜柱和镜筒，是取放显微镜时手握的部位。

(4) 镜筒：连于镜臂的前上方，镜筒上端装有目镜，下端装有物镜转换器。

(5) 物镜转换器(旋转器)：连于棱镜壳的下方，可自由转动，盘上有 3～4 个圆孔，可以调换不同倍数的物镜。

(6) 镜台(载物台)：在镜筒下方，用以放置玻片标本，中央有一个通光孔。

(7) 调节器：装在镜柱上的大小两种螺旋，分别是粗调节器和细调节器。移动粗调节器时，可使镜台做快速和较大幅度的升降，能迅速调节物镜和标本之间的距离，使物像呈现于视野中。移动细调节器时，可使镜台缓慢地升降。

2) 照明部分

照明部分装在镜台下方，包括反光镜、集光器、聚光镜和光圈。

(1) 反光镜：在镜座上面，可朝任意方向转动，它有平凹两面。凹面镜聚光作用强，适于光线较弱时使用；平面镜聚光作用弱，适于光线较强时使用。

(2) 集光器：位于镜台下方的集光器架上，由聚光镜和光圈组成。

(3) 聚光镜：由一片或数片透镜组成，起汇聚光线的作用，用于加强对标本的照明，并使光线射入物镜内。

(4) 光圈：在聚光镜下方，由十几张金属薄片组成，其外侧伸出一柄，推动它可调节其开孔的大小，以调节光量。

3) 光学部分

(1) 目镜：装在镜筒的上端，通常备有 2～3 个，上面刻有“4×”、“10×”或“15×”字样以表示其放大倍数。

(2) 物镜：装在镜筒下端的旋转器上，一般有 3～4 个物镜，其中最短的刻有“10×”字样的为低倍镜，较长的刻有“40×”字样的为高倍镜，最长的刻有“100×”字样的为油镜。

显微镜的放大倍数是物镜的放大倍数与目镜的放大倍数的乘积，如物镜为 10×，目镜为 10×，其放大倍数为 10×10 = 100。

2. 操作方法

(1) 开机：接连电源，开启显微镜。

(2) 使用：调节光源、像距，观察样品。

(3) 关机：取下观察对象，推拉光源亮度调节器至最暗。关闭显微镜，断开电源。旋转物镜转换器，使物镜镜片置于载物台下侧，防止灰尘的沉降。

2.9.8　酶标仪

1. 基本原理

酶标仪即酶联免疫检测仪，是酶联免疫吸附试验的专用仪器。其原理是用比色法分析抗原或抗体的含量，发出的光波经过滤光片或单色器变成一束单色光，进入塑料微孔极中，一部分被待测标本吸收，另一部分则透过标本照到光电检测器上。光电检测器将强弱不同的光信号转换成相应的电信号，电信号经前置放大、对数放大和模/数转换等信号处理后送入微处理器进行数据处理和计算，最后由显示器和打印机显示结果。

2. 操作方法

不同型号酶标仪的操作方法不同，但都包含以下主要步骤。

(1) 打开电源，预热稳定 20min。

(2) 设置测试波长。

(3) 放置样品，注意微孔板的方向。

(4) 开始测定，输出结果。

(5) 取出样品，关闭电源。

2.9.9　活体荧光成像系统

1. 基本原理和结构

活体荧光成像系统能提供动物活体荧光蛋白的实时观察与成像等一系列荧光检测，应用于深度肿瘤、大动物等活体肿瘤追踪观察成像的研究。活体荧光成像系统是一个高灵敏度的图像成像工作系统。其基本原理是，利用特定波长的激光进行激发，动物活体可以采用荧光蛋白标记、荧光染料标记和量子点标记等方法进行标记，实验动物活体内被激发出的较长波长的散射光可以穿透动物组织，其光强度可由高灵敏度的制冷 CCD(电荷耦合器件)相机进行实时检测，获得所需的各类特性的图像并进行分析。NightOWL ⅡLB 983 NC320 活体荧光成像系统如图 2.17 所示，其内部可见光成像系统主要由四部分组成：CCD 镜头、成像暗箱、荧光激发和接收系统、软件系统。

图 2.17　活体荧光成像系统

1) CCD 镜头

选择适当的 CCD 镜头对于体内可见光成像是非常重要的。NightOWL ⅡLB 983 NC320 活体荧光成像系统采用制冷型的前照射 CCD，NC 320，像素大小达到 6.8μm，像素达到 400 万，分辨率可达到 5μm。

2) 成像暗箱

成像暗箱内附高级光学避光涂层，可屏蔽宇宙射线及其他光源，使暗箱内部保持完全黑暗，CCD 检测的光线完全由被检动物体内发出，避免外界环境的非特异光污染。

3) 荧光激发和接收系统

在激发单元，为了确保荧光光源发出的全部激发光能量始终统一，以及避免荧光反射光造成的背景干扰，还配有光能在线反馈控制装置。为了使激发光稳定均匀地照射在待测样本上，同时为了检测微小样本或者进行深度检测，该系统还设计了环状照射装置、鹅颈管照射装置、鱼尾型照射装置等一系列激发光组件实现上述目的。

4) 软件系统

软件系统用于仪器控制和图像分析。软件控制镜头的焦距、曝光时间、滤光镜的更换、照明灯的开启和相机的升降等，操作简便。

2. 操作方法

不同型号活体荧光成像系统的操作方法不同，但都包含以下主要步骤。

(1) 开启电源，设置检测波长等参数。

(2) 将活体样品放入成像暗箱平台，开启照明灯拍摄背景图。

(3) 关闭照明灯，在没有外界光源的条件下拍摄由活体样品体内发出的光(活体荧光成像)，与背景图进行叠加。

(4) 对图像进行分析处理，保存数据。

(5) 移走活体样品，对载物台进行消毒。

(6) 关闭仪器。

2.9.10 激光粒度仪

1. 基本原理和结构

激光粒度仪是通过颗粒的衍射或散射光的空间分布分析颗粒大小的仪器。其工作原理是，当通过某种特定的方式将颗粒均匀地置于平行光束中时，激光将发生散射现象，一部分光与光轴成一定的角度向外扩散。大颗粒引发的散射光的散射角小，颗粒越小则散射光的散射角越大。不同角度的散射光通过富氏透镜后，在焦平面上将形成一系列光环。半径大的光环对应较小粒径的颗粒，半径小的光环对应较大粒径的颗粒；不同半径光环的光能大小包含该粒径颗粒的含量信息。由不同粒径颗粒散射的光信号转换成电信号并传输到计算机中，再采用米氏散射理论，通过计算机将这些信号进行处理，可以得出粒径分布。

2. 操作方法

不同型号激光粒度仪的操作方法不同，但都包含以下主要步骤。

(1) 开启仪器电源，预热 30min。开启计算机，打开操作软件。

(2) 设置参数：折光率、分散介质。

(3) 放入样品，开始测试。
(4) 测试结束，保存数据，输出结果。
(5) 取出样品，关闭软件，关闭计算机和仪器。

2.9.11 流式细胞仪

1. 基本原理和结构

流式细胞仪(flow cytometer，FCM)是在光电子技术、激光技术、荧光化学、单克隆抗体技术及计算机技术等交叉融合的基础上发展起来的生物医学仪器设备。FCM 的基本结构包括液流系统、光路系统、检测与分析系统以及分选系统。FCM 的工作原理是，待测标本的细胞悬液在 FCM 的液流和压力控制下受到鞘液的包裹和约束，细胞排成单列由流动池喷嘴高速喷出，形成细胞液柱。当细胞液柱通过 FCM 检测区，细胞液柱中的细胞在入射激光束照射下产生前向散射光和侧向散射光，若带有荧光素标记还会发射特定波长的荧光。这些光信号经过光电转换、放大及计算机分析系统等处理后以流式分析特有的数据格式储存起来。FCM 采集到成千上万甚至上百万个细胞的散射光和荧光信号后，还需要通过相应的分析软件读取、分析这些数据，并最终形成流式分析报告。

2. 操作方法

不同型号流式细胞仪的操作方法不同，但都包含以下主要步骤。
(1) 开机前准备：装鞘液、加压、排气泡。
(2) 开启仪器电源，预热 5min。开启计算机，打开操作软件。
(3) 校准：采用仪器配置的校准软件对仪器各部件进行校准。
(4) 灵敏度调试：对荧光、前向散射光和侧向散射光的检测灵敏度进行调试。
(5) 放入样品，开始检测。
(6) 测试结束，保存数据，导出分析报告。
(7) 取出样品，清洗液滴存留系统和进样针。
(8) 关闭软件，关闭计算机和仪器。

(方　芳、姚　波、吴　起、曾秀琼、汤谷平、周　峻、白宏震)

第 3 章　生化分离分析实验

实验 1　疏水作用色谱分离纯化α-淀粉酶

【实验导读】

色谱分离生物样品的原理及类型详见“2.5　常用色谱分离技术”。疏水作用色谱(hydrophobic interaction chromatography，HIC)是一种常见的色谱分离技术，是根据分子表面疏水性的差异分离蛋白质和多肽等生物大分子的常用方法。由于这些生物大分子的表面通常暴露着一些疏水性基团(疏水补丁)，因而能与疏水色谱填料发生疏水性的相互作用而结合(图 3.1)。不同分子与疏水性色谱介质之间的疏水作用力不同，溶液离子强度的提高能增强它们之间的疏水作用。

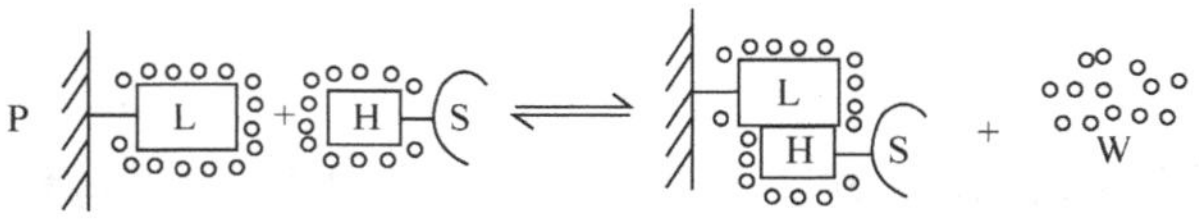

图 3.1　疏水作用色谱原理示意图

P. 固相支持物；L. 疏水性配体；S. 蛋白质或多肽等生物大分子；H. 疏水补丁；W. 溶液中水分子

与反相色谱相比，疏水作用色谱中的疏水作用力更弱，即后者填料表面的疏水基团密度更低，不会导致样品结构和生物活性的改变，因此可以用于相对分子质量较大的蛋白质等组分的分离纯化。

【实验目的】

(1) 掌握疏水作用色谱法的原理。

(2) 掌握疏水作用色谱法分离纯化α-淀粉酶的操作。

(3) 掌握疏水作用色谱图的分析。

【实验原理】

酶是工业上广泛应用的生物催化剂，绝大多数酶制剂可以通过微生物发酵或由动植物组织分离得到。为了得到纯度和活性较高的酶，必须对微生物发酵液或动植物组织提取液进行分离纯化。合适的分离纯化方法及目标蛋白质的专一性检测方法是蛋白质、酶等生物大分子分离纯化的关键。

蛋白质分子中氨基酸的非极性侧链可形成表面疏水区，不同的蛋白质分子具有不同的疏水性，因而与疏水色谱填料的相互作用强弱不同。先用高离子强度溶液作流动相，使得疏水性强的蛋白质组分被吸附在填料上，而疏水性弱的组分被洗脱下来。再逐渐降低流动相的离子强度，可减弱蛋白质与填料间的疏水作用，促使疏水性强的组分解吸出来，达到将不同的蛋白质依次分离提纯的目的。此过程的机理可以概括成“高盐吸附、低盐解吸”。

α-淀粉酶是工业中广泛使用的酶之一。它能将淀粉分子链中的 α-1,4-糖苷键切断，使淀粉分解成长短不一的短链糊精及少量麦芽糖、葡萄糖。蛋白质分子结构分析表明，α-淀粉酶分子表面具有较强的疏水性，因此可用疏水作用色谱加以分离纯化。

本实验采用能与 α-淀粉酶形成较强疏水作用的苯基-琼脂糖快速分离凝胶作为疏水色谱填料，离心得到的 α-淀粉酶配成高离子强度的上样液，被苯基-琼脂糖填料直接吸附。采用高离子强度的缓冲液、低离子强度的缓冲液和有机溶剂依次冲洗色谱柱，可将不同疏水性的蛋白质依次洗脱下来，实现蛋白质的分离纯化。通过专一性的酶活性检测方法可以确定 α-淀粉酶的色谱峰，进而获得纯度及比活力较高的 α-淀粉酶。

实验中，采用自动部分收集器获取 α-淀粉酶洗脱液，采用紫外分光光度法测定其纯度，采用专一性的酶活性检测方法测定其酶活力。

【主要仪器与试剂】

1. 仪器

紫外-可见分光光度计，高速冷冻离心机($>10000r \cdot min^{-1}$)，磁力搅拌器，恒流泵，核酸蛋白检测仪，自动部分收集器，图谱采集分析仪，色谱柱(200mm×16mm)，水浴锅，移液枪，具塞比色管(25mL)，移液管(20mL，5mL)，容量瓶(50mL，100mL，500mL，1L)。

2. 试剂

α-淀粉酶粗制品，$(NH_4)_2SO_4$，苯基-琼脂糖快速分离凝胶(Pharmacia)，乙醇(40%、95%)，Na_2HPO_4，$NaH_2PO_4 \cdot 2H_2O$，KI，碘，考马斯亮蓝 G-250，牛血清白蛋白(BSA，生化纯)，磷酸，$CoCl_2 \cdot 6H_2O$，$K_2Cr_2O_7$，铬黑 T，可溶性淀粉。

【实验步骤】

1. 部分溶液的配制

(1) $0.1mol \cdot L^{-1}$ 磷酸盐缓冲液(PBS，pH 7.4)：11.50g Na_2HPO_4 和 2.96g $NaH_2PO_4 \cdot 2H_2O$ 溶于约 800mL 水中，定容至 1L。

(2) $1.5mol \cdot L^{-1}$ $(NH_4)_2SO_4$：1L $0.1mol \cdot L^{-1}$ PBS (pH 7.4)中加入 $(NH_4)_2SO_4$ 198g。

(3) $0.1mol \cdot L^{-1}$ 磷酸盐缓冲液(PBS，pH 6.0)：1.74g Na_2HPO_4 和 27.36g $NaH_2PO_4 \cdot 2H_2O$ 溶于水中，定容至 1L。

(4) 酶活性测定标准终点液的配制：

(i) 将 20.12g $CoCl_2 \cdot 6H_2O$ 与 0.24g $K_2Cr_2O_7$ 用水溶解后，定容至 50mL。

(ii) 0.04%铬黑 T 溶液：将 40mg 铬黑 T 用水溶解后，定容至 100mL。

取溶液(i)40.00mL、溶液(ii)5.00mL，混合所得溶液即为酶活性测定标准终点液。该溶液保存于 4℃冰箱中，15 天内使用。

(5) 稀碘液的配制：

(i) 将 4.4g KI 溶于水中，加入 2.2g 碘固体，溶解后定容至 100mL，得到碘原液。

(ii) 将 20g KI 溶于约 400mL 水中，加入 2mL 碘原液，定容至 500mL，即为稀碘液。

注意：碘原液和稀碘液需要避光储存。

(6) 2%可溶性淀粉的配制：20g 可溶性淀粉加入约 800mL 水，加热溶解后定容至 1L。

(7) BSA 标准溶液的配制：10mg BSA 溶于 10mL 水中，测出其在 280nm 下的吸光度，根据 $1mg \cdot mL^{-1}$ BSA 溶液在 280nm 下的吸光度为 0.66，计算所配 BSA 标准溶液的浓度。该溶液保存于 4℃冰箱中。

2. 粗酶的提取及提取次数的选择

在 30mL $0.1mol \cdot L^{-1}$ 磷酸盐缓冲液(PBS，pH 7.4)中加入 α-淀粉酶粗制品 4g，磁力搅拌 1h 后离心，得到黄褐色的上清液，标记为 1#溶液，测定其总体积。在 1#溶液中加入$(NH_4)_2SO_4$固体至其浓度为 $1.5mol \cdot L^{-1}$，所得溶液用于上样、测定酶活性和蛋白质含量。

离心得到的酶渣中再次加入 30mL $0.1mol \cdot L^{-1}$ 磷酸盐缓冲液(PBS，pH 7.4)，磁力搅拌 1h 后离心，所得上清液标记为 2#溶液，测定其总体积、酶活性及蛋白质含量。如果所得提取液中酶活性仍较高，则离心后所得的酶渣需按前面步骤再次进行提取。

根据提取液中酶活性确定提取次数。

3. 苯基-琼脂糖快速分离填料的预处理

取 25mL 苯基-琼脂糖快速分离填料-乙醇混合液置于 100mL 烧杯中，待填料沉降后，弃去上层乙醇，加入 40mL $0.1mol \cdot L^{-1}$ 磷酸盐缓冲液(PBS，pH 7.4)，搅拌，静置，弃去上清液，按上述方法重复两次。注意：弃去上清液时需小心操作，不要将填料随之弃去。

4. 苯基-琼脂糖快速分离填料装柱及平衡

连接装置，将色谱柱出口与恒流泵入口连接，恒流泵出口连接到核酸蛋白检测仪入口，后者出口连接到自动部分收集器，最后通过收集器上安装的试管收集液体。核酸蛋白检测仪的信号连接到图谱采集分析仪，后者再与计算机连接。将处理好的填料与适量的含 $1.5mol \cdot L^{-1}$ $(NH_4)_2SO_4$ 的 $0.1mol \cdot L^{-1}$ 磷酸盐缓冲液(PBS，pH 7.4)混匀，待填料沉降后，用滴管吸去上清液，再次加入 20mL 上述缓冲液，将填料连同缓冲液缓慢装入色谱柱中。填料全部装入色谱柱并均匀沉降后，用恒流泵将含 $1.5mol \cdot L^{-1}$ $(NH_4)_2SO_4$ 的 $0.1mol \cdot L^{-1}$ 磷酸盐缓冲液(PBS，pH 7.4)以 $1mL \cdot min^{-1}$ 的流速平衡色谱柱，平衡三个柱体积后关闭恒流泵。

注意事项：

(1) 装柱前，检查填料中有无气泡，检查色谱柱的气密性。

(2) 装柱中，色谱柱保持竖直，填料均匀沉降，防止气泡的产生。

(3) 平衡过程中，确保色谱柱内液面始终高于填料 1～2cm，关注色谱柱的气密性。

扫一扫　3-1　连接装置及色谱柱气密性检查

5. 上样、洗脱和收集

(1) 开启核酸蛋白检测仪，波长设置为 280nm，预热 20min 后用平衡缓冲液调零和调 100%；打开自动部分收集器，设置为每 4min 收集 1 管；打开计算机上的核酸采集软件。

(2) 上样：待上述仪器准备就绪后，将准确量取的 α-淀粉酶上样液用恒流泵以 $1mL \cdot min^{-1}$ 的流速泵入色谱柱，同时启动核酸采集软件记录吸收峰情况，获得色谱图。

(3) 洗脱：上样完毕后，先用含$(NH_4)_2SO_4$的磷酸盐缓冲液冲洗色谱柱，观察流出液的吸收峰情况，直至吸光度较低。再用不含$(NH_4)_2SO_4$的磷酸盐缓冲液冲洗色谱柱，直至流出液吸光度较低。最后用含 40%乙醇的磷酸盐缓冲液冲洗洗脱数个柱体积。

注意：上样和洗脱中需观察核酸蛋白检测仪的信号及色谱图情况，若有异常需立即处理。

(4) 收集：根据流出液中酶活力，判断 α-淀粉酶的色谱峰。合并有酶活性的流出液，标记为 $3^{\#}$溶液，测定其总体积、酶活性及蛋白质含量，计算酶活性回收率及纯化倍数。

(5) 整理：色谱分离结束后，关闭核酸蛋白检测仪、自动部分收集器和图谱采集分析仪。用 20mL 水作为流动相冲洗整个管路，关闭恒流泵。

(6) 补充：若要获得淀粉酶纯化干粉，可将合并液浓缩，再加入 1 倍体积预冷的 95%乙醇进行沉淀，然后在 4℃静置 1h，离心得到的固体用丙酮脱水 3 次，置于干燥器中过夜。

6. 填料的清洗及后处理

用 70%乙醇清洗色谱柱三个柱体积后，换用水冲洗，最后用平衡缓冲液平衡苯基-琼脂糖快速分离填料。若填料长期不使用，应用水冲洗，然后置于 80%乙醇中保存。

7. α-淀粉酶活性的测定方法

在 25mL 具塞比色管中加入 20mL 2%可溶性淀粉溶液与 5mL $0.1mol \cdot L^{-1}$ 磷酸盐缓冲液(PBS，pH 6.0)，混匀后在 60℃水浴中预热 5min，加入 0.5mL 配制好的 $1^{\#}$酶液，振荡比色管使其混合均匀，同时立即计时，定时用移液枪取出 0.5mL 溶液与 0.5mL 稀碘液混合，混合液颜色与标准终点色(红棕色)相同时即为反应终点，记录此时的反应时间(t)，酶反应时间应尽量控制在 1.5～4min。以同样方法测定 $2^{\#}$和 $3^{\#}$酶液。

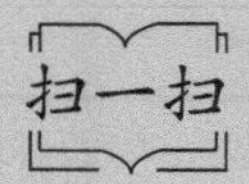

3-2　淀粉酶的提取及酶活性的测定

8. 总蛋白质含量的测定(紫外分光光度法)

1) 标准曲线的制作

准确称取 0.4g(精确到 0.0001g)牛血清白蛋白(BSA)于小烧杯中，加适量水溶解，转移到 50mL 容量瓶中，定容，配成 $2mg \cdot mL^{-1}$ 溶液。分别移取上述溶液 0.00mL、1.00mL、2.00mL、4.00mL、6.00mL、8.00mL 于 6 个 50mL 容量瓶内，定容。以不加 BSA 的溶液为参比，依次测定其余溶液在 280nm 处的吸光度 A，绘制蛋白质 A-c 标准曲线。

2) 样品测定

将 1#和 3#酶液适当稀释后，用上述方法测定 280nm 处的吸光度，根据标准曲线求出样品溶液的蛋白质浓度。以同样方法测定 2#酶液。

9. 纯化倍数的计算

酶比活力定义：每毫克蛋白质中酶的活性。

提取液与上样液的比活力的比值即为纯化倍数。

【数据记录与处理】

(1) 酶活性的计算。

酶活力单位定义为：60℃、pH=6.0 条件下，1h 内水解 1g 可溶性淀粉的酶活性为 1 个酶活力单位(1U)。

$$1个酶活力单位 = \frac{\frac{60}{t} \times 20 \times 2\% \times n}{0.5}$$

式中，n 为稀释倍数；2%为淀粉浓度；20 为 2%可溶性淀粉溶液体积；60 为 60min；0.5 为测定时所用稀释后的酶液体积；t 为反应时间。

(2) 比活力和纯化倍数的计算。

$$上样液比活力 = \frac{上样液总活力}{粗酶质量} = \frac{(第一次 + 第二次)提取液活力}{粗酶质量}$$

$$提取液比活力 = \frac{收集液总活力}{蛋白质总质量}$$

$$纯化倍数 = \frac{提取液比活力}{上样液比活力}$$

(3) 原始数据记录及处理(表 3.1～表 3.4)。

表 3.1　BSA 标准曲线数据

浓度/$(mg \cdot mL^{-1})$						
吸光度						

表 3.2　样品测定吸光度数据

样品	总体积/mL	稀释倍数	A	稀释后浓度/$(mg \cdot mL^{-1})$	稀释前浓度/$(mg \cdot mL^{-1})$	总蛋白质质量/mg
1#						
2#						
3#						

表 3.3　酶活性测定数据

样品	稀释倍数	反应时间/min
1#		
2#		
3#		

表 3.4　纯化数据

样品	酶活力/(U · mL^{-1})	总活力/U	比活力/(U · mg^{-1})	回收率/%	纯化倍数*
1#					—
2#					
3#					

*纯化倍数均为与 1#相比后的数值。

【思考题】

(1) 常用的蛋白质分离纯化的方法有哪些？简述各种方法的原理。

(2) 疏水作用色谱的分离原理是什么？影响疏水作用的因素主要有哪些？

(3) 为什么可以用疏水作用色谱分离 *α*-淀粉酶？

(4) 可以采用哪些方法提高 *α*-淀粉酶的分离效果？

补充：考马斯亮蓝测定蛋白质含量的方法

(1) 考马斯亮蓝显色液的配制：10mg 考马斯亮蓝 G250 溶于 10mL 95%乙醇和 10mL 85%磷酸混合液中，用水定容至 100mL。

(2) 标准曲线的制作：在 3mL 考马斯亮蓝显色液中分别加入 1mg · mL^{-1} BSA 标准溶液 10μL、20μL、30μL、40μL 和 50μL，振荡混合均匀后，置于 20℃水浴中显色 10min，取出后测定溶液在 595nm 处的吸光度，以吸光度对 BSA 浓度作图得到标准曲线。

(3) 样品测定：在 3mL 考马斯亮蓝显色液中加入适当稀释的样品溶液 50μL，振荡混合均匀后，置于 20℃水浴中显色 10min，取出后测定溶液在 595nm 处的吸光度，根据标准曲线求出样品溶液的蛋白质浓度。

(4) 实验结束后，用乙醇清洗比色皿及试管。

(曾秀琼、方　芳)

实验 2　亲和色谱树脂的制备及溶菌酶的提取纯化

【实验导读】

溶菌酶(lysozyme，又称球蛋白 G1)的全称为 1,4-*β*-*N*-溶菌酶。人、动物、植物、微生物和鸟类蛋等都含有此酶。它是由 129 个氨基酸残基组成的碱性球蛋白，等电点 10.8 左右，相对分子质量为 1.4×10^4 左右，化学性质相当稳定。当 pH 在 1.2～11.3 发生剧烈变化时，其结构几乎不变。纯的溶菌酶为白色、微黄或黄色的结晶或无定形粉末，无异味，微甜，易溶于水，遇碱易被破坏，不溶于乙醚。

1922 年，英国细菌学家弗莱明(Fleming，青霉素的发明者)发现人的唾液和眼泪中存在能溶解细菌细胞壁的酶，因其具有溶菌作用，故命名为溶菌酶。随着研究的不断深入，人们发现溶菌酶不仅有能溶解细菌细胞壁的种类，还有作用于真菌细胞壁的种类。例如，敏感细菌革兰氏阳性菌(Gram-positive bacteria)的细胞壁多糖是 *N*-乙酰氨基葡糖(*N*-acetylglucosamine，NAG)和 *N*-乙酰氨基葡糖乳酸(*N*-acetylmuramic acid，NAM)的共聚物，其中的 NAG 及 NAM 通过 β-1,4-糖苷键交替排列(图 3.2)。溶菌酶能切断 NAG 和 NAM 之间的 β-1,4-糖苷键，从而破坏肽聚糖支架，在内部渗透压下使细胞胀裂，引起细菌裂解。由于溶菌酶对人体细胞无毒副作用，近年来溶菌酶被广泛应用于医药、食品工业、生物工程等领域。

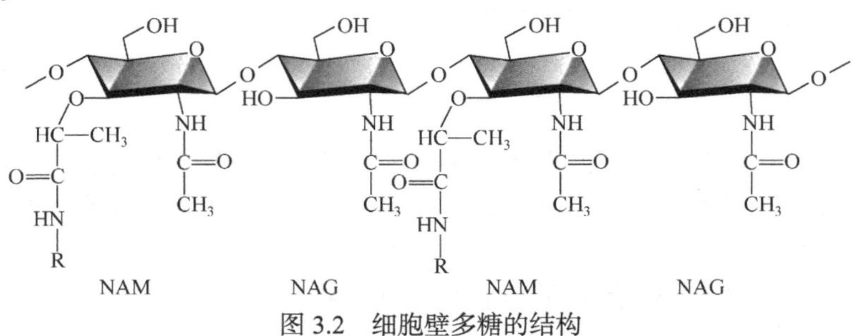

图 3.2　细胞壁多糖的结构

【实验目的】

(1) 学习亲和色谱的基本原理和方法。

(2) 掌握壳聚糖亲和色谱树脂的制备原理和方法。

(3) 掌握从鸡蛋清中分离纯化溶菌酶并进行测定的基本原理和方法。

【实验原理】

亲和色谱(affinity chromatography, AC)是利用生物分子间专一的亲和力而进行分离的一种分离方法，具有简单、快速和分辨率高等特点，成为分离蛋白质和酶等生物大分子最特异而有效的技术。这种专一吸附能力是由于共价偶联在惰性载体上的物质(通常称为配基)与需要纯化的物质之间存在一种专一而可逆的亲和力。具有这种特异亲和力的生物分子对有：抗体-抗原、酶-底物或抑制剂、DNA 与互补 DNA 或 RNA、激素-受体等。将具有这种亲和关系的两种分子(A-B)中的一种(假设 A)共价偶联到载体上，则可成为纯化 B 分子的亲和色谱吸附剂。当待分离纯化的混合物通过带有这种亲和吸附剂的色谱柱时，只有 B 分子能被吸附在柱上，其他分子随流动相流出。最后用特殊洗脱条件将 B 分子从柱子上洗脱下来，使 B 得到纯化。亲和色谱原理如图 3.3 所示。

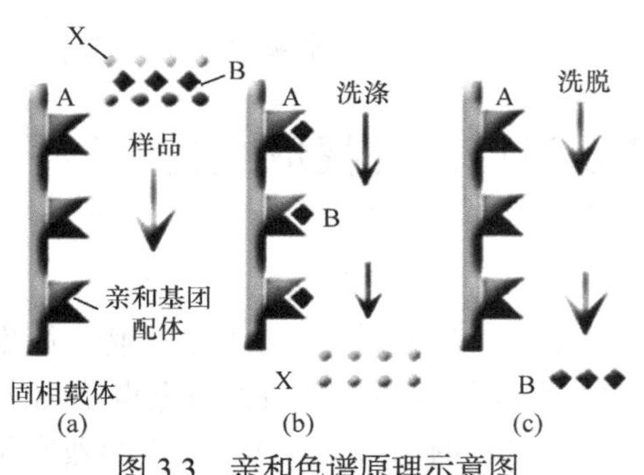

图 3.3　亲和色谱原理示意图

(a) 上样；(b) 吸附；(c) 洗脱

溶菌酶能催化水解细菌细胞壁多糖，甲壳

素及其部分脱乙酰基产物(如壳聚糖)也是这类细胞壁多糖的类似物。因此，溶菌酶与甲壳素或壳聚糖之间具有一定的特异亲和性。本实验利用溶菌酶与甲壳素或壳聚糖间的特异亲和性，将鸡蛋清中的溶菌酶分离纯化；采用细菌细胞壁为底物，以单位时间内被溶菌酶水解细胞壁的量测定其酶活力。

【主要仪器与试剂】

1. 仪器

紫外-可见分光光度计，高速冷冻离心机(＞10000r · min^{-1})，抽滤装置，磁力搅拌器，恒流泵，核酸蛋白检测仪，自动部分收集器，图谱采集分析仪，色谱柱(200mm×16mm)，酸度计，水浴锅，移液枪(1mL，50μL)，移液管(20mL，5mL)，容量瓶(50mL)，烧杯(250mL)，研钵，100 目金属筛，比色皿(玻璃和石英)。

2. 试剂

新鲜鸡蛋清，壳聚糖，0.1mol · L^{-1} 磷酸盐缓冲液(pH 6.0，pH 6.2)，6% HAc 溶液，10% NaOH 溶液，2% $NaNO_2$ 溶液，甲醇，乙酸酐，溶壁微球菌(*Micrococcus lysodeikticus*)。

【实验步骤】

1. 壳聚糖亲和色谱树脂的制备

称取 1.5g 壳聚糖置于 250mL 烧杯中，加入 90mL 6% HAc 溶液，磁力搅拌 15～30min 使其成胶状。再加入 6mL 甲醇，搅拌均匀，边搅拌边加入 45～60mL 乙酸酐，形成透明胶状壳聚糖(注意，在通风橱内进行)。将胶状壳聚糖倒入研钵内，加入少量石英砂，将其捣碎成细小颗粒。后者倒入烧杯内，加入 10% NaOH 溶液使其恰好盖住所有的颗粒。60℃水浴保温 2～3h，双层滤纸抽滤，反复用水洗涤至中性。再加入 10mL 6% HAc 溶液，搅拌均匀，加入 10mL 2% $NaNO_2$ 溶液，搅拌 5～10min，进行脱氨反应。调节溶液至中性，抽滤，反复用水洗涤，得到壳聚糖亲和色谱树脂。

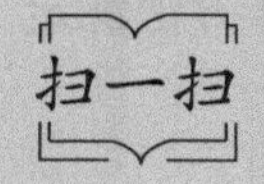

3-3　壳聚糖的制备

2. 鸡蛋清中溶菌酶的提取和纯化

(1) 平衡：将制得的壳聚糖亲和色谱树脂装入色谱柱，色谱柱出口与恒流泵入口连接，恒流泵出口连接到核酸蛋白检测仪入口，后者出口连接自动部分收集器。用恒流泵将 0.1mol · L^{-1} 磷酸盐缓冲液(pH 6.0)以 1mL · min^{-1} 的流速平衡色谱柱 30min 以上。

(2) 溶菌酶提取液的制备：取 20mL 新鲜鸡蛋清(注意，不能掺杂一点蛋黄)，用 0.1mol · L^{-1} 磷酸盐缓冲液(pH 6.0)稀释至 100mL，磁力搅拌 10min，过 100 目金属筛，得到的滤液即为溶菌酶粗提液，标记为 1#溶液，测定其总体积、酶活性及蛋白质含量。1#溶液用 6% HAc 溶液调至 pH 4.5，80℃水浴加热 5min(注意，需不时搅拌)，高速冷冻离心 ($10000r \cdot min^{-1}$)10min，滤液用 10% NaOH 溶液调至 pH 7.0，标记为 $2^{\#}$溶液，测定其总体积、酶活性及蛋白质含量。

(3) 开启核酸蛋白检测仪，波长设置为 280nm，预热 20min 后用平衡缓冲液调零和调 100%；打开自动部分收集器，设置为每 4min 收集 1 管；打开色谱工作站的核酸采集软件。

(4) 上样和收集：待上述仪器准备就绪后，将 20mL $2^{\#}$溶液用恒流泵以 $1mL \cdot min^{-1}$ 的流速泵入色谱柱，用自动部分收集器收集流出液，同时启动核酸采集软件获得色谱图。待 $2^{\#}$溶液完全泵入后，流动相继续采用 $0.1mol \cdot L^{-1}$ 磷酸盐缓冲液(pH 6.0)。

(5) 洗脱：当流出液 A_{280nm}≤0.1 时，改用 6% HAc 溶液洗脱，控制流速为 $4mL \cdot min^{-1}$。

注意，上样和洗脱中需观察核酸蛋白检测仪的信号及色谱图情况，若有异常需立即处理。

(6) 检测：测试蛋白质吸收峰附近所收集溶液的溶菌酶活性，将活性较高的溶液合并在一个干净干燥的小烧杯中，得到纯化溶菌酶溶液，标记为 $3^{\#}$溶液，测定其总体积、酶活性及蛋白质含量。注意：收集到的溶菌酶溶液要及时测定，否则要密封后放入冰箱冷藏保存。

扫一扫　3-4　鸡蛋清溶菌酶的提取及纯化

(7) 整理：色谱分离结束后，关闭核酸蛋白检测仪、自动部分收集器和色谱工作站。用 20mL 水作为流动相冲洗整个管路，关闭恒流泵。

3. 溶菌酶活性的测定

准确称取 10mg 溶壁微球菌，用 $0.1mol \cdot L^{-1}$ 磷酸盐缓冲液(pH 6.2)定容至 50mL，配成 A_{450nm} 为 0.6～0.7 的悬浮液，置于 30℃水浴锅内保温。用移液枪移取 2.5mL 此悬浮液于比色皿中，加入 0.1mL $1^{\#}$酶液，迅速用枪头搅拌，测定 2min 内 A_{450nm} 的变化，每 30s 记录一次读数，以 $0.1mol \cdot L^{-1}$ 磷酸盐缓冲液(pH 6.2)作为参比溶液。以同样方法测定 $2^{\#}$和 $3^{\#}$酶液。

注意：溶壁微球菌溶液需现配现用，吸取溶壁微球菌溶液前需充分摇匀。

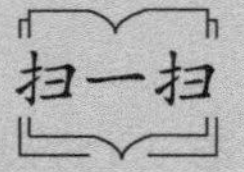

3-5　溶菌酶活性的测定

4. 蛋白质含量的测定

将 $1^{\#}$酶液稀释，采用 BSA 紫外分光光度法测定其蛋白质的含量，具体操作见“实验 1　疏水作用色谱分离纯化 α-淀粉酶”。以同样方法测定 $2^{\#}$和 $3^{\#}$酶液。

【数据记录与处理】

(1) 蛋白质含量的计算。

先绘制 BSA 的标准曲线，再由样品的吸光度得到蛋白质含量。

(2) 酶活力的计算。

1 个酶活力单位(U)定义为：1min 内吸光度下降 0.001 所需的酶量。

$$酶活力(\mathrm{U \cdot mL^{-1}}) = \frac{\Delta A_{450\mathrm{nm}}}{2\mathrm{min} \times 0.001 \times 0.1\mathrm{mL}} \times 稀释倍数$$

式中，$\Delta A_{450\mathrm{nm}}$ 为 2min 内 450nm 处的吸光度变化，稀释倍数为 1。

(3) 酶比活力的计算。

$$酶比活力 = \frac{酶活力}{酶液中蛋白质含量}$$

(4) 酶纯化过程中回收率的计算。

$$回收率 = \frac{纯化酶总活力}{粗酶液总活力} \times 100\% = \frac{纯化酶活力 \times 纯化酶液体积}{粗酶活力 \times 粗酶体积} \times 100\%$$

(5) 酶纯化倍数的计算。

$$纯化倍数 = \frac{纯化酶比活力}{粗酶比活力}$$

(6) 原始数据记录及处理表格(表 3.5～表 3.8)。

表 3.5 BSA 标准曲线数据

浓度/(mg · mL^{-1})	0.00	0.040	0.080	0.16	0.24	0.32
吸光度						

表 3.6 样品测定吸光度数据

样品	总体积/mL	稀释倍数	A	稀释后浓度/(mg · mL^{-1})	稀释前浓度/(mg · mL^{-1})	总蛋白质质量/mg
1#						
2#						
3#						

表 3.7 样品在 450nm 处的吸光度变化

样品	0s	30s	60s	90s	120s	$\Delta A_{2\mathrm{min}}$
1#						
2#						
3#						

表 3.8 纯化数据

样品	酶活力/(U · mL^{-1})	总活力/U	酶比活力/(U · mg^{-1})	回收率/%	纯化倍数*
1#					—
2#					
3#					

*纯化倍数均为与 1#相比后的数值。

【注意事项】

(1) 慎重选择合适的配基、缓冲液的种类、pH 范围。

(2) 确定上样样品的体积，控制好流速。

(3) 严格控制实验温度。

(4) 彻底清洗杂质蛋白质，当 A_{280nm}＞0.1 时才能进行亲和洗脱。

【思考题】

(1) 查阅资料，简述柱色谱的种类及其应用。

(2) 亲和色谱的基本原理是什么？壳聚糖树脂制备时，为什么要彻底去除其分子上的游离氨基？

(3) 为什么要选择新鲜鸡蛋为原料分离提纯溶菌酶？

(4) 处理鸡蛋清时，为什么要先将 pH 调至 4.5，再用 80℃水浴加热 5min？

(5) 分析实验得到的纯化倍数和回收率，并进行讨论。

【探索性实验】

仔细阅读以下文献，再查阅其他文献，自行设计实验方案，完成下列实验项目：

(1) 采用其他方法从鸡蛋中提取溶菌酶。

(2) 采用检测方法测定提取得到的溶菌酶的纯度和活性。

赵荣文，谭丽萍，刘同军. 2021. 溶菌酶及其应用研究进展. 齐鲁工业大学学报，35(1): 12-18

周钦育，黄燕燕，赵珊，等. 2021. 蛋清溶菌酶的提取及其酶学性质探究. 中国食品学报, 21(4): 145-158

Baydemir G, Turkoglu E A. 2015. Composite cryogels for lysozyme purification. Biotechnology and Applied Biochemistry, 62(2): 200-207

Fausnaughpollitt J, Thevenon G. 1988. Chromatographic resolution of lysozyme variants. Journal of Chromatography, 443: 221-228

(曾秀琼、方　芳)

实验 3　青霉素酰化酶米氏常数和反应活性的测定

【实验导读】

在生物体的活细胞中每分每秒都进行着成千上万的生物化学反应，使细胞能同时进行各种降解代谢及合成代谢，以满足生命活动的需要。生物细胞内这些反应都是由酶催化的。绝大多数酶是蛋白质，少数酶是 RNA，迄今已发现的酶有 2500 种以上。酶与一般催化剂一样，其作用机理都是降低反应的活化能，只能催化热力学允许的化学反应，缩短达到化学平衡的时间，而不改变平衡点。微量的酶就能发挥较大的催化作用。酶除了具有一般催化剂所有的特征外，还具有条件温和、催化效率高、高度专一性和酶活可调控性等独特的催化特点。

(1) 高催化效率：一般来说，酶促反应速率比非催化反应速率高 10^7～10^{20} 倍。

(2) 高度专一性：一种酶只作用于一类化合物或一定的化学键，以促进一定的化学变化，并生成一定的产物，这种现象称为酶的特异性或专一性。

(3) 酶催化活性的不稳定性：酶是蛋白质，酶促反应要求一定的 pH、温度等温和的条件。强酸、强碱、有机溶剂、重金属盐、高温、紫外线、剧烈振荡等任何使蛋白质变性的理化因素都可能使酶变性而失去其催化活性。

(4) 酶催化活性的可调控性：酶是生物体的组成成分，和体内其他物质一样，不断在体内新陈代谢，酶的催化活性也受多方面的调控。例如，酶的生物合成的诱导和阻遏、酶的化学修饰、抑制物的调节作用、代谢物对酶的反馈调节、酶的别构调节及神经体液因素的调节等。

国际酶学委员会按酶促反应的性质，将酶分成六大类：氧化还原酶、转移酶、水解酶、裂解酶、异构酶、合成酶。六大类下面再分成若干亚类和亚亚类。

【实验目的】

(1) 了解并掌握米氏常数 K_m 和催化活性的意义。

(2) 以青霉素酰化酶为例，掌握酶促反应初速率、米氏常数、反应活性的测定方法。

(3) 了解底物浓度对酶促反应速率的影响。

【实验原理】

当底物浓度在较低范围内增加时，酶促反应速率随着底物浓度的增加而增加。当底物增至一定浓度后，即使再增加其浓度，反应速率也不会增加。这是由于酶浓度限制了所形成的中间络合物的浓度。

米凯利斯(Michaelis)和门顿(Menten)推导得出底物浓度和酶促反应速率的关系式为

$$v = \frac{v_{max}[S]}{K_M + [S]}$$

上式称为米氏方程。式中，v 为反应速率；v_{max} 为最大反应速率；[S]为底物浓度；K_M 为米氏常数。

按此方程，可用作图法求出 K_M，常用的方法有以下两种。

1) 以 v 对[S]作图

由米氏方程可知，$v = v_{max}/2$ 时，$K_M = [S]$，即米氏常数值等于反应速率达到最大反应速率一半时所需底物的浓度。因此，可测定一系列不同底物浓度的反应速率 v，以 v 对[S]作图。当 $v = v_{max}/2$ 时，其相应底物浓度即为 K_M。

2) 以 $1/v$ 对 1/ [S]作图(双倒数法)

取米氏方程的倒数式

$$\frac{1}{v} = \frac{K_M + [S]}{v_{max}[S]} = \frac{K_M}{v_{max}[S]} + \frac{[S]}{v_{max}[S]} = \frac{K_M}{v_{max}} \times \frac{1}{[S]} + \frac{1}{v_{max}}$$

以 $1/v$ 对 1/[S]作图可得一直线，如图 3.4 所示。其斜率为 K_M/v_{max}，截距为 $1/v_{max}$。若将直线延长与横轴相交，则该交点在数值上等于 $-1/K_M$。

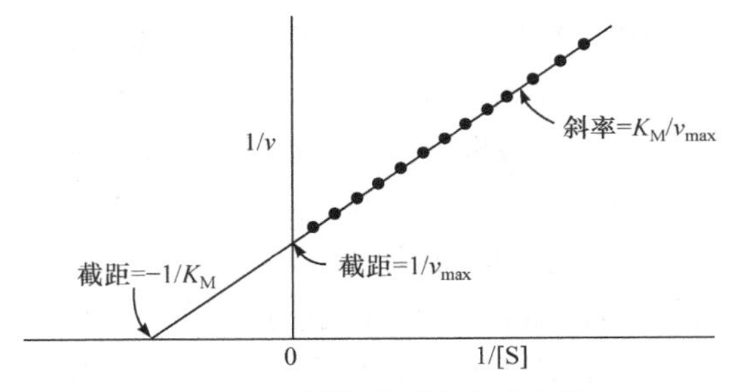

图 3.4　双倒数法测定米氏常数

本实验以青霉素酰化酶为实验材料，采用双倒数方法测定 K_M 和 v_{max}。

青霉素酰化酶在 37℃裂解青霉素产生 6-氨基青霉烷酸(6-APA)，后者在酸性条件下与对二甲氨基苯甲醛(PDAB)形成席夫(Schiff)碱，在 415nm 处有最大吸收。利用标准曲线法得到 6-APA 的浓度，反应速率用单位时间内释出 6-APA 的浓度表示。

【主要仪器与试剂】

1. 仪器

722 型分光光度计，分析天平，移液管(0.5mL、1.0mL、2.0mL、5.0mL)，容量瓶 (10mL，14 个；100mL)，烧杯(10mL，15 个)，试管(1.5cm×15cm，10 支)，水浴锅。

2. 试剂

(1) PDAB 生色液：0.5g PDAB 溶于 100mL 甲醇中，加 80mL 乙酸和 5.0mL 2mol · L^{-1} NaOH，稀释至 700mL，置棕色瓶保存。

(2) 2%青霉素 G 溶液(临用时配制)：0.2g 青霉素 G 加水溶解，稀释至 10mL。

(3) 0.1mol · L^{-1} 磷酸盐缓冲液(pH 7.8)，95%乙醇，6-APA，6mol · L^{-1} HCl，青霉素酰化酶。

【实验步骤】

1. 标准曲线的制作

准确称取 0.1139g 6-APA 于烧杯中，加少量 6mol · L^{-1} HCl，加水溶解，转移至 50mL 容量瓶中，定容，浓度约为 10mmol · L^{-1}。分别吸取 1.0mL、2.0mL、3.0mL、4.0mL、5.0mL、6.0mL、7.0mL、8.0mL 上述溶液于 10mL 容量瓶中，定容。再从上述溶液中分别吸取 0.5mL 于试管中，加 3.5mL PDAB 生色液，摇匀，放置 5min。以空白为对照，在 415nm 处比色。以 OD_{415} 为纵坐标、6-APA 浓度为横坐标作图。

2. 底物浓度对酶反应速率的影响

取 10 支试管，以 1～10 编号。取 0.5mL 酶液和 9.5mL 磷酸盐缓冲液(pH 7.8)混合均匀，分别吸取 1.0mL 混合液于 1～10 号试管中，于 37℃平衡 5min。在 1～10 号管依次加入 5.0mL、4.5mL、4.0mL、3.5mL、3.0mL、2.5mL、2.0mL、1.5mL、1.0mL 和 0.5mL 水。

另将 2%青霉素 G 溶液于 37℃平衡 5min，依次吸取 0.5mL、1mL、1.5mL、2.0mL、2.5mL、3.0mL、3.5mL、4.0mL、4.5mL 和 5.0mL，置于上述含酶的 1～10 号试管中，摇匀，准确反应 5min，加入 3mL 乙醇中止反应。吸取 0.5mL，加入 3.5mL PDAB 生色液，放置 3min。在 415nm 处测定光密度，对照标准曲线得到 6-APA 的浓度。

3. 青霉素酰化酶的活性测定

在上述条件下，1min 水解青霉素 G 产生 1μmol 6-APA 所需的酶量定义为一个酶活力单位(U)。

【数据记录与处理】

6-APA 质量________g；6-APA 标准溶液母液浓度 c_0=________mmol · L^{-1}(表 3.9)。

表 3.9　6-APA 标准曲线数据

编号	6-APA 母液体积 V/mL	6-APA 终浓度[$c_0×V×0.5/(10×4)$]/(mmol · L^{-1})	OD_{415}
1	1		
2	2		
3	3		
4	4		
5	5		
6	6		
7	7		
8	8		

青霉素 G 质量________g；2%青霉素 G 母液浓度=________mmol · L^{-1}(表 3.10)。

表 3.10　底物浓度对反应速率的影响

编号	水体积/mL	酶液体积/mL	2%青霉素 G 溶液体积/mL	青霉素 G 浓度/(mmol · L^{-1})	OD_{415}	6-APA 浓度 c_i/(mmol · L^{-1})	反应体系中 6-APA 浓度(c_i×4/0.5)/(mmol · L^{-1})	反应速率 v/(mmol · L^{-1} · min^{-1})
1	5.0	1.0	0.5					
2	4.5	1.0	1.0					
3	4.0	1.0	1.5					
4	3.5	1.0	2.0					
5	3.0	1.0	2.5					
6	2.5	1.0	3.0					
7	2.0	1.0	3.5					
8	1.5	1.0	4.0					
9	1.0	1.0	4.5					
10	0.5	1.0	5.0					

(1) 根据实验步骤 2.，计算出不同底物浓度的反应速率。

(2) 以 $1/v$ 对 $1/[S]$作图，求出青霉素酰化酶的 K_M。

(3) 根据下列公式计算青霉素酰化酶的活性：

$$酶活力=\frac{(OD_{415}-0.0115)\times 反应体积(mL)\times 稀释倍数}{0.1382\times 反应时间(min)\times 酶量(mL或g)}$$

【思考题】

(1) 简述底物浓度对酶促反应速率的影响。

(2) 在什么条件下，测定酶的 K_M 值可以作为鉴定酶的一种手段？为什么？

(3) 米氏方程中的 K_M 值有哪些实际应用？

(吴　起)

实验 4　静电自组装构筑 HRP 多层膜电极检测酚类物质研究

【实验导读】

生物传感器是一类以酶、抗体和 DNA 等生物活性物质为敏感元件，配上适当的换能器，通过生物分子与被测物发生特异生物反应而发挥检测和定量测定功能的工具，具有灵敏度高、选择性好、速度快和使用方便等优点，广泛应用于生物医学、环境监测、食品医药工业等领域。酶生物传感器是生物传感器研究的热点。酶电极的灵敏度及稳定性是评价酶修饰电极性能的两个主要指标，酶电极制备过程的可控性或可重复性是决定酶电极是否具有实用价值的重要因素。影响酶电极的灵敏度、稳定性的因素有很多，其中酶固定方法是影响酶电极灵敏度的主要因素。

层层自组装(layer-by-layer self-assembly，LBL)技术是近年来备受关注的酶固定化方法。LBL 技术可在分子水平上控制组装量、调节组装膜结构，组装过程高度可重复，组装条件温和，组装层数及每一层的组装量可调。利用 LBL 技术制备酶电极或生物传感器，通过改变组装层数或组装层中的酶量，可以改变酶电极的响应，为提高酶电极的灵敏度提供了基础；改变组装膜的微结构，使组装膜的微结构更有利于酶分子保持稳定构象，为提高传感器的稳定性创造了条件。以静电作用和生物亲和作为驱动力的 LBL 技术是人们研究的热点。

1. 静电层层自组装法

静电沉积的层层自组装法由德谢尔(Decher)于 1991 年首先提出，它是一种以静电力为驱动力，通过阴、阳离子聚电解质交替沉积构造多层膜的新技术。如图 3.5 所示，这种技术十分简单，只需将离子化基片交替浸入带有相反电荷的聚电解质溶液中，静置一段时间，取出冲洗干净，循环以上过程，则得到多层膜体系。改变聚合物的浓度、离子强度，膜厚可以在纳米尺度微调。

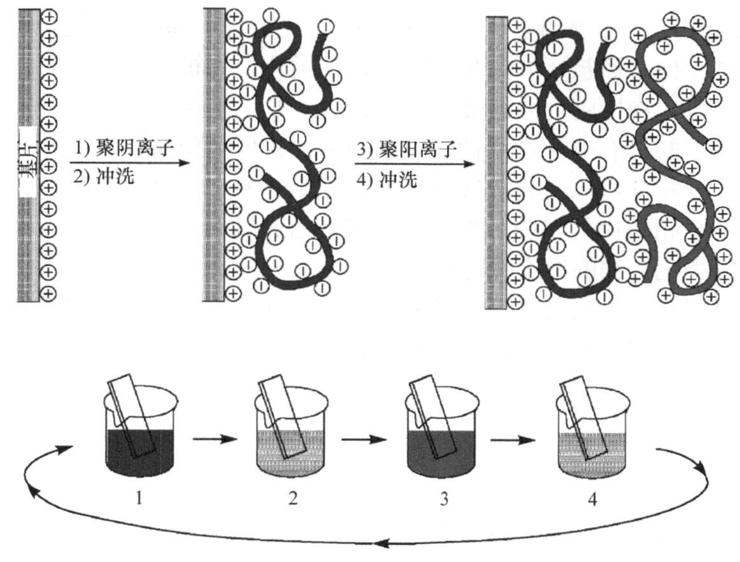

图 3.5　静电层层自组装法制备多层膜的过程

2. 生物识别层层自组装法

利用抗体-抗原、亲和素-生物素和凝集素-糖基等的生物识别作用为组装驱动力，可以层层组装含抗体、抗原、酶、蛋白质和 DNA 等的多层膜。

【实验目的】

(1) 掌握层层自组装法制备酶传感器的基本实验技能。

(2) 掌握 HRP 电极测定酚类物质的原理，了解电化学传感器检测方法。

【实验原理】

环境水污染的监控与治理是备受关注的课题，含酚废水又是当今世界危害最大的工业废水种类之一。近年来发展的酶生物传感器为酚类物质的测定提供了一种有效的手段。

辣根过氧化物酶[horseradish peroxidase(HRP)，EC1.11.1.7]电极的构筑和制备研究是酶生物传感器研究中最具代表性的内容。HRP 催化氢供体和氢受体间氧化还原反应的特性使 HRP 修饰电极在快速检测特定的氢受体(如过氧化氢及有机过氧化物)、氢供体(如酚类和芳香胺类化合物)时有重要的应用价值。HRP 电极检测酚类物质的原理如图 3.6 所示。

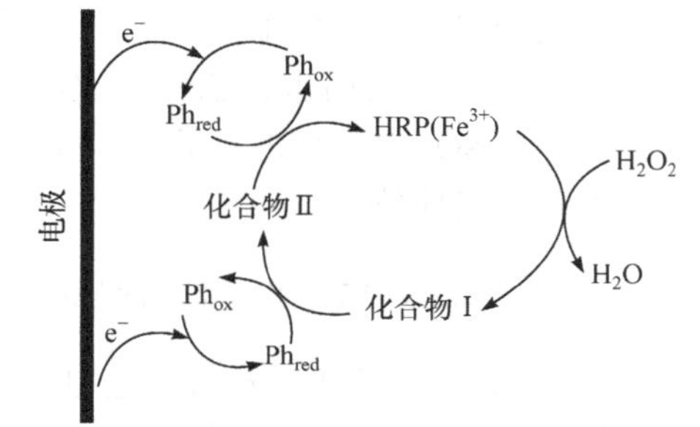

图 3.6　HRP 酶电极测定酚类物质的反应示意图

HRP 是一种含有铁卟啉作为强键合辅基的糖蛋白，相对分子质量约为 44000。在 HRP 修饰电极表面，HRP 首先与 H_2O_2 反应，生成化合物 I 。化合物 I 代表被氧化的 HRP

(氧化态为+5)，它由一个铁氧体(Fe^{4+}=O)和卟啉阳离子自由基组成；化合物Ⅰ与酚类化合物反应，得到一个电子后被还原为化合物Ⅱ，酚类化合物被氧化成酚氧自由基或醌，化合物Ⅱ再与酚类化合物反应，得到第二个电子后，被还原成 HRP(Fe^{3+})；被 HRP 氧化生成的酚氧自由基或醌具有电化学活性，在电极表面较低电位条件下得到电子被还原。虽然化合物Ⅰ和化合物Ⅱ可以在电极表面直接电化学还原，但是第二种底物酚类化合物与它们的反应是一个相对快得多的过程。当溶液中的过氧化氢浓度不受限制时，其还原电流与溶液中的酚类化合物的浓度成比例。

本实验通过层层自组装法在金电极表面构筑 HRP 多层膜电极，以对苯二酚为底物研究过氧化氢浓度、测定电位等对电极灵敏度的影响，并实现对苯二酚的电化学检测。

【主要仪器与试剂】

1. 仪器

CHI440A 电化学石英晶体微天平测试系统。

2. 试剂

聚烯丙基胺盐酸盐(PAH)，聚苯乙烯磺酸钠(PSS)，辣根过氧化物酶(HRP)，3-巯基-1-丙基磺酸钠盐(MPS)，对苯二酚，巴比妥钠，乙醇，过氧化氢，Na_2HPO_4，$NaH_2PO_4 \cdot 2H_2O$，0.1mol · L^{-1} HCl，0.2mol · L^{-1} H_2SO_4。

【实验步骤】

1. 缓冲液的配制

(1) 巴比妥钠-盐酸缓冲液(pH 8.0)的配制：200mL 0.02mol · L^{-1} 巴比妥钠溶液中加入 18.8mL 0.1mol · L^{-1} HCl。

(2) 磷酸盐缓冲液(pH 7.0)的配制：61.0mL 0.2mol · L^{-1} Na_2HPO_4 和 39.0mL 0.2mol · L^{-1} NaH_2PO_4 溶液混合。

2. 金电极的预处理

金盘电极先用金相砂纸打磨，再先后用平均粒径 3μm、0.5μm、0.05μm 的氧化铝砂浆打磨成镜面，依次用水、乙醇、超声清洗 5min，取出后用水反复冲洗干净，然后在 0.2mol · L^{-1} H_2SO_4 中反复进行循环伏安扫描，扫描范围是–0.2～1.4V，直至得到稳定、可重复的循环伏安曲线。

3. 金电极表面 HRP 多层膜的制备

如图 3.7 所示，将预处理好的金电极在 0.02mol · L^{-1} MPS 溶液中浸泡 12h，金电极表面形成带负电的自组装单分子(self-assembled monolayer, SAM)膜。表面组装 MPS 的 SAM 膜的金电极浸入 1mg · mL^{-1} PAH 溶液(巴比妥钠-盐酸，pH 8.0)中 30min，用超纯水漂洗 3 次；再将其浸入 1mg · mL^{-1} PSS 溶液(巴比妥钠-盐酸，pH 8.0)中 20min，用超纯水漂洗 3

次。构筑得到 PAH/PSS 的聚电解质多层前体膜。

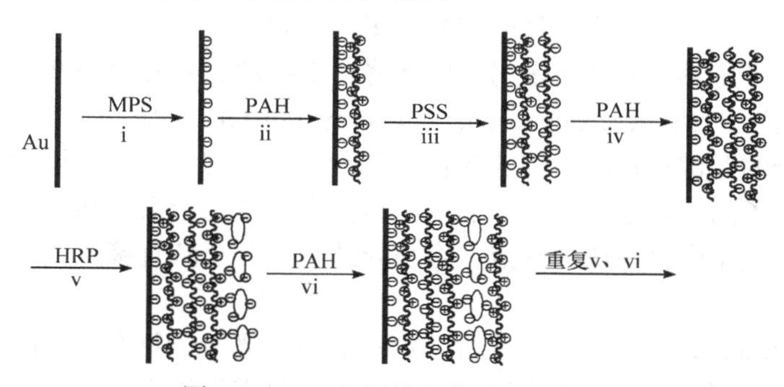

图 3.7 HRP 电极的组装过程示意图

将 MPS/PAH/PSS 修饰电极浸入 $1mg \cdot mL^{-1}$ PAH 溶液(巴比妥钠-盐酸，pH 8.0)中 20min，再将其浸入 $1mg \cdot mL^{-1}$ HRP 溶液(巴比妥钠-盐酸，pH 8.0)中 30min。每次吸附后，取出修饰电极，用超纯水冲洗，重复上述操作，制备得到 HRP 多层膜修饰电极 $Au/MPS/PAH/PSS/(PAH/HRP)_n$。

4. HRP 多层膜修饰电极的电化学测定

电化学测定采用三电极体系，修饰金电极为工作电极，Ag/AgCl 为参比电极，铂电极为对电极。进行电化学测定时，将 HRP 修饰电极置于以恒定速率搅拌的磷酸盐缓冲液(pH 7.0)中，缓冲液中加入了一定浓度的过氧化氢。在工作电极上施加一定的阴极电位，记录电流-时间曲线，当背景电流达到稳态后，用移液枪加入对苯二酚样品，记录电流响应。

考察溶液中过氧化氢浓度及测定电位对对苯二酚响应的影响。测定 HRP 修饰电极检测对苯二酚的灵敏度、线性范围、检出限。

【思考题】

(1) 生物传感器的种类及检测方法有哪些?

(2) 电化学生物传感器的优点有哪些?

(3) HRP 电极除测定酚类物质外，还可测定哪些物质?

(林贤福、奚凤娜)

实验 5 FRET 法及荧光猝灭法测定蛋白酶的活性

【实验导读】

人类基因组能表达 561 个蛋白酶，其数量可以与蛋白激酶相比(大于 500 个)。蛋白酶是一类重要的药物靶标，研究表明，蛋白酶不仅在癌症及心脏病的发病机制中扮演重要的角色，还与 50 种以上的基因疾病有关。

目前荧光分析法是蛋白酶活力测定的主要方法之一。在该方法中通常将两个荧光分子通过蛋白质肽键相连，其中一个荧光分子作为供体，另一个荧光分子作为受体。当两个荧光分子相互靠近时，作为供体的荧光分子在受到外界光激发后，将能量传递给受体荧光分子，其结果是供体的荧光发射强度下降，受体的荧光发射强度增大，这种现象称为荧光共振能量转移(fluorescence resonance energy transfer，FRET)。当蛋白酶存在时，连接两个荧光分子的肽键被切断，使荧光供体和受体分子之间的距离增大，FRET 现象消失，此时供体分子的荧光强度增大。然而，目前大多数用于供体和受体的荧光分子为有机荧光分子，在使用中存在诸多缺点，容易导致受体分子的直接激发，以及受体和供体荧光光谱的重叠。

量子点(quantum dots，QD)的荧光性质相比有机荧光分子具有显著的优势。例如，QD 的荧光强度稳定性高，荧光激发光谱范围很宽，发射谱带较窄，降低了发射光谱重叠的可能性，非常适合用 FRET 方法进行生物分析。

本实验分析蛋白酶的另一种方法称为荧光猝灭分析方法。该方法通过寡肽将荧光分子与荧光猝灭剂连接，当激发光照射荧光分子后，荧光分子被激发。但由于猝灭剂的存在(距离荧光分子很近)，荧光分子将部分能量传递给猝灭剂，产生无辐射跃迁，导致荧光分子的荧光强度下降。而当蛋白酶存在时，肽键被切断，猝灭剂远离荧光分子，使能量传递受阻，荧光分子的荧光强度恢复。

【实验目的】

(1) 掌握荧光量子点、核壳型 Fe_3O_4@Au 纳米粒子的合成及光谱表征方法。
(2) 掌握寡肽的荧光标记方法。
(3) 掌握 FRET 现象及荧光猝灭现象的基本原理。
(4) 了解 FRET 及荧光猝灭用于蛋白酶活性分析的机理和方法。

【实验原理】

1. 荧光量子点-罗丹明 FRET 体系测量蛋白酶活力的基本原理

本实验的设计思想是以 CdSe/ZnS 量子点作为 FRET 供体，该量子点在 445nm 的光激发下，可在 545nm 峰值处产生荧光发射光谱。受体荧光分子采用罗丹明类荧光染料，用该荧光染料标记寡肽 Arg-Gly-Asp-Cys 并以自组装的方式结合于 QD 表面。由于 QD 和罗丹明之间的距离足够靠近，且 QD 的荧光发射光谱与罗丹明的荧光吸收光谱重叠，因此两者之间形成一对荧光共振能量转移对。

当 QD 被 445nm 的激发光激发后，处于激发态的 QD 将能量转移给与寡肽相连的罗丹明受体分子，此时罗丹明被激发，在 590nm 峰值处产生较强的荧光发射光谱。当蛋白酶存在时，连接 QD 和受体荧光分子的寡肽被酶解，FRET 现象消失，受体荧光强度下降，其下降的程度与蛋白酶的活力在一定范围内呈比例关系。基本原理如图 3.8 所示。

2. Fe_3O_4@Au 纳米粒子-罗丹明荧光猝灭体系测量蛋白酶活力的基本原理

已有文献报道表明，纳米金是一种高效的荧光猝灭剂。如图 3.9 所示，本实验采用 Fe_3O_4@Au 纳米粒子作为荧光猝灭剂，罗丹明作为荧光信号分子，两者用寡肽 Arg-Gly-

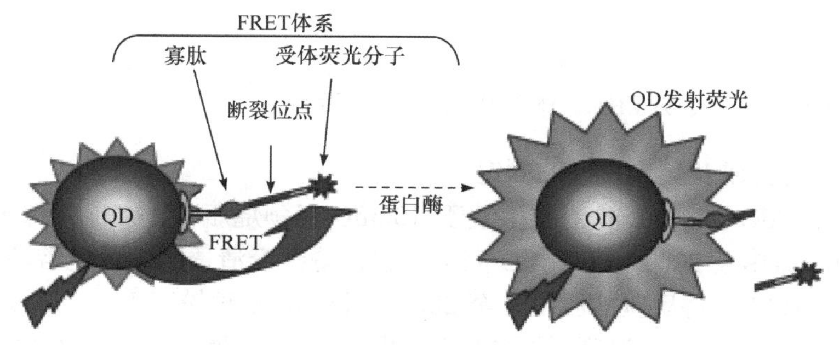

图 3.8　基于 QD 与受体荧光分子 FRET 现象测量蛋白酶活力的基本原理

Asp-Cys 连接。由于寡肽长度很短，罗丹明被激发后将能量转移给 Fe_3O_4@Au，产生荧光猝灭，强度下降。当蛋白酶存在时，肽键被切断，使得罗丹明与猝灭剂 Fe_3O_4@Au 远离，猝灭现象消失，罗丹明的荧光强度恢复，且荧光强度增加的幅度与蛋白酶的活力呈正相关。

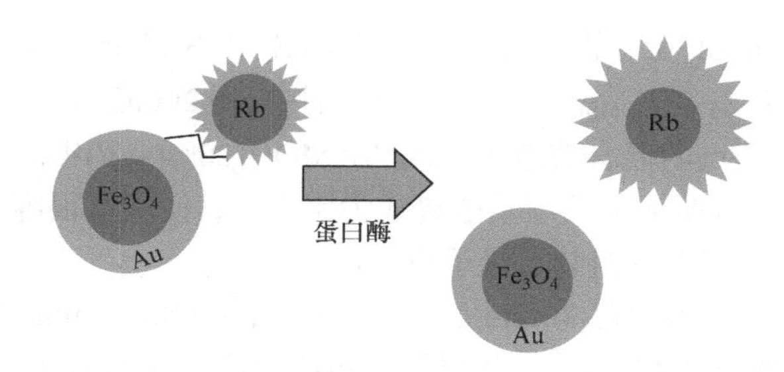

图 3.9　Fe_3O_4@Au 纳米粒子-罗丹明荧光猝灭体系测量蛋白酶活力的基本原理

【主要仪器与试剂】

1. 仪器

荧光分光光度计，高速离心机，油浴加热装置，涡流振荡器，磁力搅拌器，移液枪，透析膜(截留分子质量 30kDa)，氮气瓶，三颈烧瓶(100mL)，注射器(5mL)。

2. 试剂

(1) 化学试剂：罗丹明 B 异硫氰酸酯，三正辛基氧膦(trioctylphosphine oxide，TOPO)，吡啶，二甲基亚砜(DMSO)，氧化镉(CdO)，月桂酸(lauric acid)，氮气，十六烷基胺(hexadecylamine，HAD)，硒粉，三正辛基膦(trioctylphosphine，TOP)，六甲基二硅硫烷[hexamethyldisilathiane，$(TMS)_2S$]，二乙基锌[diethylzinc，$Zn(Et)_2$]，甲醇，氯仿，四甲基氢氧化铵(tetra-methyl ammonium hydroxide，TAMOH)，磷酸盐缓冲液(PBS，pH 7.4)，$FeCl_3 \cdot 6H_2O$，$FeSO_4 \cdot 7H_2O$，柠檬酸三钠，1.0mol · L^{-1} HCl，NaOH(分析纯)，氯金酸($HAuCl_4$)。

(2) 生化试剂：寡肽 Arg-Gly-Asp-Cys(RGDC)；用磷酸盐缓冲液配制 50μg · mL^{-1} 的胶原酶溶液。

【实验步骤】

1. 荧光量子点-罗丹明 FRET 体系测量蛋白酶活力

1) 量子点的合成及荧光光谱的测定

将 12.7mg CdO 和 160mg 月桂酸置于 100mL 三颈烧瓶中，在氮气保护下磁力搅拌 30min，再油浴加热至 200℃，使 CdO 完全溶解，得到澄清透明的无色溶液；加入 1.94g TOPO 和 1.94g HAD，将反应液温度升至 280℃。将 80mg 硒粉溶于 2mL TOP 中，剧烈搅拌下将其快速加入反应液，温度降至 200℃并保持 3min。吸取 2mL TOP 溶液于 5mL 离心管中，氮气保护下加入 250μL $(TMS)_2S$ 和 1mL $Zn(Et)_2$，混匀后缓缓注入三颈烧瓶中，保持磁力搅拌和氮气保护状态，180℃反应 1h。反应液冷却至室温，用甲醇洗涤产品三次，最后溶解在氯仿溶液中。

激发波长设为 445nm，扫描得到 TOPO 修饰的 CdSe/ZnS 量子点产品的荧光发射光谱。

2) 寡肽与量子点的自组装

1mL 浓度约为 1μmol · L^{-1} 的 TOPO 修饰的 CdSe/ZnS 量子点用甲醇沉淀，然后溶解在 2mL 吡啶/DMSO($V_{吡啶}$ ：V_{DMSO} = 9 ：1)混合溶剂中。将 200μL 5mg · mL^{-1} 溶解于 DMSO 中的寡肽加到含有量子点的混合溶液中，用 TAMOH[20%(*w*/*V*)甲醇中]调节溶液 pH 至 10。此时，寡肽末端半胱氨酸上的巯基电离成为阴离子，使巯基很容易与 CdSe/ZnS 量子点表面产生配位作用，将寡肽组装于量子点表面。

寡肽修饰的量子点溶液振荡 30min 后，用高速离心(16000r · min^{-1})的方法将量子点离心沉淀，然后重新溶解于 DMSO 中。将量子点再次离心，并用 2mL PBS 分散量子点，没有结合的寡肽用旋转透析的方法除去。每次透析后样品均在 2000r · min^{-1} 下离心 20min，并用 PBS 洗涤。将得到的产品在 4℃冰箱中保存备用。

3) 量子点-寡肽的荧光标记及荧光光谱的测定

将 150μL 0.1μmol · L^{-1} 寡肽修饰的量子点和 150μL 4.8μmol · L^{-1} 罗丹明 B 异硫氰酸酯混合于 2mL 离心管中，用 PBS(pH 7.4)将混合液稀释至 1.5mL，在室温下反应 1h。未反应的罗丹明 B 异硫氰酸酯用离心或透析的方法除去。

激发波长设为 445nm，扫描得到罗丹明标记的寡肽-CdSe/ZnS 量子点的荧光发射光谱，并与 CdSe/ZnS 量子点的荧光发射光谱对照。

4) 量子点的荧光信号强度与蛋白酶活力的关系

分别在 1.5mL 罗丹明标记的寡肽-CdSe/ZnS 量子点试液中加入 50μg · mL^{-1} 胶原酶溶液 15μL、75μL 和 150μL。15min 后，以 445nm 为激发波长，扫描各溶液的荧光发射光谱，对照实验用 PBS 取代胶原酶溶液。分别记录各试液荧光发射光谱的峰值，建立试液与空白对照的荧光峰值变化量与胶原酶活力的相关方程。

5) 蛋白酶活力的测定

将活力未知的胶原酶加入 1.5mL 上述罗丹明标记的寡肽-CdSe/ZnS 量子点试液中，其余与步骤 4) 相同，记录荧光发射光谱峰值。根据上述胶原酶活力与荧光峰值变化量的相关方程，计算试样中的胶原酶活力。

2. Fe_3O_4@Au 纳米粒子-罗丹明荧光猝灭体系测量蛋白酶活力

1) Fe_3O_4@Au 的合成

将 1.08g $FeCl_3 \cdot 6H_2O$、0.556g $FeSO_4 \cdot 7H_2O$ 和 0.17mL 1.0mol · L^{-1} HCl 溶于 5mL 除氧水中，将上述溶液缓慢加入 50mL 1.5mol · L^{-1} NaOH 溶液中，同时进行搅拌，磁分离后，用 40mL 水洗两次，再用 20mL 0.1mol · L^{-1} 四甲基氢氧化铵(TMAOH)溶液洗一次，溶于 20mL 0.1mol · L^{-1} TMAOH 中。将 0.02g 柠檬酸三钠加入 0.06mL Fe_3O_4 的 TAMOH 溶液，溶于 50mL 除氧水中搅拌 10min。将上述溶液加热至沸腾，迅速加入 2mL 0.25%(w/V) $HAuCl_4$ 溶液，继续沸腾 5min，当溶液不再变红时停止加热，制得磁性 Fe_3O_4@Au 颗粒。

2) 寡肽的荧光标记

将 150μL 0.1μmol · L^{-1} 寡肽和 150μL 4.8μmol · L^{-1} 罗丹明 B 异硫氰酸酯混合于 2mL 离心管中，用 PBS(pH 7.4)将混合液稀释至 1.5mL，在室温下反应 1h。

3) 荧光标记的寡肽与磁性纳米金的自组装及荧光测定

罗丹明标记的寡肽和磁性 Fe_3O_4@Au 纳米颗粒混合，用 TAMOH[20%(w/V)甲醇中]调 pH 至 8.0。磁分离后，洗去未与 Fe_3O_4@Au 结合的罗丹明标记的寡肽，得到罗丹明标记寡肽的 Fe_3O_4@Au(Rb-Peptide-Fe_3O_4@Au)。

激发波长设为 480nm，扫描 Rb-Peptide-Fe_3O_4@Au 的荧光发射光谱。与罗丹明及 Fe_3O_4@Au 的荧光光谱对照，判断罗丹明分子是否已偶联到 Fe_3O_4@Au 表面。

4) 蛋白酶活力的测定

分别在 1.5mL 上述试液中加入 50μg · mL^{-1} 胶原酶溶液 15μL、75μL 和 150μL。15min 后，以 480nm 为激发波长，用荧光分光光度计测定各溶液的荧光发射光谱，对照实验用 PBS 取代胶原酶溶液。分别记录各试液荧光发射光谱的峰值。计算各溶液的荧光峰值与空白对照峰值之间的变化量，并建立该变化量与胶原酶活力的相关方程。将活力未知的胶原酶溶液加入 1.5mL Rb-Peptide-Fe_3O_4@Au 试液中，其余步骤与上述标准曲线测量的实验方法相同，记录荧光光谱峰值发射强度。根据上述胶原酶活力与荧光发射峰值变化量的相关方程，计算试样中的胶原酶活力。

【数据记录与处理】

(1) 荧光量子点-罗丹明 FRET 体系测量蛋白酶活力(表 3.11 和表 3.12)。

表 3.11　荧光量子点-罗丹明 FRET 体系中胶原酶活力与荧光发射峰值变化量数据

胶原酶的浓度/(μg · mL^{-1})					空白
荧光发射光谱峰值					
荧光发射峰值变化量					—

表 3.12　胶原酶活力数据

试样编号	1	2	3	平均值
荧光发射光谱峰值				
荧光发射峰值变化量				
胶原酶活力				

建立胶原酶活力与荧光发射峰值变化量的相关方程，计算试样中的胶原酶活力。

(2) Fe_3O_4@Au 纳米粒子-罗丹明荧光猝灭体系测量蛋白酶活力(表 3.13 和表 3.14)。

表 3.13　Fe_3O_4@Au 纳米粒子-罗丹明荧光猝灭体系中胶原酶活力与荧光发射峰值变化量数据

胶原酶的浓度/($\mu g \cdot mL^{-1}$)					空白
荧光发射光谱峰值					
荧光发射峰值变化量					—

表 3.14　胶原酶活力数据

试样编号	1	2	3	平均值
荧光发射光谱峰值				
荧光发射峰值变化量				
胶原酶活力				

【思考题】

(1) 查阅资料，举例说明蛋白酶与哪些疾病的发病机制及诊断有关。

(2) 与普通的蛋白酶活力测定法相比，基于量子点与荧光染料分子间的 FRET 现象测定蛋白酶活力有什么优越性？其潜在的应用领域是什么？

(3) 如果进行蛋白酶抑制剂的活性测定，如何用本实验建立的体系设计新的实验方案？

(邬建敏)

第 4 章　生物材料制备实验

实验 6　生物矿物和生物矿化——碳酸钙多形的控制与制备

【实验导读】

生物矿物(biomineral)是指生物体内的硬组织所包含的无机物，如羟基磷灰石(磷酸钙)、文石和方解石(碳酸钙)等，从组成上看，其与自然界的矿物相同，因此称为生物矿物，如珍珠、贝壳、蛋壳、牙齿、骨骼、结石等。生物矿化(biomineralization)是指在有机基质调控和参与下生物矿物在生物体内的形成过程。在生物体控制的条件下，生物矿化形成的产物(生物矿物)显示出与自然非生物条件下形成的矿物截然不同的结构和力学性能等特性。通常生物矿物具有复杂、优美而精细的多级结构，由有机基质和无机纳米粒子协同作用组装而成；同时这种结构赋予其特有的性能。以贝壳珍珠层为例，其组成 95%以上为碳酸钙(文石结构)，断裂韧性却比单相碳酸钙(文石)高 3000 多倍。

生物矿化是当前科学研究的前沿方向，作为生物和纳米技术的一个重要交融点，受到国际学术界的高度重视。材料科学家希望能够模拟生物矿物的特殊结构以制备高性能的功能材料；医学科学家则希望能够制备可以应用的生物医用材料。

【实验目的】

(1) 了解自然界中的生物矿物和生物矿化现象。

(2) 掌握利用红外光谱表征不同晶型碳酸钙的方法。

(3) 制备不同晶型的碳酸钙。

【实验原理】

珍珠(贝壳珍珠层)和蛋壳的化学组成类似，主要是大量的碳酸钙和微量的有机物，然而它们的机械强度差别非常明显。这一差异主要是由它们微观结构的差异以及碳酸钙晶型的不同引起的。珍珠(贝壳珍珠层)主要是文石构成的所谓“砖块和灰泥”的层状结构(图 4.1)，蛋壳则是由方解石构成的柱状多孔结构(图 4.2)。

生物矿化过程中有机基质的调控作用非常重要，使得生物体可以控制碳酸钙的晶型以及组装形成自身所需要的特殊多级结构。

碳酸钙的晶型有方解石、文石、球霰石、六水碳酸钙、单水碳酸钙五种。自然界生物体中常见的是方解石和文石，球霰石则很少；六水碳酸钙和单水碳酸钙是亚稳态的碳酸钙，常温常压下不稳定。区别不同晶型碳酸钙的常用方法有 X 射线衍射、红外光谱及拉曼光谱等。这里采用红外光谱表征不同的碳酸钙晶型。碳酸钙的结构比较简单，在光谱

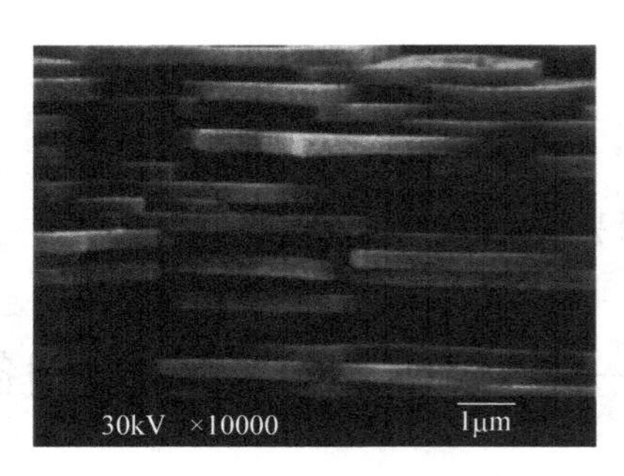

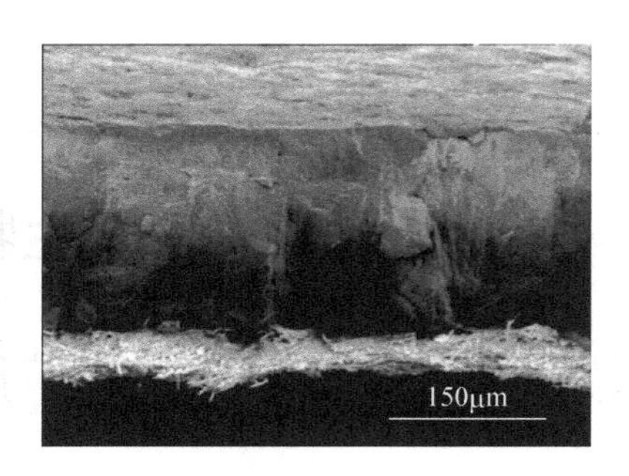

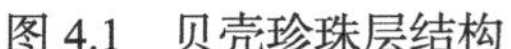
图 4.1　贝壳珍珠层结构

图 4.2　蛋壳结构

中出现的主要是碳酸根的红外吸收峰，分为四个区域：ν_1～1080cm^{-1}，ν_2～1450cm^{-1}，ν_3～870cm^{-1}，ν_4～710cm^{-1}。ν_3和ν_4谱带分别是碳酸根的面外弯曲振动和面内弯曲振动吸收峰。不同晶型碳酸钙的特征吸收如下：方解石～872cm^{-1}、～712cm^{-1}；文石～856cm^{-1}、～844cm^{-1}(弱)、～712cm^{-1}、～700cm^{-1}(弱)；球霰石～872cm^{-1}、～745cm^{-1}。

方解石是热力学最稳定的一种碳酸钙晶型。文石、球霰石则是亚稳定的晶型，从热力学上看，在水溶液中将转化为方解石；然而在其他离子和有机基质的参与和存在下，文石、球霰石可以稳定存在一定的时间。

【主要仪器与试剂】

1. 仪器

红外光谱仪，红外压片机，研钵，电子天平，离心机，磁力搅拌器，直形滴液漏斗。

2. 试剂

珍珠粉，鸡蛋壳，碳酸钠，氯化钙，氯化镁，无水乙醇，聚(4-乙烯苯磺酸钠)(PSS，M_w = 70000)，溴化钾。

【实验步骤】

4-1　生物矿物和生物矿化——碳酸钙多形的控制与制备

1. 红外光谱表征贝壳和鸡蛋壳

取少量珍珠粉和约 20 倍的溴化钾粉末于研钵中，混合后研磨，压片(压片条件：10MPa，10s)，在红外光谱仪上记录其红外光谱，采用同样的方法表征鸡蛋壳。比较珍珠粉和鸡蛋壳的红外吸收光谱的差异。

2. 方解石、文石和球霰石的制备

(1) 称取 0.111g $CaCl_2$ 于烧杯中，加入 50mL 水，配成 20mmol · L^{-1} $CaCl_2$ 溶液。称取

0.106g Na_2CO_3 于另一个烧杯中，加入 50mL 水，配成 20mmol · L^{-1} Na_2CO_3 溶液，磁力搅拌溶解，升温至 30℃，将上述 $CaCl_2$ 溶液快速加入，继续搅拌 30min。待反应完毕后，离心分离，用无水乙醇洗涤沉淀 1～2 次，烘干待用。

(2) 称取 0.106g Na_2CO_3 于烧杯中，加入 50mL 水，配成 20mmol · L^{-1} Na_2CO_3 溶液。称取 0.111g $CaCl_2$ 和 0.096g $MgCl_2$ 于另一烧杯中，加入 50mL 水，得到 20mmol · L^{-1} $CaCl_2$-$MgCl_2$ 混合液。

在 400mL 烧杯中加入 100mL 水，加热至 80℃，磁力搅拌下同时将 $CaCl_2$-$MgCl_2$ 混合液和 Na_2CO_3 溶液滴加入烧杯，滴加速度为 1.5～2.0mL · min^{-1}，滴加完后继续搅拌 10～20min。待反应完毕后，离心分离，用无水乙醇洗涤沉淀 1～2 次，烘干待用。

(3) 称取 0.111g $CaCl_2$ 于烧杯中，加入 50mL 水，配成 20mmol · L^{-1} $CaCl_2$ 溶液。另称取 0.106g Na_2CO_3 和 0.05g PSS 于烧杯中，加入 50mL 水，配成 20mmol · L^{-1} Na_2CO_3-PSS 混合液，磁力搅拌溶解，升温至 30℃，将上述 $CaCl_2$ 溶液快速加入，继续搅拌 30min。待反应完毕后，离心分离，用无水乙醇洗涤沉淀 1～2 次，烘干待用。

3. 红外光谱表征方解石、文石和球霰石

取少量干燥后的产物和约 20 倍的溴化钾于研钵中，混合后研磨，压片(压片条件：10MPa，10s)，在红外光谱仪上记录其红外光谱。

4. 考察浓度、添加剂和添加方式等因素对碳酸钙晶型的影响

按表 4.1 的配比及制备方式制备不同晶型碳酸钙，进行红外光谱分析(实验 1、2、6 即为前述的方解石、文石和球霰石)。比较和分析实验 1、2、5、6、10 中产物的红外光谱区别；比较和分析实验 2、3、4、5 中产物的红外光谱区别；比较和分析实验 6、7、8、9 中产物的红外光谱区别。

表 4.1　不同晶型碳酸钙的制备

序号	$CaCl_2$ 质量/g	$MgCl_2$ 质量/g	H_2O 质量/mL	Na_2CO_3 质量/g	PSS 质量/g	H_2O 体积/mL	备注
实验 1	0.111	—	50	0.106	—	50	方解石
实验 2	0.111	0.096	50	0.106	—	50	文石
实验 3	0.111	0.048	50	0.106	—	50	按文石制备方式
实验 4	0.111	0.024	50	0.106	—	50	按文石制备方式
实验 5	0.111	0	50	0.106	—	50	按文石制备方式
实验 6	0.111	—	50	0.106	0.05	50	球霰石
实验 7	0.111	—	50	0.106	0.025	50	按球霰石制备方式
实验 8	0.111	—	50	0.106	0.01	50	按球霰石制备方式
实验 9	0.111	—	50	0.106	0.005	50	按球霰石制备方式
实验 10	0.111	0.096	50	0.106	—	50	按方解石制备方式

【实验结果】

(1) 贝壳和鸡蛋壳中碳酸钙的红外特征吸收分别为＿＿＿＿＿和＿＿＿＿＿。

(2) 制备得到的方解石、文石和球霰石的红外特征吸收分别为________、________、和________。

【思考题】

(1) 贝壳和鸡蛋壳的主要差异有哪些?
(2) 聚(4-乙烯苯磺酸钠)的作用有哪些?
(3) 影响碳酸钙晶型的可能因素有哪些?
(4) 如何制备各种形状的纳米碳酸钙?
(5) 试举一个身边的生物矿化的例子，并阐述其中可能的矿化过程。

(陈志春、徐旭荣)

实验 7　无定形碳酸钙的制备和转化

【实验导读】

无定形碳酸钙是一种亚稳定的碳酸钙，在水中具有相对较大的溶解度，在一定的条件下可以转化成结晶碳酸钙。相对于结晶碳酸钙，无定形碳酸钙具有各向同性和可塑性的特点，容易塑造成生物所需要的各种形状，然后转化为相应形状的结晶碳酸钙，这与自然界中观测到的千姿百态的生物矿物对应。越来越多的实验结果显示，无定形碳酸钙在碳酸钙体系的生物矿化过程中起着重要的作用，如无定形态直接参与了矿化过程中晶体形态的构建、排列和取向的调控。因此，无定形碳酸钙的研究越来越受到人们的重视。

通过对无定形碳酸钙的研究，将进一步揭开生物体精细控制生物矿化的奥秘，并从中学习到如何制备具有复杂形状的功能材料，这对生物、医学和药物等领域具有重要的应用价值。无定形前体的可塑性及可控转化将为设计和制备一系列具有各种复杂形状的新型生物材料提供理论依据以及有效的技术路线和方法。

【实验目的】

(1) 了解生物矿化中的无定形前体。
(2) 制备无定形碳酸钙。
(3) 研究无定形碳酸钙的转化。

【实验原理】

室温 25℃时，无定形碳酸钙在水中的溶度积大约是 $4.0\times10^{-7}mol^2\cdot L^{-2}$，其溶解度大于最可溶的结晶碳酸钙(球霰石，溶度积约为 $1.2\times10^{-8}mol^2\cdot L^{-2}$)。从这一结果可以看出，在热力学上，无定形碳酸钙在水中不稳定，将自发向溶解度更小的结晶碳酸钙转化。同时，它的溶解度随温度的升高而降低。因此，在制备无定形碳酸钙时，通常要在添加抑制剂、降低反应温度、快速终止反应或高 pH 等条件下，通过快速分离产物来抑制无定形碳酸钙的结晶。

无定形碳酸钙的表征可以采用 X 射线衍射、红外光谱、拉曼光谱和电子衍射等方法。由于无定形的特性，无定形碳酸钙在 X 射线衍射中不显示任何尖锐的衍射峰，只显示一个较宽的非晶峰。与 X 射线衍射相比，红外光谱具有用量少和灵敏度高的优势。对于无定形碳酸钙而言，由于结构的无序，ν_2 吸收峰出现在～866cm^{-1}，同时吸收峰明显加宽；ν_3 吸收峰则分裂成两个吸收峰～1410cm^{-1} 和～1470cm^{-1}，与球霰石的吸收峰类似。

从实验 6 已经了解碳酸钙的晶型有方解石、文石、球霰石、六水碳酸钙和单水碳酸钙五种。通过控制不同的实验条件可以制备得到各种碳酸钙晶型。实际上，在各种碳酸钙晶型的制备过程中，首先形成的都是无定形碳酸钙前体，然后其在环境条件的影响下选择不同的结晶途径(图 4.3)形成各种晶型。

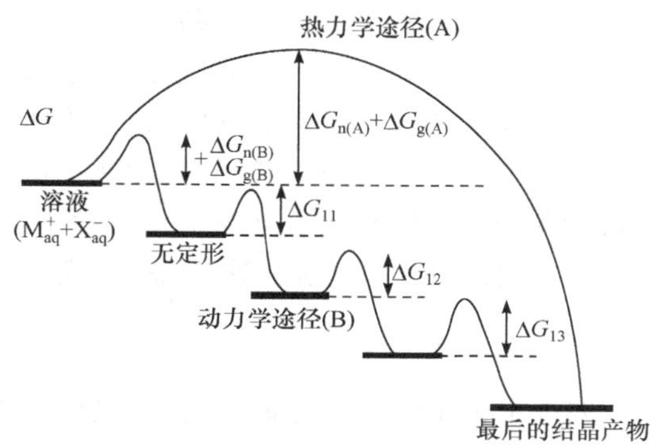

图 4.3　热力学和动力学控制下的结晶途径

【主要仪器与试剂】

1. 仪器

红外光谱仪，红外压片机，研钵，真空干燥器，超声振荡仪，磁力搅拌器，电子天平，离心机。

2. 试剂

碳酸二甲酯(DMC)，氢氧化钠，氯化钙，无水氯化镁，聚(4-乙烯苯磺酸钠) (PSS，M_w = 70000)等添加剂，溴化钾，无水乙醇。

【实验步骤】

4-2　无定形碳酸钙的制备和转化

1. 无定形碳酸钙的制备

1) 室温下制备无定形碳酸钙

将 1.2g NaOH 溶解在 60mL 水中，搅拌均匀；将 1.35g DMC 和 0.333g $CaCl_2$ 溶解在 240mL 水中，搅拌均匀。待 NaOH 溶液冷却至室温后，将其快速倒入 DMC-$CaCl_2$ 混合液中，体系开始反应，此时经碱水解 DMC 得到的 CO_3^{2-} 和 Ca^{2+} 反应沉淀出 $CaCO_3$。室温反应 1.5min 后，快速离心分离，用无水乙醇洗涤两次，得到无定形 $CaCO_3$ 沉淀。室温干燥备用。

2) 0℃下制备无定形碳酸钙

将 1.2g NaOH 溶解在 60mL 水中，搅拌均匀；将 1.35g DMC 和 0.333g $CaCl_2$ 溶解在 240mL 水中，搅拌均匀。先将 DMC-$CaCl_2$ 混合液用冰冷却至 0℃，再快速倒入 NaOH 溶液中，体系开始反应。0℃下反应 5min 后，快速离心分离，用无水乙醇洗涤两次，得到无定形 $CaCO_3$ 沉淀。室温干燥备用。

3) 乙醇和水混合溶剂制备无定形碳酸钙

将 1.2g NaOH 溶解在 60mL 水中，搅拌均匀；将 1.35g DMC 和 0.333g $CaCl_2$ 溶解在 240mL 乙醇-水混合液(60mL 无水乙醇+180mL 水)中，搅拌均匀。待 NaOH 溶液冷却至室温后，将其快速倒入 DMC-$CaCl_2$ 混合液中，体系开始反应。室温反应 1.5min 后，快速离心分离，用无水乙醇洗涤两次，得到无定形 $CaCO_3$ 沉淀。室温干燥备用。

2. 无定形碳酸钙的表征

取少量干燥的无定形碳酸钙和约 20 倍的溴化钾粉末于研钵中，混合后研磨，压片(压片条件：10MPa，10s)，在红外光谱仪上记录其红外光谱。

3. 无定形碳酸钙的转化

1) 无定形碳酸钙的超声分散

称取 120mg 无定形碳酸钙，室温下加入 80mL 无水乙醇，超声波分散 20min。

2) 水中的转化

在 4 个 10mL 离心管中，用移液枪分别加入 4mL 无定形碳酸钙-乙醇分散液，然后分别迅速加入 4mL 水，连续振荡搅拌；每隔 2min、10min、30min、60min 取一管离心，沉淀用无水乙醇洗涤，室温干燥。用红外光谱表征产物，观察和研究无定形碳酸钙的转化。

3) PSS 溶液中的转化

同 2)，用 4mL 80ppm($1ppm = 10^{-6}$) PSS 溶液代替 4mL 水，每隔 10min、30min、60min、100min 取一管离心，沉淀用无水乙醇洗涤，室温干燥。用红外光谱表征产物，观察和研究无定形碳酸钙的转化。

4) $MgCl_2$ 溶液中的转化

同 2)，用 4mL 10mg · mL^{-1} $MgCl_2$ 溶液代替 4mL 水，每隔 10min、30min、60min、100min 取一管离心，沉淀用无水乙醇洗涤，室温干燥。用红外光谱表征产物，观察和研究无定形碳酸钙的转化。

5) 75%乙醇中的转化

同 2)，用 4mL 75%乙醇代替 4mL 水，每隔 10min、30min、60min、100min 取一管离心，沉淀用无水乙醇洗涤，室温干燥。用红外光谱表征产物，观察和研究无定形碳酸钙的转化。

【思考题】

(1) 影响无定形碳酸钙合成的因素有哪些？

(2) 在不同添加剂作用下，转化产物和转化动力学有什么不同？
(3) 制备无定形 $CaCO_3$ 的方法有哪些？影响无定形 $CaCO_3$ 制备及转化的因素有哪些？
(4) 哪些仪器分析方法可表征结晶 $CaCO_3$ 及无定形 $CaCO_3$，它们各有哪些优缺点？

(陈志春、徐旭荣)

实验 8 聚乙烯亚胺-DNA 复合物粒径和表面电荷的测定

【实验导读】

聚阳离子材料在基因药物载体研究中起着重要的作用。载体材料-DNA 复合物的粒径影响复合物微球在体内的血液循环、药物的主被动靶向效果，并直接影响细胞的转染效率。研究表明，聚阳离子载体-DNA 复合物的粒径在 200nm 适宜于细胞的吞噬。复合物的表面电荷和介质的离子强度直接影响其聚集程度。因此，控制聚阳离子载体材料-DNA 复合物的粒径和电荷在体内、外研究中十分重要。

聚乙烯亚胺是一种典型的聚阳离子基因转染载体材料。在聚乙烯亚胺的结构中，一级胺(—NH_2)、二级胺(—NH—)和三级胺 (—N(|)—) 的比例合理，使其具有较高的缓冲能力，同时还可以有效地结合 DNA。带负电荷的质粒 DNA 与聚乙烯亚胺通过分子间的静电作用结合，形成纳米尺寸的复合物。研究显示，聚乙烯亚胺与 DNA 可以按照不同的比例形成复合物。纳米尺寸的聚合物容易发生聚集现象，在低比例时，所形成的复合物主要是因为分子间范德华力的作用；在高比例时，因为复合物表面较高电荷产生的静电作用，发生静电排斥，使其在生理条件下比较稳定。

【实验目的】

(1) 了解聚阳离子载体与质粒 DNA 复合物的结合过程，掌握纳米复合物的制备。
(2) 掌握纳米复合物粒径和表面电荷的测定方法。

【实验原理】

纳米动态光散射式粒径分布仪在纳米微粒测定时，采用动态光散射原理。在光学测量系统中，光源为 650nm 半导体激光，检测器为光电倍增管，能测定微粒的粒径为 1～6000nm。

在纳米粒子的表面电荷测定中，可以用 Zeta(ζ)电位代替表面电位 Ψ 描述胶体带电荷性质，故用 Zeta 电位代替表面电位。其原理是带电颗粒在外加电场作用下运动，电荷运动使散射光产生频率漂移(多普勒频移)，采用频谱漂移分析技术，可以计算出颗粒的电泳迁移率和 Zeta 电位。

【主要仪器与试剂】

1. 仪器

纳米粒径测定仪。

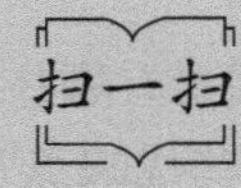

4-3 纳米粒径和 Zeta 电位的测定

2. 试剂

聚乙烯亚胺(PEI，25kDa)，质粒 DNA pCAG。

【实验步骤】

说明：以下均为无菌操作。

1. 聚乙烯亚胺载体材料溶液的配制

称取 4.5mg PEI (25kDa)，溶于 1mL 水中得到母液，其含 N 浓度为 100nmol · μL^{-1}。取 100μL 母液稀释至 1mL，得到含 N 浓度为 10nmol · μL^{-1} 的 PEI 溶液。

取 DNA 溶液，配制成含 P 浓度为 1μg · μL^{-1}(3nmol · μL^{-1})的溶液。

2. 配制不同 N/P 的 PEI-DNA 复合物

取 30μL PEI 溶液(含 N 物质的量为 300nmol)，加 270μL 水，配成 300μL PEI 溶液。取 10μL DNA 母液(含 P 物质的量为 30nmol)，加 290μL 水，配成 300μL DNA 溶液。然后将上述 PEI 溶液和 DNA 溶液涡旋混匀，得到 N/P 约为 10：1 的溶液，室温下静置 30min，加生理盐水至总体积为 5mL，放入比色皿中，测定颗粒的粒径和 Zeta 电位。

通过调整二者的加样体积(表 4.2，其中 DNA 的用量都是 30μg)，可以得到 N/P 为 3：1、6：1、10：1、15：1、25：1 的 PEI-DNA 复合物。

表 4.2 加样体积

PEI 与 DNA 的 N/P	加 PEI 溶液体积(含 N 物质的量) 加水的体积	加 DNA 溶液体积(含 P 物质的量) 加水的体积
3：1	9μL(90nmol) 加 241μL 水	10μL(30nmol) 加 240μL 水
6：1	18μL(180nmol) 加 232μL 水	10μL(30nmol) 加 240μL 水
10：1	30μL(300nmol) 加 220μL 水	10μL(30nmol) 加 240μL 水
15：1	45μL(450nmol) 加 205μL 水	10μL(30nmol) 加 240μL 水
25：1	75μL(750nmol) 加 175μL 水	10μL(30nmol) 加 240μL 水

注：高分子材料的体积要与 DNA 的体积相同，即等体积混合。在本实验中两者体积各为 250μL 混合，在测定时稀释至 5mL。

【数据记录与处理】

(1) 分别记录仪器上的粒径测定值和 Zeta 电位值，设置测定次数为 5 次，将测得的数值进行筛选，计算平均值的误差。

(2) 以 N/P 为横坐标，分别以粒径大小和 Zeta 电位为纵坐标作图。分析不同 N/P 对粒径大小和 Zeta 电位的影响。

【注意事项】

(1) 配制聚乙烯亚胺与质粒 DNA 时要缓慢混合，如果滴加速度过快，会造成局部过浓现象而出现沉淀。

(2) 溶液配制完毕后，要注意控制时间，30min 后要立即测定，时间过长会出现聚集。

【思考题】

(1) 在 PEI 溶液与 DNA 溶液在混匀过程中，为什么要静置 30min？时间过长或过短有什么影响？

(2) 常见测量微粒粒径的方法有哪些？简要阐述这几种方法的优缺点。

(白宏震、汤谷平、周　峻)

实验 9　复凝聚法制备阿霉素微囊及其质量评价

【实验导读】

微囊的制备方法可归纳为物理化学法、化学法和物理机械法三大类，可根据药物和囊材的性质与微囊的粒径、释放性能等要求进行选择。在实验室中制备微囊常选用物理化学法中的凝聚法，凝聚法又分为单凝聚法和复凝聚法。

包封率是指包封药物量占药物总量的百分数，载药量是载体携载药物量与载体总质量的百分数，它们都是对制剂工艺的质量评价标准。

【实验目的】

(1) 掌握微囊制备的基本方法。
(2) 理解复凝聚法制备微囊的基本原理。
(3) 了解微囊形成的条件及影响因素。
(4) 了解微囊的质量评价。

【实验原理】

本实验采用明胶或阿拉伯胶作为囊材，明胶为蛋白质，阿拉伯胶为多聚糖。在水溶液中，明胶分子链上含有—NH_2 和—COOH 及其解离基团—NH_3^+ 与—COO^-，但—NH_3^+ 与—COO^-的含量受介质的 pH 影响。当 pH 低于明胶的等电点时，—NH_3^+ 数目多于

—COO^-，溶液带正电，且在 pH 4.0 左右时正电荷最多。在水溶液中，阿拉伯胶分子链上含有—COOH 和—COO^-，溶液带负电。因此，将明胶与阿拉伯胶混合液调至 pH 约为 4.0 时，明胶和阿拉伯胶因电性相反，中和形成复合物，其溶解度降低，自体系中凝聚成囊析出。再加入固化剂甲醛，甲醛与明胶产生胺醛缩合反应，明胶分子交联成网状结构，保持微囊的形状，成为不可逆的微囊。加 2% NaOH 调节介质 pH 8～9，有利于胺醛缩合反应进行完全。

【主要仪器与试剂】

1. 仪器

倒置相差显微镜，荧光分光光度计，酶标仪(配 570nm 滤光片)，烘箱，微量振荡器，磁力搅拌器，水浴锅，抽滤装置，细胞培养用的常规仪器等。

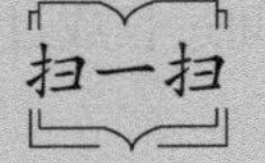

4-4 倒置相差显微镜操作

2. 试剂

明胶，阿拉伯胶，$1mg \cdot mL^{-1}$ 盐酸阿霉素，3%甲醛溶液，10%乙酸溶液，2% NaOH 溶液，广范 pH 试纸，DMSO 等。

【实验步骤】

4-5 复凝聚法制备明胶-阿拉伯胶-阿霉素微囊

1. 空白微囊的制备

(1) 明胶溶液的配制：称取 5g 明胶，用适量水浸泡溶胀，加热溶解，加水至 100mL，搅匀，50℃保温备用。

(2) 阿拉伯胶溶液的配制：称取 5g 阿拉伯胶，用适量水溶解，加热至 80℃左右，搅匀，加水至 100mL。

(3) 混合：将 10mL 5%阿拉伯胶溶液转入 100mL 烧杯中，置于 50～55℃水浴上，加入 10mL 5%明胶溶液，搅匀 30min。

(4) 微囊的制备：在不断搅拌下，滴加 10%乙酸溶液于混合液中，调节 pH 至 3.8～4.0(用广范 pH 试纸检查)。

(5) 微囊的固化：从水浴中取下上述烧杯，不停搅拌，自然冷却，待温度为 32～35℃时，加入冰块，继续搅拌至 10℃以下，加入 1.0mL 3%甲醛溶液(用水稀释一倍)，搅拌

15min，用 2% NaOH 溶液调节 pH 至 8，继续搅拌 20min，观察至微囊析出为止，静置使其沉降。

(6) 镜检：用倒置相差显微镜观察微囊的形态并绘制微囊形态图，记录微囊的大小(最大和最多粒径)。

(7) 过滤：待微囊沉降完全，倾去上清液，过滤，微囊用水洗，抽干，50℃烘干。

2. 复凝聚法制备阿霉素微囊

配方：10mL 1mg · mL^{-1} 盐酸阿霉素，5g 阿拉伯胶，5g 明胶，2.5mL 3%甲醛溶液，适量 10%乙酸溶液，适量 2% NaOH 溶液。

(1) 明胶溶液的配制：称取 5g 明胶，用适量水浸泡溶胀，加热溶解，加水至 100mL，搅匀，50℃保温备用。

(2) 阿拉伯胶溶液的配制：称取 5g 阿拉伯胶，用适量水溶解，加热至 80℃左右，搅匀，加水至 100mL。

(3) 混合：取 1mL 1mg · mL^{-1} 盐酸阿霉素与 10mL 5%阿拉伯胶溶液混合，搅匀。转入 100mL 烧杯中，置于 50～55℃水浴中，加入 10mL 5%明胶溶液，轻轻搅匀约 60min。

(4) 微囊的制备：在不断搅拌下，滴加 10%乙酸溶液于混合液中，调节 pH 至 3.8～4.0(用广范 pH 试纸检查)。

(5) 微囊的固化：从水浴中取下上述烧杯，不停搅拌，自然冷却，待温度为 32～35℃时，加入冰块，继续搅拌至 10℃以下，加入 1.0mL 3%甲醛溶液，搅拌 15min，用 2% NaOH 溶液调节 pH 至 8，继续搅拌 20min，观察至微囊析出为止，静置使其沉降。

(6) 镜检：用倒置相差显微镜观察微囊的形态并绘制微囊形态图，记录微囊的大小。

(7) 过滤：待微囊沉降完全，倾去上清液，过滤，微囊用水洗，抽干，50℃烘干。

3. 包封率和载药量的测定

1) 盐酸阿霉素标准曲线的绘制

分别配制 10μg · mL^{-1}、30μg · mL^{-1}、50μg · mL^{-1}、70μg · mL^{-1} 和 100μg · mL^{-1} 盐酸阿霉素标准溶液，在合适的激发光和发射光下测定其荧光强度，绘制标准曲线。

2) 测定包封率和载药量

准确称取适量的干燥后载药微囊，溶于 50mL 水中，超声粉碎，提取药物，抽滤后取滤液作为待测样品。同法处理适量的空白微囊，取其滤液作为空白对照。在合适的激发光和发射光下测定荧光强度，通过标准曲线计算含药物量，根据下列公式计算包封率和载药量：

$$\text{包封率} = \frac{\text{被包封药物质量}}{\text{药物总质量}} \times 100\%$$

$$\text{载药量} = \frac{\text{药物质量}}{\text{微囊总质量}} \times 100\%$$

【数据记录与处理】

(1) 用倒置相差显微镜观察并描述微囊的形态和大小。

(2) 计算微囊的包封率和载药量。

【注意事项】

(1) 复凝聚法制备微囊，用 10%乙酸溶液调节 pH 是关键操作。因此，调节 pH 时一定要将溶液搅拌均匀，使整个溶液的 pH 为 3.8～4.0。

(2) 制备微囊的过程中要一直搅拌，但搅拌速度以产生泡沫量最少为宜。必要时加入几滴戊醇或辛醇消泡，可提高产率。

(3) 固化前不要停止搅拌，以免微囊粘连成团。

(4) 若囊心物不宜用碱性介质，可用 2.5mol · L^{-1} 戊二醛在中性介质中使明胶交联完全，促使囊膜固化。

(5) 采用复凝聚法制备微囊时，应于 50℃左右将其烘干，不应室温或低温干燥，以防粘连结块。如果制成的是固体剂型微囊，可加适量的辅料将其制成颗粒干燥后保存；如果制成的是液化气体剂型微囊，可暂时混悬于去离子水中保存。

(6) 超声粉碎要尽量彻底，否则影响包封率和载药量的测定。

【思考题】

(1) 在微囊的制备过程中，为什么 pH 要调至 3.5 左右？pH 偏高或偏低会有什么影响？

(2) 在微囊固化的过程中，为什么要使用冰浴？

(白宏震、周　峻、汤谷平)

实验 10　盐酸左氧氟沙星不同晶型的制备及其表征

【实验导读】

药物在结晶过程中，因结晶条件不同，分子在晶胞的排列数目和点阵形式不同，药物分子与溶剂分子的相互作用与结合方式也不同，故药物具有两种或两种以上的结晶形式，即药物的多晶型。研究发现，药物的不同晶型常表现出不同的物理化学性质，如溶解性、溶解速率、稳定性、吸湿性等，从而影响药物的生物利用度、生物有效性、毒性及疗效的发挥。因此，药物多晶型的研究已成为日常控制药品生产及新药剂型研究设计不可缺少的重要组成部分。

同种药物有稳定型和亚稳型等多种不同晶型。盐酸左氧氟沙星为喹诺酮类抗菌药，有三种不同晶型。盐酸左氧氟沙星为氧氟沙星的左旋活性本体，与氧氟沙星相比，具有水溶性高、活性强、毒副作用低以及临床疗效好等特点，对葡萄球菌属和痤疮丙酸杆菌等引起的眼科感染症有良好的疗效。盐酸左氧氟沙星的结构式如图 4.4 所示。

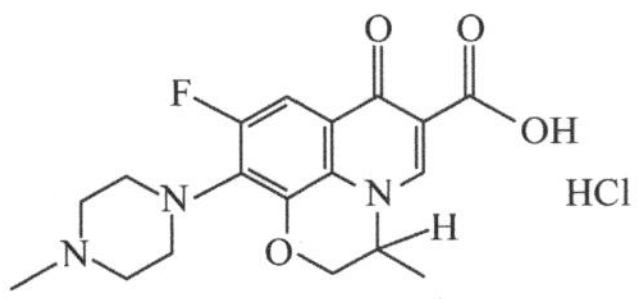

图 4.4　盐酸左氧氟沙星的结构式

【实验目的】

(1) 熟悉盐酸左氧氟沙星三种晶型的制备方法。

(2) 了解盐酸左氧氟沙星三种晶型的表征方法。

【主要仪器与试剂】

1. 仪器

真空泵，烘箱，电子天平，抽滤装置，磁力搅拌器，圆底烧瓶，X 射线衍射仪，热重分析仪，红外光谱仪。

2. 试剂

盐酸左氧氟沙星，甲醇，乙醇，异丙醇。

【实验步骤】

1. 盐酸左氧氟沙星三种晶型的制备

1) 盐酸左氧氟沙星一水合物晶型的制备

称取 5g 盐酸左氧氟沙星置于圆底烧瓶中，加入 25mL 75%乙醇溶液，70℃回流，直至完全溶解。自然冷却，析出白色结晶，继续冷却直至结晶完全，20℃时停止析出。抽滤，40℃以下烘干。

2) 盐酸左氧氟沙星无水晶型的制备

称取 0.5g 盐酸左氧氟沙星置于圆底烧瓶中，加入 25mL 甲醇溶液，70℃回流，直至完全溶解。然后在 70℃蒸馏除去 6mL 甲醇，逐渐降温至 60℃，直至开始析出微黄色晶体，60℃保温搅拌 3h 以上，直至结晶完全。抽滤，100℃以下烘干。

3) 盐酸左氧氟沙星半水合物晶型的制备

称取 2g 盐酸左氧氟沙星置于圆底烧瓶中，加入 4.5mL 60%异丙醇，75℃回流，直至完全溶解。自然冷却，析出白色结晶，继续冷却直至结晶完全。抽滤，80℃以下烘干。

2. 盐酸左氧氟沙星三种晶型的表征

1) X 射线衍射仪

将盐酸左氧氟沙星三种晶型进行 X 射线衍射分析，其 X 射线衍射图谱如图 4.5 所示，特征衍射谱线均以衍射角 2θ 表示，单位为°，偏差±0.1°。

盐酸左氧氟沙星一水合物晶型的特征衍射谱线：4.86，9.80，10.38，11.22，12.51，14.08，14.68，15.68，16.97，19.73，20.16，20.52，21.65，22.21，25.92，26.41，29.65，30.34，32.28。

盐酸左氧氟沙星无水晶型的特征衍射谱线：7.17，8.92，13.13，14.40，17.96，18.32，19.25，20.11，20.70，21.40，21.70，25.89，26.06，26.48，27.10，27.57，29.07，30.26，34.76，37.69，38.22。

盐酸左氧氟沙星半水合物晶型的特征衍射谱线：6.01，6.74，9.34，9.82，12.63，13.97，14.76，15.35，18.28，18.72，19.80，22.65，23.88，24.89，25.70，26.22，27.49，28.61，

29.96，30.93。

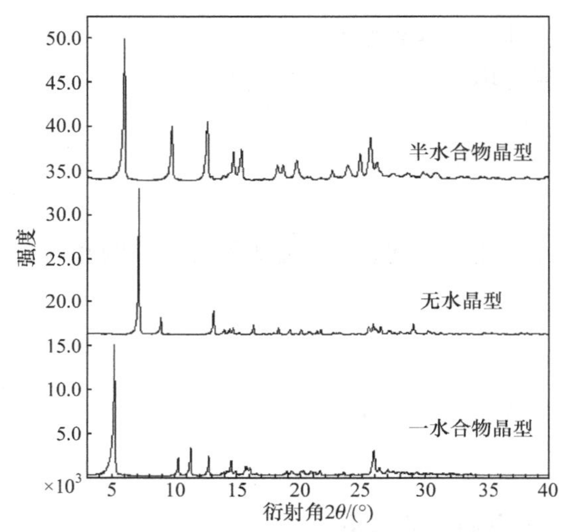

图 4.5　盐酸左氧氟沙星三种晶型的 X 射线粉末衍射图

2) 热重(TG)分析

盐酸左氧氟沙星三种晶型的热重分析如图 4.6 所示。从图 4.6 可见，一水合物晶型样品中含有约 4.6%的水[图 4.6(a)]；无水晶型样品中几乎不含水[图 4.6(b)]；半水合物晶型样品中含有约 2.0%的水[图 4.6(c)]。

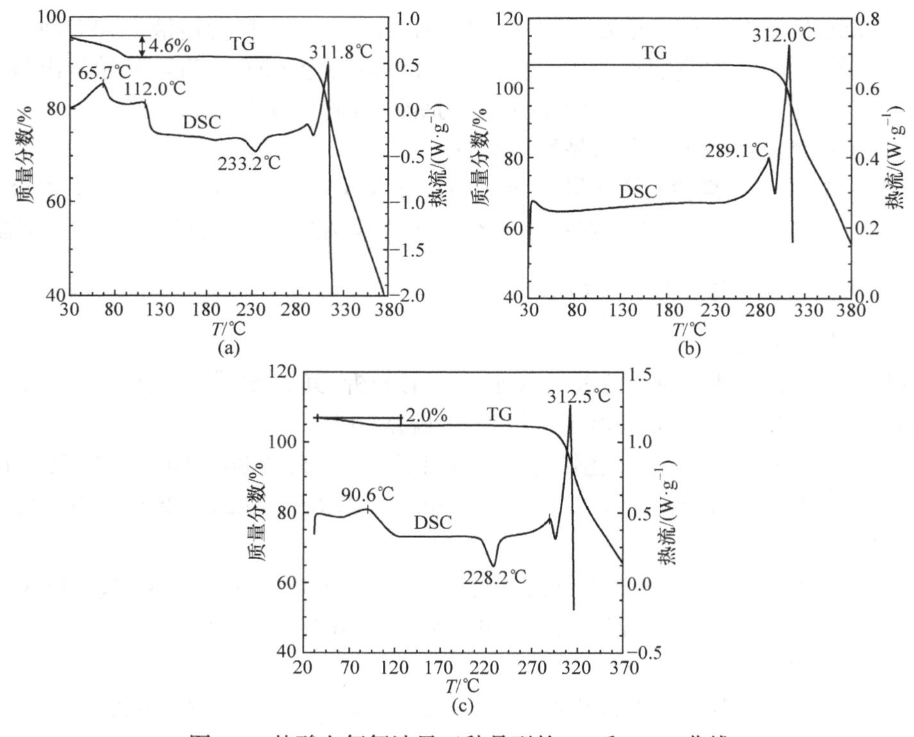

图 4.6　盐酸左氧氟沙星三种晶型的 TG 和 DSC 曲线

3) 差示扫描量热(DSC)分析

盐酸左氧氟沙星三种晶型的差示扫描量热分析如图 4.6 所示。从图 4.6 可知，一水合物晶型：65.7℃和 112.0℃处各有一较大的脱水相变吸热峰，233.2℃处有一放热峰，311.8℃处为熔融分解峰[图 4.6(a)]。

无水晶型：289.1℃处有一吸热峰，312.0℃处为熔融分解峰[图 4.6(b)]。

半水合物晶型：90.6℃处有一较大的脱水相变吸热峰，228.2℃处有一放热峰，312.5℃处为熔融分解峰[图 4.6(c)]。

4) 红外光谱(IR)

盐酸左氧氟沙星三种晶型的红外光谱图如图 4.7 所示。

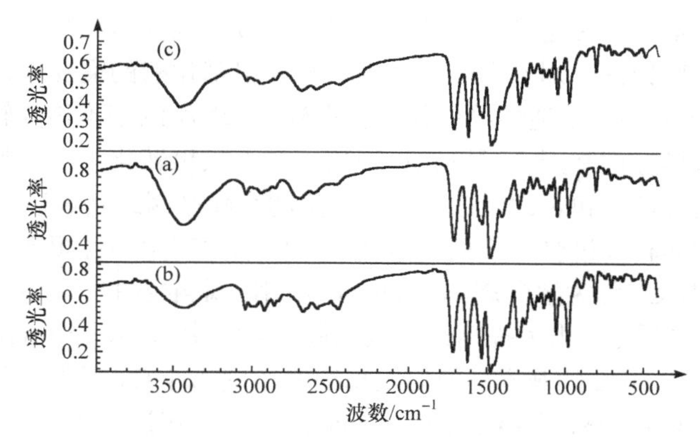

图 4.7　盐酸左氧氟沙星一水合物晶型(a)、无水晶型(b)和半水合物晶型(c)的红外光谱图

【注意事项】

(1) 制备晶型的圆底烧瓶应洗净烘干，以免杂质进入影响结晶过程。

(2) 溶剂的量应准确加入，防止晶型发生改变。

(3) 盐酸左氧氟沙星无水晶型易吸水变为一水合物晶型，应尽量减少无水晶型在潮湿条件下的暴露时间。

【思考题】

(1) 什么是药物的多晶型现象？研究药物的多晶型现象有什么意义？

(2) 晶型药物表征的方法有哪些？

(施蒂儿、胡秀荣)

第 5 章　化学中基因工程实验

实验 11　大肠杆菌感受态细胞的制备与质粒 DNA 的转化

【实验导读】

在基因克隆技术中，转化是指质粒或重组质粒被导入受体细胞，受体细胞一般是限制修饰系统缺陷的变异株，即不含限制性内切酶和甲基化酶的突变体，它可以容忍外源 DNA 分子进入体内并稳定地遗传给后代。获得外源 DNA 的细胞称为转化子。因为转化子表达了相应的选择标记基因，可以在选择培养基上长出转化子。质粒必须通过转化，才能进入细菌内进行扩增和表达，进而获得大量的克隆基因或其表达产物。

如需将质粒载体转移进受体细菌，需诱导受体细菌产生一种短暂的、易于摄取外源 DNA 的状态，这种状态称为感受态(competence)。用一定浓度的 $CaCl_2$ 处理此时期的细菌可以诱导细菌进入感受态，大大提高细菌吸收周围环境中 DNA 分子的能力。这项技术始于 1970 年 Mandel 和 Hiag 的观察，他们发现细菌经过冰冷 $CaCl_2$ 溶液处理及短暂热休克(heat shock)后，容易被 DNA 感染。随后 Cohen 于 1972 年进一步证明质粒 DNA 用同样方法也能进入细菌。其原理是：细菌处于 0℃的 $CaCl_2$ 低渗溶液中，细胞膨胀成球形。转化混合物中的 DNA 形成抗 DNA 酶的羟基鸟磷酸复合物黏附于细胞表面；经 42℃短时间热休克处理，促进细胞吸收 DNA 复合物。在丰富的培养基上生长数小时后，球状细胞复原并分裂增殖。被转化的细菌中，重组的基因得到表达，在选择性培养基平板上可筛选出所需的转化因子。

目前还可以使用电击的方法。电击法不需要预先诱导细菌进入感受态，只依靠短暂的电击，在细胞上形成孔洞，促使外源 DNA 进入细胞，从而实现细胞的转化。因其操作简单方便、转化率高，电击法越来越为人们所接受。

【实验目的】

(1) 掌握用 $CaCl_2$ 法和电击法制备感受态细胞的原理和方法。

(2) 学习和掌握质粒 DNA 的转化和筛选方法及操作步骤。

【实验原理】

本实验以 *E. coli* DH5α菌株为受体细胞，并用 $CaCl_2$ 处理，使其处于感受态，然后与 pBS 质粒共保温，实现转化。由于所用 pBS 质粒带有卡那霉素抗性基因，因此可通过卡那霉素抗性筛选转化子。若受体细胞没有转入 pBS，则在含卡那霉素的培养基上不能生长。能在卡那霉素培养基上生长的受体细胞(转化子)肯定已导入了 pBS。转化子扩增后，可将转化的质粒提取出，进行电泳、酶切等进一步鉴定。

为了提高转化效率，实验中需要考虑以下几个重要因素。

(1) 细胞生长状态和密度：不要使用经过多次转接或储于 4℃的培养菌，最好从–70℃甘油保存菌种中直接接种用于制备感受态细胞的菌液。细胞生长密度通过监测培养液的 OD_{600} 控制，以刚进入对数生长期时为好。例如，DH5α 菌株的 OD_{600} 为 0.4～0.5 时，细胞密度在每毫升 5×10^7 个左右。密度过高或不足均会影响转化效率。

(2) 质粒的质量和浓度：转化效率与外源 DNA 的浓度在一定范围内成正比，但当加入的外源 DNA 的量过多或体积过大时，转化效率就会降低。1ng DNA 即可使 50μL 的感受态细胞达到饱和。一般情况下，DNA 溶液的体积不应超过感受态细胞体积的 5%。

(3) 试剂的质量：所用的试剂(如 $CaCl_2$ 等)都要求是高纯度的(保证纯或分析纯)，并用超纯水配制。

(4) 防止杂菌和杂 DNA 的污染：整个操作过程均应在无菌条件下进行，所有的试剂和耗材都要灭菌，且注意防止被其他试剂、DNA 酶或杂 DNA 污染。

【主要仪器与试剂】

1. 仪器

高速冷冻离心机，分光光度计，超净工作台，恒温摇床，低温冰箱，恒温水浴锅，制冰机，移液枪，离心管。

2. 试剂

LB 液体培养基：在 950mL 水中加入 10g 胰蛋白胨、5g 酵母浸出物、10g NaCl，用 $1mol\cdot L^{-1}$ NaOH 调 pH 至 7.2，加水至 1L，121℃高压蒸汽灭菌 20min。

卡那霉素母液：浓度 $50mg\cdot mL^{-1}$。

含卡那霉素的 LB 固体培养基：1L LB 液体培养基中加入 20g 琼脂粉，将配好的 LB 固体培养基高压灭菌后，冷却至 60℃左右，加入卡那霉素储存液，使终浓度为 $50\mu g\cdot mL^{-1}$，摇匀后铺板，每皿倒约 15mL，室温放置过夜至冷凝水挥发干净。

$1mol\cdot L^{-1}$ $CaCl_2$ 储存液：使用浓度为 $0.1mol\cdot L^{-1}$，应使用分析纯 $CaCl_2$，配 100mL，高压灭菌，可供全班使用。

【实验步骤】

1. 感受态细胞的制备

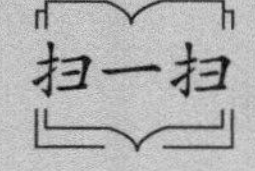

5-1　感受态细胞的制备

(1) 从 LB 平板上挑取新活化的 *E. coli* DH5α 单菌落，接种于 3～5mL LB 液体培养基中，37℃下振荡过夜培养 12h 左右，直至对数生长后期。

(2) 将该菌悬液以 1∶50(体积比)的比例接种于 4mL LB 液体培养基中，37℃振荡培养 2～3h 至 OD_{600} 为 0.5 左右。

(3) 将 4mL 培养液转入 2 个 1.5mL 离心管中，冰上放置 10min，4℃下 5000r · min^{-1} 离心 5min。

(4) 弃去上清液，加入 1mL 预冷的 0.1mol · L^{-1} $CaCl_2$ 溶液，轻轻悬浮细胞，冰上放置 15～20min 后，4℃下 5000r · min^{-1} 离心 5min。

(5) 弃去上清液，加入 0.2mL 预冷的 0.1mol · L^{-1} $CaCl_2$ 溶液，轻轻悬浮细胞，冰上放置几分钟，即成感受态细胞悬浮液。

(6) 若不立即进行转化实验，则进行第(7)步操作；反之，则进入转化操作。

(7) 将感受态细胞分装成 100μL 的小份，液氮急冻，转入–80℃冰箱储存，可保存半年。

2. 铺平板

将配好灭菌的 LB 固体培养基加热融化，待冷却至 60℃左右，加入卡那霉素母液，使终浓度为 50μg · mL^{-1}，摇匀后铺板，每皿倒约 15mL，室温放置至冷凝水挥发干净。

3. 感受态细胞的转化

(1) 从–80℃冰箱中取 100μL 感受态细胞悬浮液，置于冰上解冻 5min。

(2) 加入 5μL pBS 质粒 DNA 溶液(含量不超过 50ng)，轻轻摇匀，冰上放置 30min。

(3) 42℃水浴中热击 90s，热击后迅速置于冰上冷却 3～5min。

(4) 向管中加入 400μL LB 液体培养基(不含抗生素)，37℃振荡培养 45min，使细菌恢复正常生长状态，并表达质粒编码的抗生素抗性基因。

(5) 将上述菌液摇匀，取 100μL 涂布于含卡那霉素的筛选平板上，待菌液完全被培养基吸收后倒置培养皿，37℃培养 16～24h。

(6) 同时做两个对照。

对照组 1：以同体积的无菌二次水代替 DNA 溶液，其他操作与上面相同。此组正常情况下在含抗生素的 LB 平板上应没有菌落出现。

对照组 2：以同体积的无菌二次水代替 DNA 溶液，取 5μL 菌液稀释一定倍数后涂布于不含抗生素的 LB 平板上。此组正常情况下应产生大量菌落。

(7) 计算转化率。

统计每个培养皿中的菌落数。

转化后在含抗生素的平板上长出的菌落即为转化子，根据此皿中的菌落数可计算出转化子总数和转化频率，公式如下：

转化子总数=菌落数×稀释倍数×转化反应原液总体积/涂板菌液体积

转化频率(转化子数/每毫克质粒 DNA)=转化子总数/质粒 DNA 加入量(mg)

感受态细胞总数=对照组 2 的菌落数×稀释倍数×菌液总体积/涂板菌液体积

感受态细胞转化效率=转化子总数/感受态细胞总数

【注意事项】

(1) 倒平板时应避免培养基温度过高，否则加入的抗生素会失效。若用手感受培养基不是很烫，大约为 50℃左右。

(2) 接种新鲜的菌落或菌液有利于细菌细胞的同步快速生长，从而使细菌群体在达到一定的OD值(0.4～0.5)后大部分细胞都处于感受态。达到细菌对数生长早、中期需时2.0～2.5h，若 OD 超过数值，则转化效率急剧下降。

(3) 实验中一定要设计正负对照，如用无 DNA 转化物的感受态细菌铺板，若有菌落生长，说明其中抗生素浓度不够或感受态细胞已被污染。

(4) 过长的热激时间会导致细胞死亡，且引起转化效率下降。热激前加入相当于转化液体积 1/10 的 DMSO 可提高转化效率 100 倍左右，加入 DMSO 后勿再剧烈振荡。

【思考题】

(1) 制备和转化感受态细胞时，应特别注意哪些环节？

(2) 若计算得到的转化效率过低[如少于 10^4cfu · (μg DNA)$^{-1}$]，分析可能的原因。

(3) 若实验出现不正常的结果，分析原因。

(吴　起)

实验 12　琼脂糖凝胶电泳分离 DNA 片段

【实验导读】

琼脂糖是从海藻中分离提取的，由 D-半乳糖与 L-半乳糖形成相对分子质量为 10^4～10^5 的一种长链多糖。在琼脂糖凝胶电泳中，核酸分子在中性 pH 下带负电荷，在直流电场作用下向阳极迁移，其迁移速率主要与下列因素有关。

1. 核酸的相对分子质量

核酸分子的迁移速率与相对分子质量的对数值成反比，分子越大所受阻力越大，在凝胶中的迁移速率越慢。

2. 凝胶浓度

琼脂糖加热至 90℃左右，即可熔化为清亮、透明的液体，浇在模板上冷却后固化形成凝胶，其凝固点为 40～45℃。琼脂糖浓度直接影响凝胶的孔径，一定大小的 DNA 片段在不同浓度的琼脂糖凝胶中迁移速率不同。通常凝胶浓度越低，凝胶孔径越大，DNA 电泳迁移速率越快。凝胶浓度的选择取决于 DNA 分子的大小，所需分离的 DNA 相对分子质量越大，选用的凝胶浓度应越低：分离小于 0.5kb 的 DNA 片段所需凝胶浓度为 1.2%～1.5%；分离大于 10kb 的 DNA 分子所需凝胶浓度为 0.3%～0.7%；DNA 片段大小介于两者之间，则所需凝胶浓度为 0.8%～1.0%。

3. 电场强度

在低电压时，线状 DNA 片段的迁移速率与所加电压成正比。电压越高，带电颗粒迁移越快。但随着电场强度的增加，不同长度 DNA 迁移速率的增加程度不同，片段越大，因场强升高而引起的迁移速率升高幅度也越大。因此，凝胶电泳分离 DNA 的有效范围随着电压上升而减小。为了获得 DNA 片段的最佳分离效果，电场强度应小于 $5V \cdot cm^{-1}$。

【实验目的】

学习用琼脂糖凝胶电泳检测 DNA 的纯度、浓度及相对分子质量大小的方法。

【实验原理】

琼脂糖凝胶电泳和聚丙烯酰胺凝胶电泳是分离、鉴定和纯化 DNA 片段的标准方法。该技术操作简便快速，可以分辨用其他方法(如密度梯度离心法)无法分离的 DNA 片段。用低浓度的嵌入式荧光染料(如溴乙锭、SYBR Green 等)染色，在紫外光(或蓝光)下至少可以检出 1～10ng 的 DNA 条带，从而可以确定 DNA 片段在凝胶中的位置。

【主要仪器与试剂】

1. 仪器

电子天平，凝胶成像仪，电泳仪，微波炉，移液枪。

2. 试剂

(1) 0.5×TBE 电泳缓冲液：54g Tris、27.5g 硼酸、3.72g 二水合 EDTA 二钠盐，用水定容至 1000mL。使用时稀释 10 倍。

(2) 核酸染料(如 SYBR Green 等)，相对分子质量标准液(DNA Marker)，上样缓冲液(0.25%溴酚蓝，$400g \cdot L^{-1}$ 蔗糖)，琼脂糖，提取的基因组 DNA 或 PCR 扩增产物。

【实验步骤】

(1) 称取 0.4g 琼脂糖于 150mL 三角瓶中，加入 20mL 0.5×TBE 电泳缓冲液，置于微波炉中加热溶解至溶液透明，制成 2%琼脂糖溶液。

(2) 将琼脂糖溶液冷却至 60℃左右，加入 4μL 浓度为 10000×的核酸染料(安全提示：务必戴手套!)，混合均匀，立即小心倒入准备好的制胶板中(已插好梳子)，使琼脂糖溶液在槽中的厚度为 3～5mm，排除梳齿上的气泡(一般轻轻抖动梳子或用小针头挑一下即可)。

(3) 室温下避光放置 30～40min，使凝胶完全凝固后，加入少量 0.5×TBE 电泳缓冲液，小心拔出梳子，将胶模放入电泳槽中(注意加样端接负极)，加入适量 0.5×TBE 电泳缓冲液，使液面高出胶面约 1mm。

(4) 用移液枪取 10μL PCR 扩增产物和 2μL 上样缓冲液混匀，将样品加入凝胶一端的加样孔中，注意枪头不可穿破孔底。另取 5μL 相对分子质量标准液(已和上样缓冲液混匀)，同法加样至另一泳道的加样孔。记录样品上样顺序(泳道)与上样量。

(5) 开启电源开关，接通电泳槽和电泳仪，注意 DNA 向正极移动，加样端接负极。调节电泳电压为 100V。在电泳期间可用凝胶成像仪直接观察，DNA 各条区带分开后，关闭电源，电泳结束。

扫一扫　5-2　凝胶电泳(一)——琼脂糖凝胶的制备
5-3　凝胶电泳(二)

【思考题】

简述琼脂糖凝胶和核酸染料在电泳分离 DNA 中的作用。

(陈恒武、赵　璇、姚　波)

实验 13　PCR 基因扩增获取毛囊 DNA 及其分离

【实验导读】

PCR 技术由美国科学家穆利斯等发明，是通过 DNA 聚合酶链式反应在体外大量扩增一段目的基因的技术，穆利斯因此荣获 1993 年诺贝尔化学奖。PCR 技术的原理类似于 DNA 的天然复制过程。以待扩增的 DNA 为模板，由与模板 DNA 互补的两条寡核苷酸作引物，在 DNA 聚合酶和 4 种脱氧核苷三磷酸(dNTP)存在的情况下，经过解链、退火和延伸，进行 DNA 的扩增。多次反复的循环能使微量的模板 DNA 得到极大程度的扩增。

(1) 解链：加热使待扩增的模板 DNA 在高温下(94℃)双链解旋形成两条单链的过程。

(2) 退火：降低温度，使引物在低温(50～60℃)下与模板 DNA 片段按碱基配对原则特异性结合，形成部分双链的过程。

(3) 延伸：溶液反应温度上升至中等温度(72℃)，耐热 DNA 聚合酶以单链 DNA 为模板，以 4 种 dNTP 为原料，在引物的引导下催化合成互补 DNA 的过程。

由解链、退火和延伸这三个基本步骤组成一轮循环。理论上每一轮循环将使样品中的模板 DNA 扩增一倍，新合成的 DNA 又可作为下一轮循环的模板，经过 25～35 轮循环后就可使 DNA 扩增 10^7～10^{10} 倍。

【实验目的】

(1) 学习 PCR 体外扩增 DNA 的基本原理。

(2) 掌握 PCR 技术的常规操作。

【实验原理】

人类 Y 染色体上有 DYZ1 基因，而 X 染色体上无此基因，男性 DYZ1 基因的扩增片段为 154bp(具体的碱基对数由设计的引物决定)，女性则不出现该扩增片段。本实验通过观察扩增结果中是否有该基因的扩增片段来判断性别类型。

【主要仪器与试剂】

1. 仪器

PCR 仪，离心机，旋涡混合器，恒温水浴锅，移液枪。

2. 试剂

PCR 试剂盒组分：蛋白酶 K($20\mu g \cdot mL^{-1}$)，PCR(反应液内含 4 种 dNTP 和两个引物)，Taq 酶，阳性对照。

【实验步骤】

1. 取样

取 5～6 根新鲜毛发，剪下毛囊部分，放入加有 50μL 蛋白酶 K($20\mu g \cdot mL^{-1}$)的 1.5mL 离心管中，旋涡振荡 3～5s，50℃水浴 20min，95℃水浴 10min，$12000r \cdot min^{-1}$ 离心 3min，用移液枪取 5μL 上清液作为样品。

2. 加样及 PCR 扩增

(1) 在 0.2mL 离心管内加入以下反应物：

反应物	体积/μL
PCR 反应液	20
Taq 酶	1(以上两种已备好)
样品(提取的模板 DNA)	5

(2) 设置阴性对照(反应体系中不加模板 DNA)和阳性对照(反应体系中加入试剂盒中的阳性对照)各 1 个。

(3) 按下列程序设置 PCR 仪的温控程序：①94℃预变性 2min 后，按下述程序进行扩增；②94℃变性 30s；③55℃退火 30s；④72℃延伸 30s；⑤最后 72℃延伸 5min；其中②～④循环 30 次。

(4) DNA 片段扩增：将离心管放入 PCR 仪进行 DNA 片段扩增。扩增的样品备用。

(5) DNA 片段的电泳检测：见“实验 12　琼脂糖凝胶电泳分离 DNA 片段”。

【注意事项】

(1) PCR 反应效率非常高，极易由于污染而产生假阳性结果。为防止污染，PCR 反应管、枪头、手套等均为一次性使用，样品前处理区与 PCR 产物分析区应保持相对独立，整个操作过程尽量保持清洁。

(2) PCR 扩增的加样操作最好由女性操作者完成，因为男性操作者的脱落细胞、唾液飞沫等均可引起标本污染，造成假阳性。男性操作时，应戴口罩和一次性 PE 手套，操作时尽量少说话。

【思考题】

(1) 简述 PCR 扩增的原理及应用。
(2) 简述阴性对照和阳性对照在 PCR 反应中的作用。

(陈恒武、赵　璇、姚　波)

实验 14　植物基因组 DNA 的提取与扩增

【实验导读】

DNA 是分子生物学研究的基本物质，根据不同的实验需求，可以采取不同的提取手段获取数量和质量不等的 DNA 样品。自然界中的核酸(DNA 和 RNA)大多与蛋白质结合在一起，以核蛋白-脱氧核糖核蛋白(DNP)和核糖核蛋白(RNP)两种形式存在。在提取核酸过程中，通常先破坏细胞壁及细胞膜将核蛋白释放出来，除去细胞中的糖、RNA 及无机离子等，再将两种核蛋白分离并除去 RNP，从中分离出 DNA。DNP 的溶解度很大程度上受盐浓度的影响，在低浓度盐溶液中 DNP 几乎不溶解。RNP 的溶解度受盐浓度的影响较小，因此可以通过调节盐浓度分离这两种核蛋白。

DNA 主要分布在细胞核内，少量存在于细胞质中有半自主性复制活性的细胞器内，如线粒体 DNA(mtDNA)及叶绿体 DNA(ctDNA)。植物基因组 DNA 的提取一般采用两种方法，即十二烷基硫酸钠(SDS)法和十六烷基三甲基溴化铵(CTAB)法。采用物理方法破碎细胞壁、裂解细胞膜，通过表面活性剂溶解细胞膜和膜蛋白，使核蛋白解离，除去多糖和多酚等次生物质，再加入有机溶剂使蛋白质变性并分离，核酸溶解于水相，与有机相可以轻易分离。采用乙醇沉淀核酸、去除 RNA 并浓缩得到纯化的 DNA 样品。植物 DNA 的提取方法目前已经发展得相当成熟，并有很多商品化试剂盒可供选择，针对不同化学成分和结构的植物，在具体操作中存在一些差异。

【实验目的】

(1) 了解植物 DNA 抽提的主要方法，掌握 CTAB 离心柱法快速抽提植物组织中基因组 DNA 技术。

(2) 掌握 PCR 技术的原理和操作。

(3) 熟悉用紫外分光光度法和琼脂糖凝胶电泳检验 DNA 纯度、浓度和相对分子质量大小。

【实验原理】

植物 DNA 的抽提常采用以下几种方法。

1. SDS 法

SDS 是一种阴离子表面活性剂，细胞中 DNA 与蛋白质之间常借助静电力或配位键结合，SDS 能够破坏这种价键。含有高浓度 SDS 的提取缓冲液可以对植物细胞进行裂解，并通过提高盐(KAc 或 NH_4Ac)浓度和降低温度(冰上恒温)的办法沉淀除去蛋白质和多糖。该方法提取出的 DNA 常含有较高的多糖，只适用于本身多糖含量较低的样品。

2. CTAB 法

CTAB 是一种阳离子表面活性剂。将植物样本置于 CTAB 溶液中，在 65℃水浴条件下，植物细胞裂解，蛋白质变性，细胞内的 DNA 释放出来。CTAB 与核酸形成复合物，此复合物在高盐浓度下可溶，并稳定存在，但在低盐浓度下因溶解度降低而沉淀，而大部分蛋白质及多糖等仍溶解于溶液中。离心弃去上清液，CTAB-核酸复合物再用 70%～75%乙醇浸泡可洗脱掉 CTAB。再经过氯仿：异戊醇(24：1，体积比)抽提去除蛋白质、多糖、色素等纯化 DNA，最后经异丙醇或乙醇等沉淀剂将 DNA 沉淀分离出来。该方法简便、快速，DNA 产量高，但纯度稍逊。

3. 硅胶膜离心柱法

采用商品化试剂盒，用以下方法提取少量 DNA：植物材料被机械研磨粉碎后，加入裂解液并在 65℃温浴，裂解液中的蛋白酶 K 和 RNase 酶用来除去蛋白质和 RNA，并通过盐沉淀除去蛋白质和多糖等杂质。随后加入的含有乙醇的吸附缓冲液可以特异性地将 DNA 吸附于离心柱的硅胶膜上，从而除去多糖、多酚和其他杂质，再通过清洗和洗脱两个步骤，得到纯化的基因组 DNA 溶液。该方法适用于新鲜、干燥或冷冻的植物材料，提取所得的基因组 DNA 纯度好，产率高。

PCR 和琼脂糖凝胶技术原理见第 2 章“2.7　PCR 技术”和“2.6　电泳技术”。

【主要仪器与试剂】

1. 仪器

超微量紫外分光光度计，凝胶成像仪，离心机，旋涡混合器，恒温水浴，PCR 仪，电泳仪，移液枪等。

2. 试剂

(1) 自备植物叶片或果实 2～3 种各 100mg(需注明来源及名称)。

(2) 植物基因组 DNA 提取试剂盒(离心柱型)，内含缓冲液 GP1(CTAB 裂解液)、缓冲液 GP2(CTAB 沉淀液)、吸附缓冲液 GW1(含乙醇)、漂洗液 GW2(含乙醇)、洗脱缓冲液 GE、吸附柱、收集管。

(3) 氯仿，巯基乙醇，液氮。

(4) PCR 试剂盒：PCR 预混液，包含 Taq DNA 聚合酶，PCR 缓冲液，dNTP 混合物，电泳上样缓冲液。

(5) PCR 引物：本实验对植物中广泛存在的叶绿体 Trnl 基因的内含子进行 PCR 扩增，上下游引物序列如下：

引物-1　GGGGATAGAGGGACTTGAAC

引物-2　CGAAATCGGTAGACGCTACG

(6) 琼脂糖，1×TAE 电泳缓冲液，核酸染料(电泳用)。

【实验步骤】

1. 植物基因组 DNA 的提取

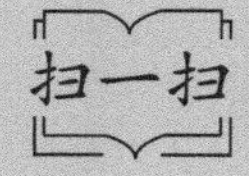

5-4　植物基因组 DNA 的提取——液氮研磨

(1) 取约 100mg 植物新鲜组织或约 20mg 干重组织，加入液氮充分碾磨。

(2) 将研磨好的粉末迅速转移到预先装有 700μL 65℃预热缓冲液 GP1 的离心管中(实验前在预热的 GP1 中加入巯基乙醇，使其终浓度为 0.1%)，迅速颠倒混匀后，将离心管置于 65℃水浴中 20min，水浴过程中颠倒离心管以混合样品数次。

(3) 加入 700μL 氯仿，充分混匀，$12000r \cdot min^{-1}$ (～13400g)离心 5min。

(4) 小心地将上一步所得上层水相转入一个新的离心管中(注意不要将中间层也取出)，加入 700μL 缓冲液 GP2，充分混匀。

(5) 将混匀的液体转入吸附柱中，$12000r \cdot min^{-1}$ 离心 1min，弃去废液(吸附柱容积为 700μL 左右，可分次加入离心)。

(6) 向吸附柱中加入 500μL 缓冲液 GW1，$12000r \cdot min^{-1}$ 离心 1min，弃去废液，将吸附柱放入收集管中。

(7) 向吸附柱中加入 500μL 漂洗液 GW2，$12000r \cdot min^{-1}$ 离心 1min，弃去废液，将吸附柱放入收集管中。

(8) 向吸附柱中加入 500μL 漂洗液 GW2，$12000r \cdot min^{-1}$ 离心 1min，弃去废液。

(9) 将吸附柱放回收集管中，$12000r \cdot min^{-1}$ 离心 2min，弃去废液。将吸附柱室温放置数分钟，彻底晾干吸附材料中残余的漂洗液。注意：这一步的目的是将吸附柱中残余的漂洗液去除，漂洗液中乙醇的残留会影响后续的酶反应(酶切、PCR 等)实验。

(10) 将吸附柱转入一个干净的离心管中，向吸附膜的中间部位悬空滴加 50～200μL 洗脱缓冲液 GE，室温放置 2～5min，$12000r \cdot min^{-1}$ 离心 2min，将溶液收集到离心管中。

(11) 利用超微量紫外分光光度计检验提取的纯度和浓度。得到的 DNA 应在 OD_{260} 处有显著吸收峰。OD_{260} 值为 1 时，相当于大约 $50\mu g \cdot mL^{-1}$ 双链 DNA、$30\mu g \cdot mL^{-1}$ 单链 DNA、$40\mu g \cdot mL^{-1}$ RNA。DNA 样本的 OD_{260}/OD_{280} 值应为 1.7～1.9，如果洗脱时不使用洗脱缓冲液而使用去离子水，该值会偏低，因为酸度和离子的存在会影响光吸收值，但并不表示纯度低。

2. PCR 扩增体系和程序

(1) PCR 扩增体系：在 0.2mL 离心管中加入以下反应物：

反应物	体积/μL
DNA 模板	3
引物-1(5μmol · L^{-1})	1.25
引物-2(5μmol · L^{-1})	1.25
PCR 混合物	12.5

最后用水补齐到 25μL。

(2) PCR 程序：

94℃	5min	
94℃	1min	循环30次
55℃	1min	
72℃	1min	
72℃	10min	

注意：PCR 扩增时要设置阴性对照(不加模板 DNA)和阳性对照。

3. 凝胶电泳检验 DNA 提取产物和扩增产物

本实验采用 1%(含 1×核酸染料)琼脂糖凝胶电泳检验提取产物和 PCR 扩增产物。

【注意事项】

(1) 在材料的选取上，应尽量采用植物的幼嫩部位，而一些衰老的叶片可以先在 4℃的黑暗中放置 1～2 天，以消耗掉淀粉和其他多糖类物质。

(2) 为了得到高质量的基因组 DNA，一般采用新鲜样本进行提取。但对于一些偏远地区采集的样本，应采用正确的保存方法，使样品材料尽量避免受到机械损伤和发生氧化褐变，DNA 不被内源核酸酶催化降解等。常用的保存方法有低温保存和脱水干燥保存。

(3) 若提取富含多酚(如松叶)或淀粉(如马铃薯)的植物组织，可在实验步骤 1. (3)之前，用酚：氯仿(1：1，体积比)溶液进行等体积抽提。

(4) 研钵用液氮预冻，加 CTAB 前要确保粉末不融化。使用液氮要戴手套和防护镜，注意安全。

(5) 为了减少配制溶液引起的系统误差，建议在进行 PCR 扩增前，将除了模板外的全部试剂配制成混合物。

【思考题】

(1) 在提取 DNA 时加入氯仿并混合离心后溶液会分成三层，每一层都是什么？如何通过这一步将蛋白质除去？

(2) 用紫外分光光度计检验所提取的 DNA 纯度时为什么要求 OD_{260}/OD_{280} 值为 1.7～1.9？过低或过高说明什么问题？

(姚　波)

实验 15　PCR-RFLP 法检测单核苷酸多态性

【实验导读】

单核苷酸多态性(single nucleotide polymorphism，SNP)主要是指在基因组 DNA 序列发生单个碱基的变异引起的 DNA 序列多态性，形成遗传标记。SNP 在人类基因组中普遍存在，是人类可遗传的变异中最常见的一种，平均每 500～1000 个碱基对中就有 1 个 SNP 位点，其总数可能达到 300 万甚至更多。SNP 所表现的多态性只涉及单个碱基的变异，这种变异可由单个碱基的转换(同型碱基变异，如 C→T)或颠换(异型碱基变异，如 A→C)所引起，也可由碱基的插入或缺失所致，以前两种类型为主。SNP 通常是二等位基因多态性，这种变异可能是转换或颠换，但是转换的发生率通常明显高于颠换。

随着对 SNP 研究的广泛关注，其检测技术有了飞快的发展，归纳起来主要包括以下几种：①等位基因特异性杂交；②内切酶酶切技术；③引物延伸法；④寡核苷酸连接反应等。基于酶切原理的 SNP 检测技术主要有限制性片段长度多态性(restriction fragment length polymorphism，RFLP)、随机扩增多态性 DNA(random amplified polymorphic DNA，RAPD)和高通量测序技术等，其中 RFLP 是最早被提出且发展比较成熟的技术。这些技术各有优缺点，实际应用时可根据具体研究对象的特点选择，有时甚至需要采用多种方法进行检测。

RFLP 技术中使用的酶一般是限制性内切酶，它们是生物体内存在的一类酶，能将外来的 DNA 切断，因此能够限制异源 DNA 的侵入并使其失去活力，但对自身的 DNA 无损害作用，这样可以保护细胞原有的遗传信息，这种切割作用是在 DNA 分子内部进行的。限制性内切酶是基因工程的重要切割工具，科学家已从原核生物中分离出多种限制性内切酶，并且已经商品化，在基因工程中广泛使用。

本实验利用不同限制性内切酶的酶切位点，借助 PCR 技术，对基因序列中的 SNP 位点进行鉴别。

【实验目的】

(1) 了解 SNP 检测的意义和主要方法。

(2) 掌握 PCR-RFLP 检测技术的原理和方法，以及常见限制性内切酶的用法。

(3) 熟练应用 PCR 和琼脂糖凝胶电泳技术。

【实验原理】

聚合酶链式反应-限制性片段长度多态性(PCR-RFLP)分析技术是在 PCR 技术基础上发展起来的基于内切酶酶切的一种 SNP 检测方法。该方法的前提是，DNA 碱基变异正好发生在某种限制性内切酶识别位点上，使酶切位点增加或消失。利用这一酶切性质的改变，PCR 特异扩增包含碱基置换的这段 DNA，经某一限制性内切酶切割，再利用琼脂糖凝胶电泳分离酶切产物，将其与正常序列比较来确定是否变异。应用 PCR-RFLP 技术，可检测某一致病基因已知的点突变，进行直接基因诊断，也可以此为遗传标记进行间接基因诊断。

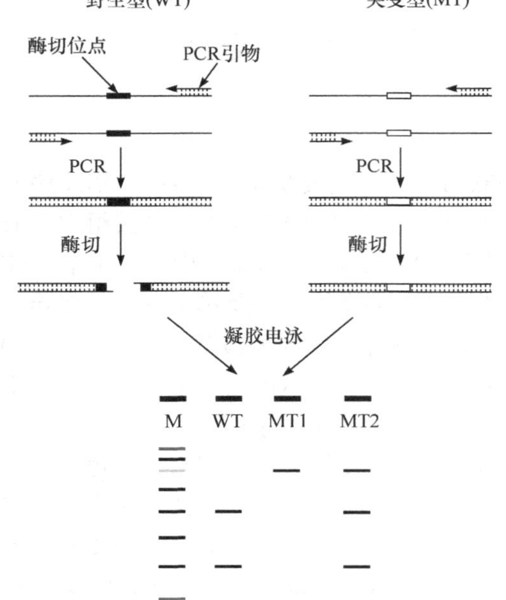

图 5.1　PCR-RFLP 技术的主要流程

M 为 DNA 相对分子质量标准物；WT 为野生型；MT1 为突变型纯合子；MT2 为突变型杂合子

PCR-RFLP 技术的主要流程见图 5.1。野生型(wild type，WT)基因具有一个酶切位点，经 PCR 扩增和完全酶切后凝胶电泳得到两段酶切产物；而突变型(mutation，MT)纯合子(MT1)由于碱基变异，酶切位点消失，因此凝胶电泳只有一个 PCR 扩增产物的条带。突变型杂合子(MT2)既有野生型基因也有变异基因，得到的是两种情况的电泳产物。因此，通过上述方法可以对一些已知位点的基因突变进行分辨和识别。PCR-RFLP 技术具有分辨率高、无需标记、重复性好、简便直观等优点。但是该技术只能应用于突变恰好引起酶切位点改变的情况，对于突变不会产生酶切位点变化的情况无能为力，而且一次只能完成一个特定位点突变筛选，因此其应用受到很大的限制。

限制性内切酶的命名一般是以微生物属名的第一个字母和种名的前两个字母组成，第四个字母表示菌株(品系)。例如，从 *Bacillus amylolique faciens* H 中提取的限制性内切酶称为 *Bam* H，在同一品系细菌中得到的识别不同碱基顺序的几种不同特异性的酶可以编成不同的号，如 *Bam*HⅠ、*Hind*Ⅲ、*Eco*RⅠ等。表 5.1 中介绍了几种常用的限制性内切酶及其识别序列，供设计实验时进行选择。

表 5.1　几种常用的限制性内切酶

名称	来源	温度/℃	缓冲液	识别序列
*Bam*HⅠ	*Bacillus amylolique faciens* H	37	20mmol · L^{-1} Tris-HCl(pH 7.5)，10mmol · L^{-1} $MgCl_2$，1mmol · L^{-1} DTT，100mmol · L^{-1} KCl	G¦G A T C C C C T A G¦G
*Hind*Ⅲ	*Haemophilus influenzae* Rd	37	10mmol · L^{-1} Tris-HCl(pH 7.5)，10mmol · L^{-1} $MgCl_2$，1mmol · L^{-1} DTT，50mmol · L^{-1} NaCl	A¦A G C T T T T C G A¦A
*Eco*RⅠ	*Escherichia coli* RY13	37	50mmol · L^{-1} Tris-HCl(pH 7.5)，10mmol · L^{-1} $MgCl_2$，1mmol · L^{-1} DTT，100mmol · L^{-1} NaCl	G¦A A T T C C T T A A¦G
*Pst*Ⅰ	*Escherichia coli* ED8654 carrying the plasmid encoding *Pst*Ⅰ gene	37	50mmol · L^{-1} Tris-HCl(pH 7.5)，10mmol · L^{-1} $MgCl_2$，1mmol · L^{-1} DTT，100mmol · L^{-1} NaCl	C¦T G C A G G A C G T¦C

【主要仪器与试剂】

1. 仪器

PCR 仪，电泳仪，凝胶成像仪，电子天平，离心机，恒温水浴锅，移液枪。

2. 试剂

(1) 样品包括野生型(S1)和两种突变体(S2、S3)，序列如下(基因二级结构如图 5.2 所示)，基因总长度为 204bp，S2 和 S3 各有一个 SNP 位点，用下划线标出。

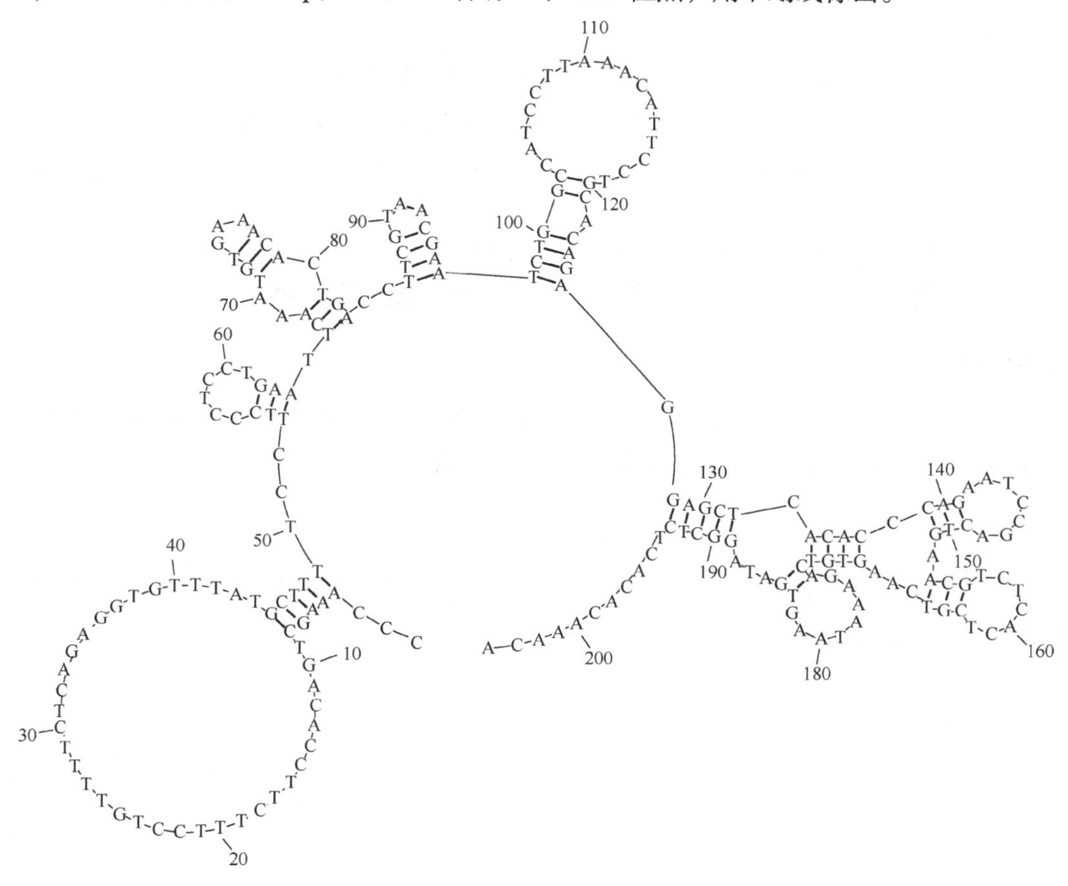

图 5.2　S1 序列的二级结构

S1 序列：

CCCAAAGCTGACACCTTCTTTCCTGTTTTCTCAGAGGTGTTTATGCTTTTCCTTC
CCTCCTGAATTCAAATGTGAAACACTGACCTTCGTAACGAATCTGGCCATCCTTAAA
CATTCCTGCACAGAGGAGCTCACACCCAGAATCCGACTGAACGTCTCACTCGTCAA
GTGTCAGAAATAAGTGATAGGGCTCTCACACAAACA

S2 序列：

CCCAAAGCTGACACCTTCTTTCCTGTTTTCTCAGAGGTGTTTATGCTTTTCCTTC

CCTCCTG**G**ATTCAAATGTGAAACACTGACCTTCGTAACGAATCTGGCCATCCTTAAACATTCCTGCACAGAGGAGCTCACACCCAGAATCCGACTGAACGTCTCACTCGTCAAGTGTCAGAAATAAGTGATAGGGCTCTCACACAAACA

S3 序列：

CCCAAAGCTGACACCTTCTTTCCTGTTTTCTCAGAGGTGTTTATGCTTTTCCTTCCCTCCTGAATTCAAATGTGAAACACTGACCTTCGTAACGAATCTGGCCATCCTTAAACATTCCTGCACAGAGGAGCTCACACCCAG**G**ATCCGACTGAACGTCTCACTCGTCAAGTGTCAGAAATAAGTGATAGGGCTCTCACACAAACA

(2) PCR 引物：

U-引物　ACACCTTCTTTCCTGTTTTCT (11～22)

L-引物　TGTTTGTGTGAGAGCCCTAT (184～204)

(3) PCR 试剂盒：PCR 预混液，包括 Taq DNA 聚合酶，PCR 缓冲液，dNTP 混合物，电泳上样缓冲液。

(4) 限制性内切酶 *Bam*HⅠ、*Eco*RⅠ、*Hind*Ⅲ、*Pst*Ⅰ及其 10×反应缓冲液。

(5) 琼脂糖，1×TAE 电泳缓冲液，核酸荧光染料(电泳用)10000×。

【实验步骤】

本实验中给出三个包括 S1、S2 和 S3 的未知样本，学生根据之前学过的内容自行设计实验，并对结果进行合理的预测(作为课程预习内容)。

1. PCR

查阅相关文献，自行选择 PCR 反应体系及设定程序，计算 T_m 值和确定退火温度，并列在下面空白框中。

T_m =

PCR 程序：

2. 酶切

根据样品序列和教材中提供的几种酶的识别序列，选择合适的限制性内切酶，设计实验。

建议反应体系为 30μL。

单酶切	体积/μL	双酶切	体积/μL
限制性内切酶	1	限制性内切酶 1	1
10×缓冲液	3	限制性内切酶 2	1
PCR 产物	20	10×缓冲液	3
灭菌水	加至 30	PCR 产物	20
		灭菌水	加至 30

在相应温度下反应 1h。

3. 凝胶电泳分析

建议使用 2%(含 1×核酸染料)琼脂糖凝胶电泳对酶切产物进行分析。
电泳时建议将未经过酶切的 PCR 产物作为对照组。
将预期的酶切结果画在以下空白框中。

【实验结果与分析】

对酶切产物凝胶电泳结果进行分析和讨论，给三个未知样本标明身份。要求对实验设计的可行性进行分析，根据实验中观察到的现象和得到的结论进行深入讨论。

【注意事项】

(1) 本实验是一个自行设计方案的实验，要求学生在课前仔细阅读教材并查阅相关文献，制定出可行的方案和步骤，包括 PCR 反应体系、退火温度和反应程序，以及根据 SNP 位点选择合适的限制酶等部分，在预习报告中进行详细说明，并画出预计酶切产物的电泳图。

(2) PCR 退火温度的选择有多种方式，可以简单根据 T_m(解链温度)=4(G+C)+2(A+T)，退火温度=T_m−(5～10℃)选择，也可以借助一些软件(如 Oligo6、Primer premier 等)选择。

(3) 为了降低配制溶液引起的系统误差，建议在进行 PCR 扩增前将除了模板外的所需试剂配制成混合物。

(4) 进行酶切时，如果需要用两种以上的限制酶，由于不同酶最佳反应条件不同，为了保证最好的酶活性，建议分成若干体系分别进行酶切。

(5) 酶切反应时间不要少于 1h，反应体系体积不要小于 20μL。

【思考题】

(1) 对于突变不能引起酶切位点变化的 SNP 如何检测？

(2) 对于未知突变位点的情况，可以采用什么技术进行 SNP 检测？
(3) 在这个实验中有什么收获？谈谈你的意见和建议。

(姚　波)

实验 16　基于连接反应的滚环扩增技术检测单核苷酸多态性

【实验导读】

生物体内 DNA 的存在形式为线形或环状分子，后者多见于一些病毒或病原体。研究发现，环状 DNA 分子大多通过一种类似于滚环扩增的机制进行复制。例如，噬菌体 ΦX174 是环状单链分子，在复制过程中首先形成共价闭环的双链分子，然后其正链由噬菌体 A 蛋白在特定位置切开一个缺口(图 5.3)，游离出 1 个 3′-羟基和 1 个 5′-磷酸末端。在宿主蛋白 Rep 和 SSB 存在下，再加上 ATP，有缺口的 DNA 发生解链，Rep 蛋白提供解旋酶活性，使两链分离。SSB 沿着 5′-磷酸末端绕着单链 DNA 形成稳定的单链结构。而另一条 3′-羟基末端在 DNA 聚合酶Ⅲ(PolⅢ)的作用下，以环状负链为模板，加入脱氧核苷三磷酸(dNTP)，使得链不断延长，通过滚动而合成新正链。实验证明，某些双链 DNA 的合成也可以通过滚动环的方式进行。

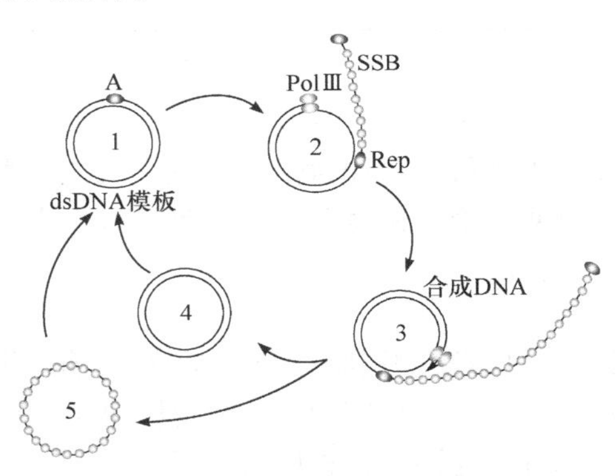

图 5.3　噬菌体 ΦX174 滚环复制过程

20 世纪 90 年代中期，人们发现线形单链 DNA 与特殊的超短环状 DNA 杂交，在合适温度和酶的作用下就可进行扩增。后来人们对这种扩增模式进行适当的改造，发展成为滚环扩增(rolling circle amplification，RCA)技术。扩增产物一般可以经荧光、放射性标记、紫外吸收或电泳检测出来，产物可以自带标签或在其上修饰标签。RCA 技术简单、稳定、特异性和灵敏度高，在检测 DNA、RNA 和蛋白质等方面应用越来越广泛，在分子诊断领域获得独特的地位。RCA 反应使用具有链置换特性的 DNA 聚合酶(Phi29 或 Bst1 等)，因此 DNA 引物能在恒温条件下实现强大的滚环扩增。而环状 DNA 探针只有与目标 DNA 碱基完全匹配时才可以形成，因此 RCA 反应在检测单核苷酸多态性(SNP)时具有很高的选择性。

【实验目的】

(1) 了解 RCA 技术的原理和特点。
(2) 学习锁式探针的设计方法。
(3) 熟练掌握琼脂糖凝胶电泳技术。

【实验原理】

利用 RCA 技术进行 SNP 分析时，通常需要设计一条锁式探针(padlock probe)，该探针与突变型(MT)DNA 位点完全配对，继而在 DNA 连接酶的作用下连接成环，作为 RCA 反应的模板，然后以突变型 DNA 作为引物引发 RCA 反应，原理如图 5.4 所示。而野生型(WT)DNA 在连接位点处与探针不配对，因此不能发生连接反应，继而不会进行 RCA。

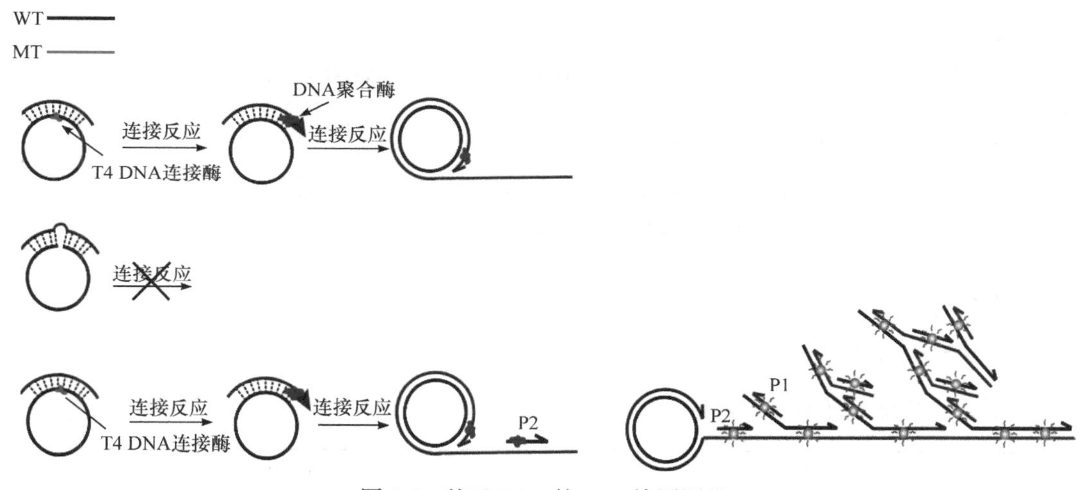

图 5.4　基于 RCA 的 SNP 检测原理

此外，在具有链置换能力的 DNA 聚合酶的作用下，可以引入第二条与 RCA 产物互补的反向引物，进行反向延伸并顶替下游生成的 DNA 链，实现指数式扩增，称为分支滚环扩增(BRCA)，如图 5.4 所示。用嵌入式荧光染料可以对产物进行实时定量分析，也可以用琼脂糖凝胶电泳对产物进行分析。BRCA 反应的速度比线性扩增的速度快很多，得到大量不同长度的 dsDNA 和 ssDNA，能够进一步提高检测的灵敏度。

在本实验中，需要用到 T4 DNA 连接酶和具有链置换能力的 DNA 聚合酶。T4 DNA 连接酶分子是一条多肽链，分子质量为 60kDa。此酶的催化过程需要 ATP 辅助。T4 DNA 连接酶可连接 DNA-DNA、DNA-RNA、RNA-RNA 和双链 DNA 黏性末端或平头末端。

链置换 DNA 聚合酶包括 phi29 和 Bst 大片段 DNA 聚合酶。其中，phi29 DNA 聚合酶为从 *Bacillus subtilis* 噬菌体 phi29 中克隆出的嗜温 DNA 聚合酶，除具有 3′→5′外切酶校读功能外，还具有卓越的链置换和连续合成特性。Bst DNA 聚合酶大片段是 *Bacillus stearothermophilus* DNA 聚合酶的一部分，具有 5′→3′DNA 聚合酶活性，但不具有 5′→3′外切核酸酶活性。phi29 适合进行单引物 RCA 反应，而 Bst 适合进行双引物 BRCA。

【主要仪器与试剂】

1. 仪器

电泳仪，凝胶成像仪，恒温金属浴，移液枪。

2. 试剂

(1) DNA 样品包括野生型(WT)和突变型(MT)，序列如下，基因总长度为 23nt，MT 序列中有一个 SNP 位点，用下划线标出。

WT 序列：TGGAGTGTGATAATGGTGTTTGT

MT 序列：TGGAGTGTGA<u>C</u>AATGGTGTTTGT

(2) 探针序列。

锁式探针(5′-3′)：

TCACACTCCACGCGAAGTACAGCAGGGAAGTGGATACGAAGATAGCACAAACACCATTG

P2：CGCGAAGTACAGCAGGGA

(3) T4 DNA 连接酶，phi29 和 Bst 大片段 DNA 聚合酶及缓冲液。

(4) 琼脂糖，0.5×TBE 电泳缓冲液，核酸染料。

【实验步骤】

1. 锁式探针 5′端磷酸化

按以下比例配成 10μL 反应体系：

反应物	体积/μL
锁式探针(100μmol · L^{-1})	5
水	2
ATP(10mmol · L^{-1})	1
10×T4 PNK 缓冲液	1
T4 PNK	1

先将前两项加入 200μL 离心管中，在 PCR 仪上加热到 75℃维持 5min 后，再置于冰上冷却 2min，然后继续加其他试剂，混匀，在 PCR 仪上 37℃反应 1h，再升温到 65℃，使酶变性 20min。

2. 连接

取 5μL 上述产物加入 200μL 离心管中，再加 3.5μL WT 或 MT，10×T4 DNA 连接酶缓冲液 1μL 和去离子水 12μL，从 95℃开始退火，到室温。所得产物加以下试剂配成 25μL 反应体系：

反应物	体积/μL
10×T4 DNA 连接酶缓冲液	1.5
T4 DNA 连接酶	2

混匀，在 PCR 仪上 16℃反应 1.5h，再升温到 65℃使酶变性 20min。

3. RCA

按以下比例配成 25μL 反应体系：

单引物 RCA	体积/μL	双引物 RCA	体积/μL
连接产物	2	连接产物	2
去离子水	19	去离子水	18.7
10×缓冲液	2.5	10×缓冲液	2.5
dNTP	1	dNTP	1
phi29 聚合酶	0.5	P2(100μmol · L−1)	0.5
		Bst 聚合酶	0.8

在 200μL 离心管中加上述试剂，混匀，在 PCR 仪上 65℃反应 1h。另设一个空白对照组(上述连接产物用水代替)。

4. 凝胶电泳分析

建议使用 1%(含 2×GeneFinder®染料)琼脂糖凝胶电泳对酶切产物进行分析。

【注意事项】

(1) 与 PCR 扩增反应一样，在操作过程中注意避免交叉污染。

(2) 为了减少配制溶液引起的系统误差，建议在进行 PCR 扩增前，将除模板外的所需试剂配制成混合物。

(3) 设计实验时，注意做空白对照。

【思考题】

(1) 基于连接反应和 RCA 的 SNP 检测技术有什么优缺点？

(2) 对于未知突变位点的情况能否用该方法检测？

(3) 在这个实验中有什么收获？谈谈你的意见和建议。

(姚　波)

实验 17　枯草杆菌脂肪酶 A 的基因克隆

【实验导读】

DNA 克隆是指在体外将含有目的基因的 DNA 片段与能够自我复制的载体 DNA 连

接，然后将其转入宿主细胞或受体生物中进行表达或进一步研究的分子操作过程。DNA克隆涉及一系列分子生物学技术，如目的DNA片段的获得、载体的选择、体外重组、导入宿主细胞和重组子的筛选等。

1. 目的DNA片段的获得

DNA克隆的第一步是获得包含目的基因在内的一群DNA分子。由于基因组DNA较大，不利于克隆，因此有必要将其处理成适合克隆的DNA小片段，常用的方法有机械切割和限制性内切酶消化。若基因序列已知而且比较小，就可用化学法直接合成。如果基因的两端部分序列已知，根据已知序列设计引物，从基因组DNA或cDNA中通过PCR技术可以获得目的基因。

2. 载体的选择

基因工程的载体应具有以下基本性质：①在宿主细胞中有独立的复制和表达的能力；②相对分子质量尽可能小，以利于在宿主细胞中有较多的复制；③载体分子中最好具有两个以上容易检测的遗传标记(如抗药性标记基因)，以赋予宿主细胞的不同表型特征；④载体本身最好具有尽可能多的限制性内切酶单一切点。

3. 体外重组

体外重组是在体外将目的片段和载体分子连接的过程。大多数限制性内切酶能够切割DNA分子形成黏性末端，用同一种酶切割适当载体的多克隆位点，可获得相同的黏性末端，黏性末端彼此退火，通过T4 DNA连接酶的作用可形成重组体，此为黏末端连接。当目的DNA片段为平端，可以直接与带有平端载体相连，此为平末端连接，但连接效率比黏性末端相连较差。

4. 导入宿主细胞

载体DNA分子上具有能被原核宿主细胞识别的复制起始位点，因此可以在原核细胞如大肠杆菌中复制，重组载体中的目的基因随同载体一起被扩增，最终获得大量同一的重组DNA分子。

5. 重组子的筛选

从不同的重组DNA分子获得的转化子中鉴定出含有目的基因的转化子，即阳性克隆的过程就是筛选。目前发展起来的成熟筛选方法主要有插入失活法、PCR筛选和限制性内切酶酶切法、核酸分子杂交法、免疫学筛选法等。

【实验目的】

(1) 了解基因克隆的基本原理。
(2) 掌握分子生物学的基本实验技能。

(3) 学会重组质粒的构建。

【实验原理】

脂肪酶(lipase，EC 3.1.1.3)是重要的工业酶制剂品种之一，它既能在油-水界面催化油脂水解，又能在有机相中催化转酯反应，因而在食品加工、油脂深加工、有机合成、药物制造、日化及能源等领域具有巨大的应用潜力，现已被广泛应用。枯草杆菌脂肪酶 A 的基因大小为 636bp，由 212 个氨基酸组成，在其 N 端的 31 个氨基酸为分泌表达的信号肽序列。

大肠杆菌是常用的原核表达系统，具有遗传背景清楚、转化和表达效率高、易发酵且易于操作、可以快速大量生产重组蛋白等优点。

pET 质粒系统是有史以来在大肠杆菌中表达重组蛋白的功能最强大的系统，也是现今原核表达方面使用最广泛的系统。该系统中，目的基因被克隆到 pET 质粒载体上，受强噬菌体 T7 转录及翻译信号控制；表达由宿主细胞提供的 T7 RNA 聚合酶诱导。pET28a(+)是一种高效原核表达系统，其特点是：①根据插入基因片段的 DNA 阅读框架，选择不同载体即可表达；②含有硫氧环蛋白基因，易与目的蛋白形成融合蛋白，因而不易被大肠杆菌蛋白酶降解；③N 端含 6 个组氨酸标签(6×His tag)，故重组蛋白的纯化步骤可使用金属螯合 Ni^{2+}亲和色谱的方法，从而使纯化蛋白操作简便。

本实验利用分子克隆的方法，首先通过设计特异性引物将目的基因连接到 pET28a(+)载体上，经 *Bam*H Ⅰ 和 *XhoI* Ⅰ 双酶切及测序证实已克隆到正确的目的基因片段。将重组质粒转化入 BL21 表达菌株，可以进一步用于枯草杆菌脂肪酶蛋白表达及纯化。

【主要仪器与试剂】

1. 仪器

振荡培养箱，高速冷冻离心机，PCR 仪，超净工作台，稳压温流电泳仪。

2. 试剂

限制性内切酶 *Bam*H Ⅰ 和 *XhoI* Ⅰ，T4 DNA 连接酶，λ-*Hind*Ⅲ digest DNA 相对分子质量标准物，DL2000 DNA 相对分子质量标准物，超纯 dNTPs，RNA 酶 A(RNaseA)，卡那霉素(Kan)，Tris，SDS，Tris-饱和酚，琼脂糖，氨苄青霉素，IPTG(异丙基-β-D-硫代半乳糖苷)，DTT(二硫苏糖醇)，胰蛋白胨，酵母提取物，细菌 DNA 提取试剂盒，DNA 纯化、回收试剂盒，特异性 DNA 引物。化学试剂均为分析纯或色谱纯试剂。

菌株及质粒载体：*Bacillus subtilis* 168，*Escherichia coli.* JM109(DE3)，*Escherichia coli.* BL21(DE3)和 pET28a(+)均由实验室保存。

【实验步骤】

1. 缓冲液的配制

用于碱裂解法小量制备质粒 DNA 的缓冲液。

溶液Ⅰ：50mmol · L^{-1} 葡萄糖、25mmol · L^{-1} Tris-HCl(pH 8.0)、10mmol · L^{-1} EDTA(pH 8.0)，在 6.895×10^4Pa 高压下蒸汽灭菌 15min 后，保存于 4℃。

溶液Ⅱ：0.2mol · L^{-1} NaOH(用 2mol · L^{-1} 储存液现用现稀释)，1% SDS(用 2%储存液现用现稀释)。

溶液Ⅲ：60mL 5mol · L^{-1} 乙酸钾、11.5mL 乙酸、28.5mL 水，所配溶液中钾离子浓度为 3mol · L^{-1}，乙酸根浓度为 5mol · L^{-1}。

2. 枯草杆菌基因组的提取

取枯草杆菌单菌落接种到 5mL LB 液体培养基中，37℃培养过夜，参考细菌 DNA 提取试剂盒说明书提取全基因组。

3. 枯草杆菌脂肪酶 A 基因的获取

1) 引物设计

根据基因库中枯草杆菌基因组的序列(序列号：NC_000964)，设计合成一对 PCR 引物，扩增脂肪酶 A 基因。

脂肪酶 A 引物序列如下：

上游：5′-CCAGGATCCATGAAATTTGTAAAAAGAAG-3′

下游：5′-GTGGTGCTCGAGTATTCGTATTCTGGCC-3′

其中下划线处分别为 *Bam*H Ⅰ和 *XhoI* Ⅰ酶切位点。

2) 目的基因的 PCR 扩增

PCR 反应体系如下：

反应物	体积/μL	反应物	体积/μL
ddH_2O	31.5	P2	1.8
10×PCR 缓冲液	4.5	模板	0.9
25mmol · L^{-1} $MgCl_2$	2.7	Taq 酶	0.9
2.5mmol · L^{-1} dNTP	0.9	总体积	48
P1	1.8		

PCR 反应程序如下：

94℃ 5min

94℃ 1min

55℃ 1min （94℃ 1min、55℃ 1min、72℃ 1min：循环30次）

72℃ 1min

72℃ 10min

取 1μL PCR 产物经 1%琼脂糖凝胶电泳检测后，在 500bp 以上显示出一条特异性条带，大小与理论值相符(图 5.5)。

3) PCR 产物的回收

将 PCR 扩增的脂肪酶 A 基因片段与上样缓冲液混合，加样于 0.8%琼脂糖凝胶中，以 5V · cm^{-1} 的电压电泳，用长波紫外灯检测目的 DNA 片段是否完全分离。若完全分离，切取含 DNA 片段的琼脂糖(100～300mg)捣碎，按质量比 1：3(片段：溶液 A)加入溶液 A，70℃水浴 10min，直至胶完全溶化，其间旋涡振荡三次。待琼脂糖完全溶化后，按照 PCR 产物回收试剂盒的说明书提取 PCR 产物，在–20℃保存备用。

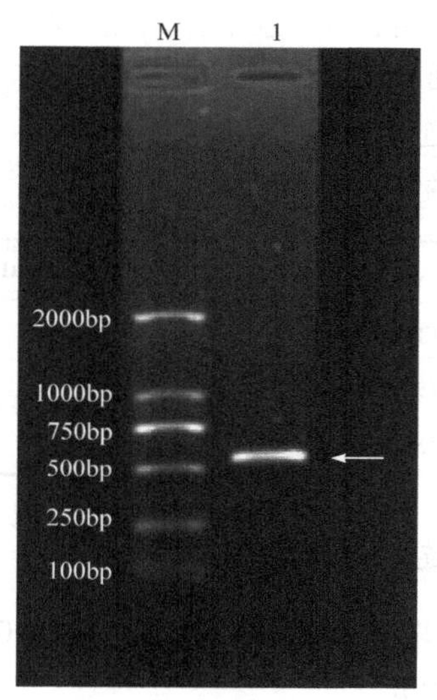

图 5.5 *B.sub* lipase A 基因 ORF 的 PCR 扩增结果

M：DNA 相对分子质量标准物；1：PCR 产物

4. 质粒的提取(碱裂解法)

无菌条件下挑取单个转化菌落，接种到 3mL 含相应抗生素的 LB 液体培养基中，37℃下 250r · min^{-1} 振摇培养 12～16h。取 1.5mL 菌液于微量离心管中，12000r · min^{-1} 离心 30s，弃去上清液，将离心管倒置于吸水纸上，尽可能吸去残留的培养液。用 100μL 预冷的溶液Ⅰ[50mmol · L^{-1} 葡萄糖，25mmol · L^{-1} Tris-HCl(pH 8.0)，10mmol · L^{-1} EDTA(pH 8.0)]重悬细菌沉淀，加入 200μL 新配制的溶液Ⅱ(0.2mol · L^{-1} NaOH，1% SDS)，颠倒数次混匀，在冰水浴上放置适当时间(3～5min)。加入 150μL 预冷的溶液Ⅲ(3mol · L^{-1} 乙酸钾，5mol · L^{-1} 乙酸，pH 4.8)，颠倒数次混匀，冰水浴 10min；4℃ 12000r · min^{-1} 离心 10min，取上清液，分别用等量酚：氯仿：异戊醇(25：24：1，体积比)、氯仿：异戊醇(24：1，体积比)各抽提一次，最后取上清液，加入 1/10 体积 3mol · L^{-1} NaAc 缓冲液(pH 5.2)和 2 倍体积预冷无水乙醇，混合均匀，在–20℃放置 30min。4℃下 12000r · min^{-1} 离心 10min，弃上去清液，沉淀用 70%预冷乙醇洗涤抽干。用 20μL 含终浓度 20μg · mL^{-1} RNA 酶(无 DNA 酶)的 TE [10mmol · L^{-1} Tris-HCl (pH 8.0)，1mmol · L^{-1} EDTA(pH 8.0)]溶解沉淀，并于 37℃水浴中作用 30min，琼脂糖凝胶电泳检测后，于–20℃冰箱中保存备用。

5. *E. coli* TG1 感受态细胞的制备($CaCl_2$ 法)

详细过程见“实验 11 大肠杆菌感受态细胞的制备与质粒 DNA 的转化”。

6. pET28(a+)脂肪酶 A 重组载体的构建

1) 双酶切目的片段与表达载体 pET-28a(+)

目的片段与表达载体 pET28a(+)分别用 *Bam*HⅠ和 *XhoI*Ⅰ双酶切。反应体系如下：

反应物	体积/μL	反应物	体积/μL
目的片段/pET28a(+)	25	10×缓冲液 D	5
*Bam*HⅠ	1	ddH_2O	18
*XhoI*Ⅰ	1	总体积	50

混匀后，37℃水浴作用 2h，将酶切后的目的片段和表达载体按 PCR 回收试剂盒说明书进行回收。

2) 连接反应

连接体系如下，16℃反应 12h：

反应物	体积/μL	反应物	体积/μL
回收的 pET28a(+)载体	2	10×T4 DNA 连接酶缓冲液	1
回收的 PCR 产物	6	总体积	10
T4 DNA 连接酶	1		

7. 连接产物的转化

(1) 取 5μL 连接产物，加到 200μL *E. coli* TG1 感受态细胞悬液中，轻轻混匀，冰上放置 30min。

(2) 37℃水浴 5min，迅速取出，置于冰上冷却 5min。

(3) 加入 1mL 37℃预热的 LB 液体培养基(不含卡那霉素)，混匀后 37℃水浴 1h，使细菌恢复正常生长状态。

(4) 4000r · min^{-1} 离心 10min，弃去上清液，取约 100μL 沉淀重悬，均匀涂布于含卡那霉素的 LB 平板上，37℃正面向上放置 30min，待菌液完全被培养基吸收后倒置培养 10～16h。

8. 重组克隆的筛选与鉴定

1) 挑斑

用无菌牙签从转化平板上挑取 8 个生长状态良好的单菌落，分别接种于含 50μg · mL^{-1} 卡那霉素的 4mL LB 液体培养基中，37℃下 220r · min^{-1} 振荡培养过夜后，用碱裂解法提取质粒 DNA。

2) PCR 鉴定

以提取的质粒作为模板，进行 PCR 鉴定，反应体系如下：

反应物	体积/μL	反应物	体积/μL
ddH_2O	7.0	P2	0.4
10×PCR 缓冲液	1.0	Taq 酶	0.2
20mmol · L^{-1} $MgCl_2$	0.6	模板	0.2
10mmol · L^{-1} 4 种 dNTP 混合物	0.2	总体积	10
P1	0.4		

3) 双酶切鉴定

PCR 鉴定为阳性的质粒，进一步用双酶切鉴定。反应体系如下：

反应物	体积/μL	反应物	体积/μL
ddH_2O	0.6	*Bam*H Ⅰ	0.2
10×缓冲液 D	1	*Xhol* Ⅰ	0.2
重组质粒	8	总体积	10

混匀，37℃水浴作用 2h 后，用 1%琼脂糖凝胶电泳检测酶切结果。

PCR 鉴定和双酶切鉴定结果如下：PCR 有目的条带，双酶切也有一条与 PCR 条带位置相同的带，并与预期值相符(图 5.6)。

4) 序列测定

利用标记终止物的桑格(Sanger)法进行测序 PCR 反应，产物经纯化、变性后，用遗传分析仪进行序列测定，用软件采集数据。以鉴定正确的重组子为模板，以 T7 启动子为引物，进行测序 PCR 反应。测序完成后，可以将重组质粒中目的片段的碱基序列与 NCBI 序列进行比对。

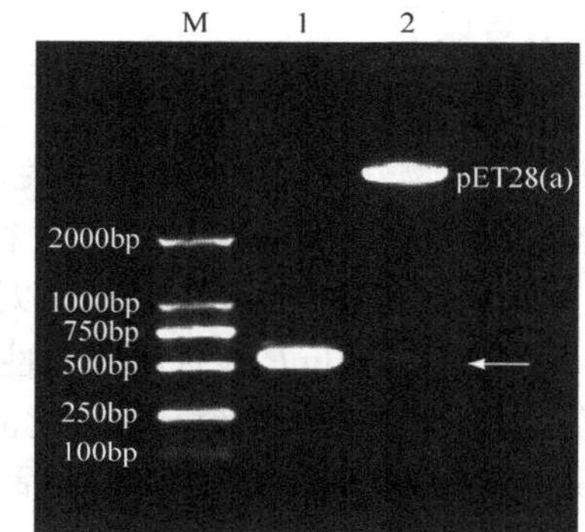

图 5.6　重组质粒 pET28a(+)-脂肪酶 A 的 PCR 和酶切鉴定

M：DNA 相对分子质量标准物；1：PCR 鉴定；2：*Bam*H Ⅰ / *Xhol* Ⅰ 酶切重组质粒

【思考题】

(1) 设计引物时需要注意什么？

(2) 影响转化率的因素主要有哪些？

(3) 可以采用哪些方案提高枯草杆菌脂肪酶基因克隆的成功率？

(吴　起)

第 6 章　化学中蛋白质工程实验

实验 18　2′-脱氧尿苷衍生物的酶促合成的选择性调控

【实验导读】

酶是一种高效的生物催化剂，其活性、专一性、对映体选择性与反应介质性质、酶制备方法、底物性质等多种因素有关。因此，溶剂工程、生物催化剂工程等应运而生，成为调控酶选择性、活性的有效手段。在酶催化过程中，溶剂的物理性质如疏水常数、介电常数、偶极矩、氢键、极化度等，以及溶剂水含量等因素都对酶催化性能有很大的影响。

用疏水常数(lg P)表征溶剂极性时，酶活性与溶剂极性之间具有一定的相关性。通常，酶在 lg$P$＞4 的非极性溶剂中催化活性较高，而在 lg$P$＜2 的极性溶剂中催化活性较低。底物结构也影响溶剂疏水性与酶活性之间的关系。亲水性底物在疏水性较强的溶剂中易进入酶的疏水袋，有利于热力学平衡向期望的方向移动。此外，当反应过程含有部分带电的过渡态时，溶剂的影响首先是静电的影响，因此介电常数有时也用来预测酶活性。

酶的热稳定性强烈依赖于溶剂性质。所有导致酶不可逆热失活的过程都必须有水的参与，因此与水相比，在非水溶剂中酶的热稳定性和储存稳定性都有极大的提高。在非水介质中，疏水溶剂比亲水溶剂更稳定，因此有机溶剂能极大地增强酶的高温、低温稳定性。此外，溶剂还对酶促反应的平衡有很大影响。溶剂能影响底物、产物在水-溶剂两相体系中的分配系数，从而影响反应平衡位置。

【实验目的】

(1) 学习酶促合成的一般实验方法。
(2) 对酶促反应的选择性加以认识。
(3) 研究酶促反应的可控性。

【实验原理】

有机合成中，多官能团化合物的选择性修饰最为困难。与化学催化剂相比，酶作为一种高效生物催化剂，往往具有较高的选择性，为多功能基团的保护和去保护提供了有效的方法。酶的选择性和活性可通过调控溶剂或微环境得以改变。

本实验通过酶的改变，在丙酮溶剂中实现对 2′-脱氧尿苷不同位置羟基官能团的选择性酯化。反应方程式如图 6.1 所示，由固定化脂肪酶 Lipozyme®催化的反应在 2′-脱氧尿苷的 5′-羟基上发生；而由猪胰脂肪酶(PPL)催化的反应在 2′-脱氧尿苷的 3′-羟基上发生。由脂肪酶催化的 2′-脱氧尿苷与己二酸二乙烯酯的反应是一个不可逆的酯交换反应，反应中生成的乙烯醇可互变为乙醛，乙醛的离去可以拉动平衡向正反应方向进行，从而提高酶促反应的效率。

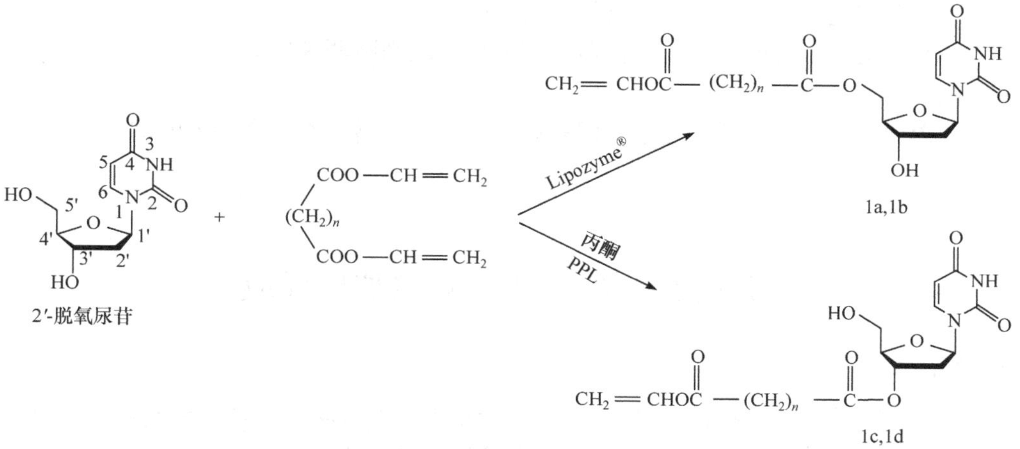

$$CH_2{=}CHOC(=O){-}(CH_2)_n{-}C(=O){-}O{-}$$

图 6.1　酶促选择性合成 2′-脱氧尿苷的乙烯酯衍生物

【主要仪器与试剂】

1. 仪器

核磁共振仪，质谱仪，红外光谱仪，空气恒温振荡培养箱，三用紫外分析仪，旋片真空油泵，旋转蒸发仪，抽滤装置，50mL 具塞锥形瓶，高效薄层色谱板。

2. 试剂

2′-脱氧尿苷($M_r = 228$)，己二酸二乙烯酯($M_r = 198$)，固定化脂肪酶 Lipozyme®，猪胰脂肪酶(PPL)，丙酮(使用前用分子筛干燥 24h)。

【实验步骤】

(1) 将 0.2g(0.88mmol)2′-脱氧尿苷、0.69g[3.5mmol，药物：乙烯酯=1：4(物质的量之比，下同)]己二酸二乙烯酯、0.1g Lipozyme®加入 50mL 具塞锥形瓶中，加入 20mL 无水丙酮后，放入 50℃空气恒温振荡培养箱中反应，转速 $200r \cdot min^{-1}$。

(2) 将 0.2g(0.88mmol)2′-脱氧尿苷、0.69g(3.5mmol，药物：乙烯酯=1：4)己二酸二乙烯酯、0.2g PPL 加入 50mL 具塞锥形瓶中，加入 20mL 无水丙酮后，放入 50℃空气恒温振荡培养箱中反应，转速 $200r \cdot min^{-1}$。

(3) 反应过程用薄层色谱监测，展开剂为乙酸乙酯：甲醇(8：1，体积比)，紫外和 I_2 显色。

(4) 反应 16～20h 后，将反应液过滤除酶，滤液减压蒸馏，除去反应溶剂丙酮。浓缩液用甲醇溶解加等量的硅胶拌样，除去溶剂。

(5) 粗产物用柱色谱分离提纯，洗脱剂为乙酸乙酯：甲醇(8：1，体积比)。

(6) 收集产物，蒸去溶剂，抽干后得到产物。

【思考题】

(1) 本反应过程中，如何体现酶催化的高度选择性？

(2) 查阅资料，说明如何利用仪器分析表征手段判断两种反应条件下 2′-脱氧尿苷的不同酯化位置。

(3) 酶促反应的选择性还受哪些因素影响？查阅资料，举一个相关的例子。

(吴　起)

实验 19　酶催化迈克尔加成反应

【实验导读】

酶是快速、专一且只对一定反应具有高度识别性的生物催化剂。但是许多酶具有催化多功能性，即能够在主反应的活性位点催化第二种反应。催化多功能性可以分为以下三类。

第一类催化多功能性是催化底物类似物的同一个化学反应，即底物识别性，其中底物的差别可能仅仅是一些取代基团的差别，或者是底物反应位置的差别。

第二类也是最大的一类反应，包括了官能团的类似物。例如，许多蛋白酶能催化酯的水解反应，而一些酯酶能够催化内酰胺中 C—N 键的断裂，这两种反应中键的断裂方式不同(C—N *vs.* C—O)，但催化机理相似。

第三类催化多功能性包含了机理的改变。例如，环氧水解酶通过对立体中心的倒转来转化一个对映体，通过立体中心的保持来实现另一个对映体的转化，这两种途径的机理是不同的。

酶催化多功能性产生的原因有很多，主要有：①同一蛋白质的催化多功能性；②自然进化产生的新活性；③改变酶中心金属离子产生的新活性；④酶工程产生的新活性等。

【实验目的】

(1) 了解水解酶的迈克尔加成催化多功能性的概念。

(2) 通过实验了解酶催化迈克尔加成反应的一般原理和方法。

(3) 掌握红外光谱仪的使用和测定方法。

【实验原理】

迈克尔(Michael)加成是一类经典的有机反应，是烯醇盐(或类似物)负离子对 α, β-不饱和酮、醛、酯或羧酸衍生物的碳碳双键的亲核加成反应。随着有机化学的发展，氮、硫、氧等亲核试剂作为供体的异核迈克尔加成反应也有很多报道。近年来，一些高选择性和环境友好的催化剂，如胍、RNA、抗体、酵母和酶催化剂等被用来代替传统的酸碱催化剂，使这一反应受到更多关注。

酶的催化多功能性是指酶能够在催化一个专一性反应的同时，在一定条件催化其他类型反应的功能，这已经逐渐形成了一个崭新的领域。水解酶通常是催化酯键水解或形成反应，最近研究发现许多水解酶还具有催化迈克尔加成反应的新功能。本实验利用水解酶催化咪唑、嘧啶衍生物与丙烯酸甲酯、丙烯酸乙烯酯的迈克尔加成反应，合成 C—N 键的加成产物。反应路线如图 6.2 所示。反应的活性受到加成反应受体、供体结构的显著影响。由于硝基是强拉电子基团，因此当咪唑环上连有硝基时，氮负离子容易生成，反应速率提高，4-硝基咪唑的反应产率比咪唑高。嘧啶环上连接强拉电子基团 F、Br 也能有效地促进反应产率提高。加成反应受体的结构也有重要影响。丙烯酸乙烯酯的活性比丙烯酸甲酯高得多，丙烯酸乙烯酯与 4-硝基咪唑的反应在 10min 左右就能以近 100%的产率完成。

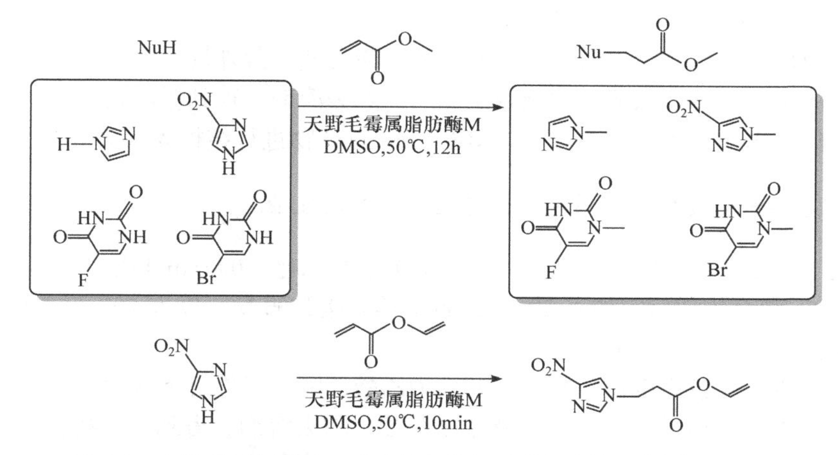

图 6.2　水解酶催化咪唑、嘧啶衍生物与丙烯酸酯的迈克尔加成反应

【主要仪器与试剂】

1. 仪器

质谱仪，核磁共振仪，红外光谱仪，空气恒温振荡培养箱，旋片真空油泵，旋转蒸发仪，抽滤装置，三用紫外分析仪，高效薄层色谱板，10mL 具塞锥形瓶。

2. 试剂

咪唑，4-硝基咪唑，5-氟尿嘧啶，5-溴尿嘧啶，丙烯酸甲酯，丙烯酸乙烯酯，天野毛霉属脂肪酶 M，DMSO(使用前用分子筛干燥 24h)，乙酸乙酯。

【实验步骤】

1. 4-硝基咪唑与丙烯酸甲酯的迈克尔加成反应

(1) 在 10mL 具塞锥形瓶中加入 1mmol(112mg)4-硝基咪唑、8mmol 丙烯酸甲酯、1mL 无水 DMSO，混合均匀后，加入 20mg 天野毛霉属脂肪酶 M，放入 50℃空气恒温振荡培养箱中反应，转速 200r · min^{-1}。

(2) 反应用薄层色谱定性监测，展开剂为乙酸乙酯，紫外灯下显色。

(3) 反应 12h 后过滤除酶，滤液减压蒸馏，除去溶剂，得到粗产物。

(4) 粗产物经硅胶柱色谱分离纯化，洗脱剂为乙酸乙酯，得到产物，计算分离产率。

(5) 用红外光谱、^{1}H-NMR、^{13}C-NMR、MS 对产物进行结构表征。

(6) 测定产物的红外光谱(检验有无双键、咪唑环存在)。

2. 咪唑、5-氟尿嘧啶、5-溴尿嘧啶与丙烯酸甲酯的迈克尔加成反应

(1) 在 10mL 具塞锥形瓶中加入 0.1mmol 咪唑(5-氟尿嘧啶、5-溴尿嘧啶)、0.8mmol 丙烯酸甲酯、1mL 无水 DMSO，混合均匀后，加入 20mg 天野毛霉属脂肪酶 M，放入 50℃空气恒温振荡培养箱中反应，转速 200r · min^{-1}。

(2) 反应用薄层色谱定性监测，展开剂为乙酸乙酯，紫外灯下显色。

(3) 反应 12h 后过滤除酶，滤液减压蒸馏，除去溶剂，得到粗产物。

(4) 用红外光谱、^{1}H-NMR、^{13}C-NMR、MS 对产物进行结构表征。

3. 4-硝基咪唑与丙烯酸乙烯酯的快速迈克尔加成反应

(1) 在 10mL 具塞锥形瓶中加入 0.1mmol 4-硝基咪唑、0.8mmol 丙烯酸乙烯酯、1mL 无水 DMSO，混合均匀后，加入 20mg 天野毛霉属脂肪酶 M，放入 50℃空气恒温振荡培养箱中反应，转速 200r · min^{-1}。

(2) 反应用薄层色谱定性监测，展开剂为乙酸乙酯，紫外灯下显色。

(3) 反应 10min 后过滤除酶，滤液减压蒸馏，除去溶剂，得到粗产物。

(4) 用红外光谱、^{1}H-NMR、^{13}C-NMR、MS 对产物进行结构表征。

【思考题】

(1) 阐述加成反应受体和供体结构对酶催化迈克尔加成反应的影响。

(2) 影响本实验产率的因素有哪些？如何提高产率？

(3) 受体结构对迈克尔加成反应活性有什么影响？

(吴　起)

实验 20　Novozym 435 催化的 1-位芳基取代的末端炔丙醇动力学拆分反应

【实验导读】

CALB(*candida antartica* lipase B)是科学家在南极深海底部的一种菌类中分离得到的两种水解酶中的一种。Novozym 435 是 CALB 的一种固定化形式，是一种容忍性很好的酶，具有很高的热稳定性，能在 60～80℃中保持较长时间的活性。近年来，在有机相中进行酶催化反应的报道越来越多。与其他的酶不同，CALB 不仅在非极性溶剂(如正己烷、异辛烷)中表现出很高的活性，而且在一些极性溶剂中也能稳定存在并保持活性。事实上，

在以 CALB 为催化剂的反应体系中，为了增加底物的溶解度，经常使用叔丁醇、丙酮、乙腈和二氧六环等极性溶剂。溶剂对 CALB 的立体选择性有很大的影响。因此，在以 CALB 为催化剂的反应中，溶剂的选择是一个很重要的因素。随着人们对其反应性能的了解与研究，Novozym 435 在有机合成中得到了越来越广泛的应用(图 6.3)。

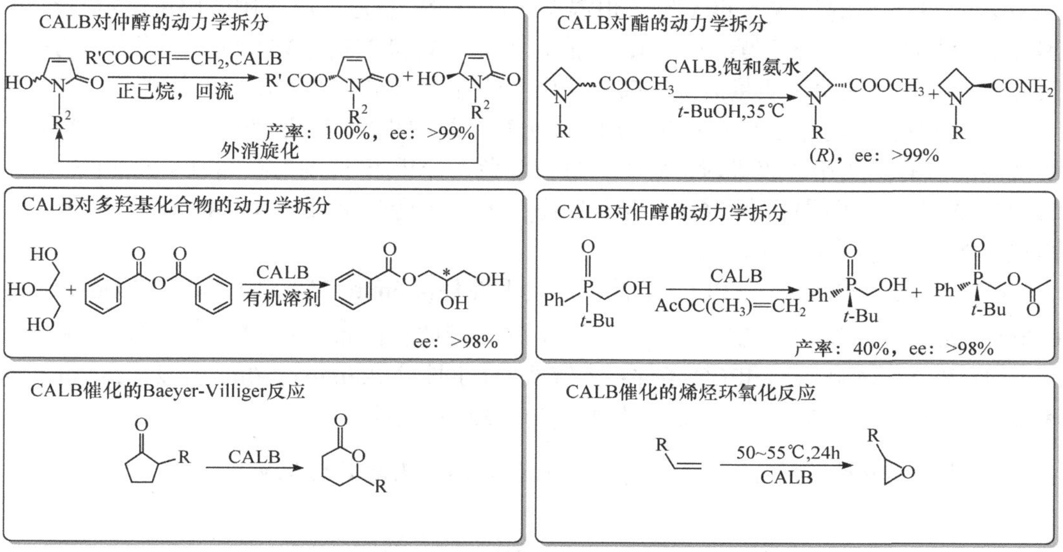

图 6.3　CALB 催化的代表性有机反应

【实验目的】

(1) 了解水解酶在有机合成中的应用。

(2) 掌握 Novozym 435 催化的动力学拆分方法学。

(3) 掌握柱色谱分离法。

(4) 掌握液相的手性分离。

【实验原理】

本实验的原理如图 6.4 所示。

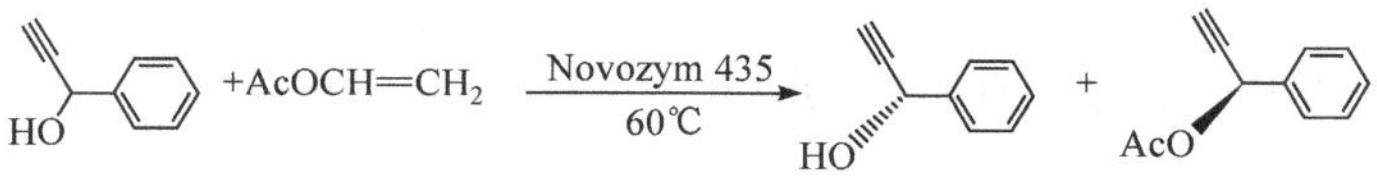

图 6.4　CALB 催化 1-位芳基取代的末端炔丙醇的动力学拆分

【主要仪器与试剂】

1. 仪器

高效液相色谱仪，手性分离柱，空气恒温振荡培养箱，25mL 单口圆底烧瓶。

2. 试剂

Novozym 435，乙酸乙烯酯，1-苯基-2-丙炔-1-醇。

【实验步骤】

1. 酶促酯化拆分反应

(1) 取一个反应瓶，加入 100mg 1-苯基-2-丙炔-1-醇、2.5mL 乙酸乙烯酯、18mg Novozym 435，密封后放入 60℃空气恒温振荡培养箱中反应。反应用薄层色谱定性监测，展开剂为石油醚：乙酸乙酯(10：1)，T_f 值为 1/3(醇 **1**)和 2/3(酯 **2**)的两个点等大时为最佳反应终点，时间随酶的质量而定，60℃反应一般为 6～24h，30℃反应时间更长。

(2) 当醇已经转化 50%左右时，加入 10mL 乙醚中止反应，过滤除酶，用 3×10mL 乙醚洗涤酶。有机相用硅胶吸附，旋干，进行柱色谱分析[淋洗剂为石油醚：乙醚(40：1～10：1，体积比，下同)]，得 36mg (*S*)-1-苯基-2-丙炔-1-醇(产率 36%)和 46mg (*R*)-1-苯基-2-丙炔-1-醇乙酸酯(产率 35%)。

(3) (*S*)-**1**：95.8% ee [HPLC 条件：AD 手性柱(4.6mm×250mm)，λ = 254nm，速率 0.7mL · min^{-1}；淋洗剂：乙烷：异丙醇(95：5)]；液体；$[\alpha]_D^{20} = +26.6°$ (c = 1.50，$CHCl_3$)。

(4) (*R*)-**2**：96.7% ee [HPLC 条件：大赛璐 OJ 手性柱(4.6mm×250mm)，λ = 254nm，速率 0.7mL · min^{-1}，淋洗剂：己烷：异丙醇(70：30)]；液体。

2. 外消旋原料的制备——1-位芳基取代的末端炔丙醇的酯化反应

HO　**1**　$\xrightarrow[Et_3N, Et_2O]{Ac_2O, DMAP}$　AcO　**2**

(1) 取一个反应瓶，加入 100mg (*R*)-1-苯基-2-丙炔-1-醇、3mL 乙醚、0.15mL 三乙胺、0.1mL 乙酸酐、10mg 4-二甲氨基吡啶(DMAP)，室温下搅拌 1h，薄层色谱[石油醚：乙酸乙酯(10：1)]监测。

(2) 反应完毕，加 5mL 饱和碳酸氢钠终止，用 3×10mL 乙醚萃取。合并有机相，无水硫酸钠干燥，用硅胶吸附，旋干，进行柱色谱分析[淋洗剂为石油醚：乙酸乙酯(40：1)]。

【思考题】

(1) 酶有哪些特点？

(2) 酶在有机相中的反应有哪些优点？

(傅春玲、陆　展)

实验 21　金属卟啉模拟的生物氧化过程

【实验导读】

生物体内的糖、蛋白质或脂肪的氧化可以为生物提供能量。生物氧化与有机物质在体外燃烧(或非生物氧化)的化学本质是相同的，都是加氧、去氢、失去电子，最终的产物

都是 CO_2 和 H_2O，并且有机物质在生物体内彻底氧化伴随的能量释放与在体外完全燃烧释放的能量总量相等，但二者表现的形式和氧化条件不同。生物氧化有其自身特点：生物氧化是在活细胞内，在体温、常压、近中性 pH 及有水环境介质中进行的；生物氧化是一个分步进行的过程，每一步都由特殊的酶催化，整个氧化过程是在一系列酶、辅酶和中间传递体的作用下逐步进行的；在生物氧化过程中，氧化还原过程逐步进行，能量逐步释放，这样不会因为氧化过程中能量骤然释放而损害机体，同时使释放的能量得到有效的利用。

在生物体中催化生物氧化的酶主要有烟酰胺脱氢酶类、黄素脱氢酶类、铁硫蛋白类、细胞色素类及辅酶 Q(又称泛醌)。其中，细胞色素(cytochrome)是生物体中最重要的一种氧化酶。

细胞色素是一类以铁卟啉衍生物为辅基的结合蛋白质，因有颜色而称为细胞色素。图 6.5(a)为细胞色素 P450 关键的组成结构，它具有铁卟啉结构，并通过半胱氨酸配体上的硫原子连接到蛋白质。

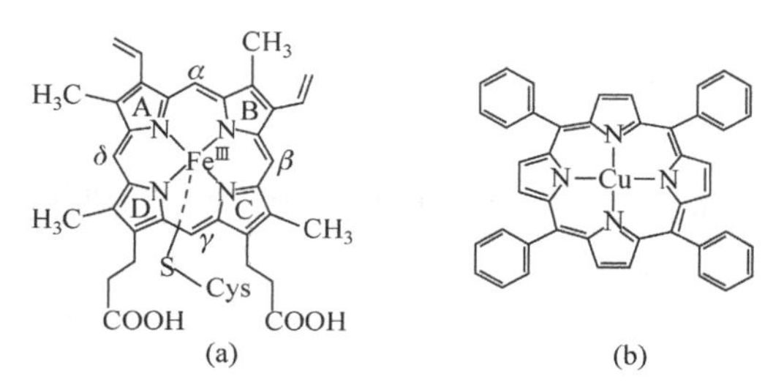

图 6.5　细胞色素 P450(a)和四苯基卟啉铜(b)的结构

【实验目的】

(1) 掌握氧化反应的基本操作。

(2) 掌握气相色谱仪监控反应的方法。

(3) 掌握紫外分光光度计检测金属卟啉吸氧过程的方法。

(4) 理解金属卟啉模拟生物氧化的原理和方法。

【实验原理】

细胞色素 P450 是一种高效的氧化催化剂，它可以催化饱和碳氢键的羟基化反应，使双键发生环氧化反应、氧化杂原子反应、脱烷基反应、芳香化合物的氧化反应等。

细胞色素 P450 是一个比较复杂的大分子，直接对其进行研究有许多实际的困难。而对其最中心的活性部位进行研究，得到的结果往往能反映细胞色素 P450 的某些特性。细胞色素 P450 最中心的活性部位就是卟啉环及中心配位的金属离子。以金属卟啉模拟细胞色素 P450 单加氧酶的模型体系为探针，探讨生命过程中细胞色素 P450 单加氧酶的催化行为，是仿生化学领域非常吸引人的工作之一。β-异佛尔酮是合成许多抗氧化生物小分子(如维生素 E、维生素 A、β-胡萝卜素)的重要中间体，了解 β-异佛尔酮的氧化过程也有助于认识维生素 E、维生素 A、β-胡萝卜素等生物分子的抗氧化机理。

本实验以金属卟啉化合物[图 6.5(b)]模拟细胞色素 P450 的氧化行为，包括以下两个部分：①以四苯基卟啉铜模拟细胞色素 P450 的吸氧行为(图 6.6)；②通过四苯基卟啉铜催化氧化 *β*-异佛尔酮(图 6.7)。

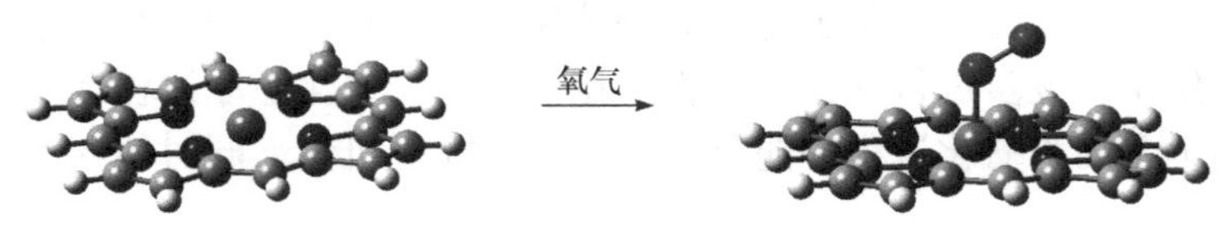

氧气

图 6.6　卟啉吸氧示意图

O
H_3C
H_3C
CH_3
氧化
O
H_3C
H_3C
CH_3
O
β-异佛尔酮
氧代异佛尔酮

图 6.7　*β*-异佛尔酮的氧化

【主要仪器与试剂】

1. 仪器

气相色谱仪，紫外分光光度计，磁力搅拌装置，回流冷凝管，控温装置，恒温油浴锅，50mL 三口圆底烧瓶，温度计。

2. 试剂

β-异佛尔酮(3,5,5-三甲基-环己-3-烯-1-酮)，四苯基卟啉铜，*N*-甲基咪唑，正己烷，乙腈，过氧叔丁醇。

【实验步骤】

1. 搭建氧化反应装置

参照图 6.8 搭建氧化反应装置。装置搭好后检查是否漏气，通入氧气后观测排气口处的鼓泡器气泡是否均匀鼓出。

空气进气口

图 6.8　氧化反应装置

2. 金属卟啉催化 *β*-异佛尔酮的氧化

分别加入 5mL、10mL、15mL 和 20mL *N*-甲基咪唑于 50mL 三口圆底烧瓶中，溶剂加入总量为 25mL，不足部分用乙腈补足。当水浴温度升至 55℃时，加入 0.0248g 四苯基卟啉铜和 5.0g *β*-异佛尔酮，并快速加入 5mL 过氧叔丁醇，开始反应，搅拌速率为 700r · min^{-1}。记录反应开始时间，并用滴管取少量反应液(约两滴管)于取样瓶中，每隔 40min 取样一次，进行气相色谱分析，总共取 7 次，即总反应

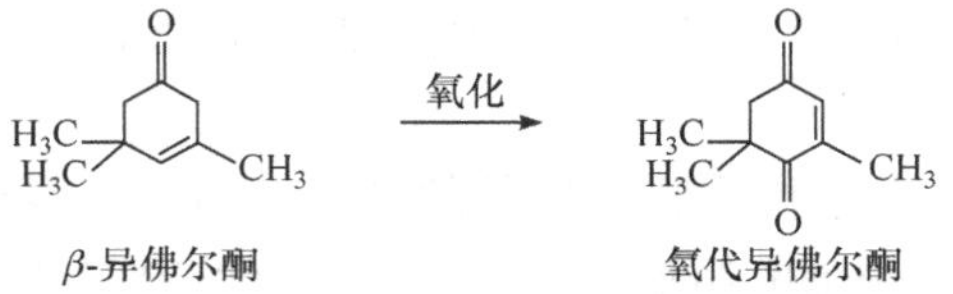

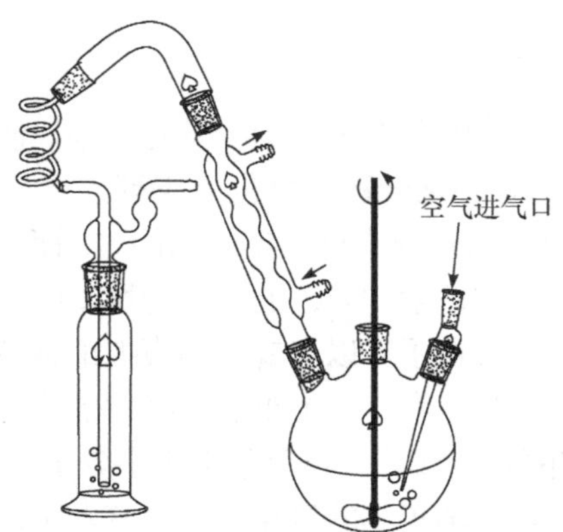

时间为 240min。

注意：关注反应过程中加料顺序；在反应过程中密切观察通氧状况是否正常。

3. 采用紫外分光光度计检测金属卟啉吸氧过程

(1) 在紫外分光光度计的参比池及样品池中加入正己烷，用毛细管蘸取少量四苯基卟啉铜溶于样品池中，扫描 370～650nm 的谱图(以下均同)。注意：动作要快，以免四苯基卟啉铜吸收过多的氧。

(2) 扫描四苯基卟啉铜/*N*-甲基咪唑溶液的谱图：参比溶液用 *N*-甲基咪唑，样品溶液需要用 *N*-甲基咪唑稀释到近无色(吸光度在 0.8 左右)。

(3) 扫描四苯基卟啉铜/乙腈溶液的谱图：参比溶液用乙腈，样品溶液用乙腈稀释到近无色(吸光度在 0.8 左右)。

(4) 扫描四苯基卟啉铜/正己烷溶液的谱图：参比溶液用正己烷，样品溶液用正己烷稀释到近无色(吸光度在 0.8 左右)。

(5) 将圆底烧瓶中的四苯基卟啉铜/*N*-甲基咪唑溶液先通氧 1h，再扫描紫外谱图(只需测一次)。

【数据记录与处理】

将实验数据记录于表 6.1 和表 6.2。分别做出以时间为变量的二维图形，总结其中的规律，解释出现这些规律的原因。

表 6.1　β-异佛尔酮氧化数据

时间/min					
β-异佛尔酮含量					
氧代异佛尔酮含量					

表 6.2　四苯基卟啉铜吸氧数据

时间/min					
最大吸光度					

【思考题】

(1) 简述生物氧化过程和非生物氧化过程的区别。

(2) 为什么四苯基卟啉铜能催化氧化 β-异佛尔酮？其中金属起什么作用？

(3) 在使用紫外分光光度计检测金属卟啉吸氧过程中，金属卟啉的浓度并没有发生改变，但其最大吸光度却随时间发生了变化，这是为什么？

(4) 如何才能使 β-异佛尔酮转化为氧代异佛尔酮的反应快速、选择性更高？

(李浩然、胡兴邦)

实验 22　操控式分子动力学模拟：以泛素蛋白的 3D 结构研究为例

【实验导读】

计算机模拟当前已经成为与理论分析和实验研究并重的三大研究手段之一。就像抛硬币出现正反面的概率问题，我们可以通过理论知道出现某一面的概率，也可以通过实验得到这一结果，还可以通过计算机模拟获得结果，并且只要取样足够多，其准确性可无限接近于真值，而且远比实际实验效率高、成本低。利用计算机模拟可以节约大量的人力、物力和财力。近年来，采用计算机分子模拟(molecular simulation)方法在研究生物大分子如多肽、蛋白质、核酸、磷脂膜等的结构与相互作用等方面越来越受到重视。

生物大分子的模拟主要用的是分子动力学(molecular dynamics，MD)模拟方法。MD 模拟不仅能得到各原子的运动轨迹，还能像做实验一样进行各种动态观测。对于平衡系统，可以用 MD 模拟做适当的时间平均计算一个物理量的统计平均值。而对于非平衡过程，对发生在一个分子动力学观测时间(如 1～100ps)内的物理现象也可以通过分子动力学计算进行直接模拟。特别是许多与原子间相互作用有关的、在原子尺度的微观细节，在实际实验中无法获得，而在分子动力学模拟中都可以方便地观测到。这些优点使分子动力学模拟在化学、生物、化学生物学等领域的研究中显得非常有吸引力，已经成为微观尺度模拟的主要手段之一。

2004 年，诺贝尔化学奖授予了以色列理工学院的切哈诺沃(Ciechanover)、赫什科(Hershko)和美国加利福尼亚大学欧文分校的罗斯(Rose)，以表彰他们揭开了关于“死神之吻”的秘密——泛素(ubiquitin，UBQ)介导的蛋白质降解。泛素是一个由 76 个氨基酸组成的高度保守的多肽链，因其广泛分布于各类细胞中而得名。泛素以共价键结合于底物蛋白质的赖氨酸残基 Lys，被泛素标记的蛋白质将被特异性地识别并迅速降解。泛素的这种标记作用是非底物特异性的。控制蛋白质降解的机制尚未阐明，但已明确细胞蛋白的降解是一个复杂的、被严密调控的过程。此过程在细胞疾病和健康、生存和死亡的一系列基本过程(如细胞凋亡、DNA 修复等)中扮演重要角色，蛋白质降解异常与许多疾病(如恶性肿瘤、神经退行性疾病等)的发生密切相关。

单个连接的泛素残基尚不足以引起底物降解，活细胞中有一系列泛素残基可加到前一个泛素赖氨酸残基(Lys63，Lys48，Lys29，Lys11)上，形成多聚泛素链(polyUb)，这一过程受细胞活性调控。随后的研究鉴定了一系列酶，它们将泛素间隔或连续附着到将被降解的蛋白质赖氨酸残基上，这一过程称为蛋白质泛素化(ubiquitination)。连接到降解蛋白质底物上的多聚泛素链可为蛋白酶体提供识别的信号，也是调控蛋白质降解的环节之一。近年来，许多研究小组通过实验方法与理论模拟对泛素进行了力学稳定性的研究。通过这些研究，科学家发现一个稳定的蛋白质很有可能通过在蛋白质的“薄弱点”上施加外力而迅速地解折叠(unfolding)。这个特点也许将决定蛋白质降解时泛素化赖氨酸残基的位置。

本实验主要通过学习操控式分子动力学模拟，研究、了解泛素蛋白质分子的 3D 结构及其相互作用等信息。

【实验目的】

(1) 了解分子模拟对研究生物大分子体系的重要意义，学习分子模拟计算生物大分子(如蛋白质)3D 结构、热力学、动力学性质的基本原理和方法。

(2) 学习并理解分子动力学模拟方法，掌握分子动力学模拟的基本条件、基本方法，学会分子动力学模拟的基本操作与实际应用。

(3) 学习并掌握分子/原子运动轨迹的分析方法和相关物理量的统计与计算，得到体系的各种平衡性质与非平衡性质，如体系能量(总势能、静电能、范德华作用能等)、原子均方根偏差(RMSD)、分子构型等。

(4) 学习操控式分子动力学(steered molecular dynamics，SMD)模拟的基本原理与方法，利用 GROMACS、VMD 软件包进行 SMD 模拟及数据的统计计算与分析。

(5) 理解蛋白质形成特定 3D 结构(蛋白质折叠)的基本原理和基本驱动力。

【实验原理】

众所周知，蛋白质分子是由氨基酸残基、原子组成的，构成蛋白质分子的原子在不断地运动着，这些原子之间存在化学键、原子间相互作用力，它们相互影响、相互作用，任何一个原子都是在其他原子共同形成的作用力场中存在和运动的，这种作用力决定了蛋白质分子的基本结构与性质。这样，原子的运动不只是取决于该原子本身，而是受到其他原子的共同制约。

根据统计力学原理，分子系统的宏观性质是相应微观物理量的统计平均(系综平均)值。分子动力学方法就是对粒子(分子、原子，对生物大分子体系主要是指原子)求解动力学方程而获得分子系统不同时刻的微观状态(也称为分子构型或位形，指系统中各分子、原子的位置、取向和动量)，即粒子(原子)的运动轨迹，观察分子系统物理量的变化，或求取其时间平均值。基于统计热力学原理：时间平均等效于系综平均。

1. MD 基本原理

考虑一个由 n 个原子构成的 N 个分子的系统，其总势能为系统中各原子位置的函数，$U(\vec{r}_1,\vec{r}_2,\cdots,\vec{r}_n)$。根据力学原理，各原子受到的力为势能的梯度：

$$\vec{F}_i=-\nabla_i U=-\left(\vec{i}\frac{\partial}{\partial x_i}+\vec{j}\frac{\partial}{\partial y_i}+\vec{k}\frac{\partial}{\partial z_i}\right)U$$

由牛顿第二运动定律，可得原子的加速度为

$$\overline{a_i}=\frac{\overline{F_i}}{m_i}$$

由此，可预测原子经过时间 t 后的速度与位置。

$$\overline{v_i}=\overline{v_i^0}+\overline{a_i}t$$

$$\overline{r_i}=\overline{r_i^0}+\overline{v_i^0}t+\frac{1}{2}\overline{a_i}t^2$$

分子动力学计算的基本原理就是利用牛顿第二运动定律，先由原子的位置和势能函数得到各原子所受的力和加速度，令 $t=\delta t$ ，预测出经过 δt 后各原子的位置和速度，再重复以上步骤，计算力和加速度，预测再经过 δt 后各原子的位置和速度……如此即可得到系统中各原子的运动轨迹及各种动态信息。

由此可见，原子的势能函数(作用力对位置积分的负值，常简称为力场)对分子动力学模拟至关重要。在进行模拟计算时，选择合适的力场极为重要，往往决定模拟结果的优劣。势能函数(力场)的一般形式为

$$
\begin{aligned}
U = & U_{\text{bond}} + U_{\text{angle}} + U_{\text{torsion}} + U_{\text{outp}} && \text{(分子内相互作用)} \\
& + U_{\text{elec}} + U_{\text{vdW}} && \text{(分子间相互作用)} \\
& + U_{\text{constra int}} && \text{(约束项)}
\end{aligned}
$$

式中，第一项为键伸缩作用项；第二项为键角张合作用项；第三项为二面角扭转(绕单键旋转)作用项；第四项为偏离平面振动作用项；第五项为静电作用项；第六项为范德华作用项；第七项为约束作用项；主要是针对不同系统环境的各种(原子位置、距离、键角、二面角、质子间耦合常数等)约束相互作用。

2. 运动方程的求解

在分子动力学模拟中，为了得到原子的运动轨迹，必须求解牛顿运动方程，计算原子的位置和速度。可以采用有限差分法求解运动方程。有限差分法的基本思想是将积分分成很多小步，每一小步的时间固定为 δt ，用有限差分法积分运动方程有许多方法，最常用的有 Verlet 算法和 Beeman 算法。Verlet 算法的计算式为

$$
\overline{r_i}(t+\delta t) = \overline{r_i}(t) + \overline{v_i}\left(t+\frac{1}{2}\delta t\right)\delta t
$$

$$
\overline{v_i}\left(t+\frac{1}{2}\delta t\right) = \overline{v_i}\left(t-\frac{1}{2}\delta t\right) + \overline{a_i}(t)\delta t
$$

计算时应已知 $\overline{r_i}(t)$ 与 $\overline{v_i}\left(t-\frac{1}{2}\delta t\right)$ 。可由 t 时刻的位置 $\overline{r_i}(t)$ 计算质点所受的力与加速度 $\overline{a_i}(t)$ 。再依上式预测时间为 $t+\frac{1}{2}\delta t$ 时的速度 $\overline{v_i}\left(t+\frac{1}{2}\delta t\right)$ ，依此类推。时间为 t 时的速度由下式算出

$$
\overline{v_i}(t) = \frac{1}{2}\left[\overline{v_i}\left(t+\frac{1}{2}\delta t\right) + \overline{v_i}\left(t-\frac{1}{2}\delta t\right)\right]
$$

这种算法使用简便，准确性高。

Beeman 算法的计算式为

$$
\overline{r_i}(t+\delta t) = \overline{r_i}(t) + \overline{v_i}(t)\delta t + \frac{1}{6}[4\overline{a_i}(t) - \overline{a_i}(t-\delta t)]\delta t^2
$$

$$
\overline{v_i}(t+\delta t) = \overline{v_i}(t) + \frac{1}{6}[2\overline{a_i}(t+\delta t) + 5\overline{a_i}(t) - \overline{a_i}(t-\delta t)]\delta t
$$

此方法的优点是可以使用较长的积分间隔 δt 。

除上述两种方法外，还有其他算法，如 Velocity-Verlet 算法、Leap-frog 算法、Gear 算

法、Rahman 算法等，需要时可参阅有关文献。

时间步长 δt 的选取与模拟的质量有很大关系，步长太小，所得分子轨迹只占了相空间的一小部分，无代表性，太大则可能出现分子重叠而导致模拟系统不稳定。时间步长选取的一般原则是：比系统内最快(时间最短)的运动(化学键的振动)小一个数量级。一般来说，对于蛋白质分子系统，可选择 2fs，即 2×10^{-15}s。

3. 常用力场

分子动力学计算的系统由最初的单原子分子系统发展到多原子分子、聚合物分子、生物大分子系统。使用的力场也由最简单的范德华作用，发展出各种各样的力场，适用的范围越来越广，精度也不断提高。

1) Lennard-Jones 势能(范德华作用)

Lennard-Jones 势能是除硬球等间断势外，一种形式简单而应用广泛的连续势能函数。分子间的范德华作用一般为 Lennard-Jones 势能形式：

$$u_{ij}=4\varepsilon\left[\left(\frac{\sigma}{r_{ij}}\right)^{12}-\left(\frac{\sigma}{r_{ij}}\right)^{6}\right],\quad r_{ij}=(x_{ij}^2+y_{ij}^2+z_{ij}^2)^{\frac{1}{2}}$$

$$x_{ij}=x_i-x_j,\quad y_{ij}=y_i-y_j,\quad z_{ij}=z_i-z_j$$

式中，r_{ij} 为第 i 个分子与第 j 个分子的距离；ε 和 σ 为势能参数，ε 与势能曲线的深度有关，σ 与势能曲线最低点的位置有关，相当于原子的直径。

对于仅有 Lennard-Jones 作用的粒子，对上式求微分，计算粒子所受的力(x 方向)为

$$-\frac{\partial u_{ij}}{\partial x_i}=-\frac{\partial r_{ij}}{\partial x_i}\frac{\partial u_{ij}}{\partial r_{ij}}=-\frac{x_{ij}}{r_{ij}}\cdot4\varepsilon\left(-12\frac{\sigma^{12}}{r_{ij}^{13}}+6\frac{\sigma^{6}}{r_{ij}^{7}}\right)$$

y、z 方向同理。合力为

$$\overline{F_i}=-\nabla_i u_{ij}=-\left(\vec{i}\frac{\partial}{\partial x_i}+\vec{j}\frac{\partial}{\partial y_i}+\vec{k}\frac{\partial}{\partial z_i}\right)u_{ij}=-\left(\frac{\vec{r}_{ij}}{r_{ij}}\right)\cdot4\varepsilon\left(12\frac{\sigma^{12}}{r_{ij}^{13}}-6\frac{\sigma^{6}}{r_{ij}^{7}}\right)$$

2) Amber 力场

此力场主要适用于较小的蛋白质、核酸、多糖等生物分子，其参数全部来自计算结果对实验数据的拟合。应用此力场通常可得到合理的气态分子几何结构、构型能、振动频率、溶剂化自由能等。其形式为

$$U=\sum_b K_b(b-b_0)^2+\sum_\theta K_\theta(\theta-\theta_0)^2+\sum_\phi K_\phi[1+\cos(n\phi-\phi_0)]$$

$$+\sum_{i<j}\frac{q_iq_j}{4\pi\varepsilon_0 r_{ij}}+\sum_{i<j}4\varepsilon_{ij}\left[\left(\frac{\sigma_{ij}}{r_{ij}}\right)^{12}-\left(\frac{\sigma_{ij}}{r_{ij}}\right)^{6}\right]+\sum_{i<j}\left(\frac{C_{ij}}{r_{ij}^{12}}-\frac{D_{ij}}{r_{ij}^{10}}\right)$$

式中，b、θ 和 ϕ 分别为键长、键角和二面角。第一项为键伸缩作用项，第二项为键角张合作用项，第三项为二面角扭转作用项，第四项为静电作用项，第五项为范德华作用项，第六项为氢键作用项。

3) CHARMM 力场

此力场可应用于许多分子系统，包括有机小分子、溶液、聚合物、生物大分子等。除金属有机分子外，几乎都可得到与实验值相近的结构、作用能、构型能、转动能、振动频率、自由能等许多与时间相关的物理量。力场参数除来自计算结果对实验数据的拟合外，还引入了大量的量子化学计算结果。其全名为 Chemistry at Harvard Macromolecular Mechanics，由哈佛大学化学系开发，其形式为

$$U=\sum_{b}K_{b}(b-b_{0})^{2}+\sum_{\theta}K_{\theta}(\theta-\theta_{0})^{2}+\sum_{\phi}\left[\left|K_{\phi}\right|-K_{\phi}\cos(n\phi)\right]+\sum_{\chi}K_{\chi}(\chi-\chi_{0})^{2}$$
$$+\sum_{i<j}\frac{q_{i}q_{j}}{4\pi\varepsilon_{0}r_{ij}}+\sum_{i<j}\left(\frac{A_{ij}}{r_{ij}^{12}}-\frac{B_{ij}}{r_{ij}^{6}}\right)$$

式中，第一项为键伸缩作用项，第二项为键角张合作用项，第三项为二面角扭转作用项，第四项为偏离共轭平面振动作用项，第五项为静电作用项，第六项为范德华作用项。

除上述力场外，还有其他力场，如 OPLS-AA 力场，CVFF 力场，CFF91、CFF95、PCFF 与 MMFF93 力场，UFF 力场，Tripos 力场，ESFF 力场，Dreiding 力场等。另外，还有一些专用的力场，如水分子的力场 SPC、ST2、MCY、TIP3P、TIP4P、TIP5P 等，需要时可参阅相关文献。

4. SMD 原理

蛋白质的分子识别能力和力学性质在细胞疾病分子过程中起主导作用。单分子操纵技术大大加深了对它们的认识，但是并不能提供足够的信息来阐释原子层次上蛋白质分子的结构与力学信息。操控式分子动力学模拟对蛋白质的结构与力学信息提供了原子层次上的观察与理解，其结果甚至可以与原子力显微镜(AFM)单分子操纵的结果相媲美。

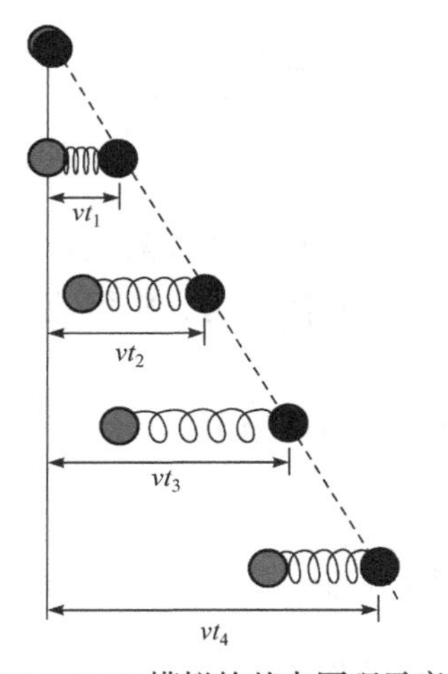

图 6.9　SMD 模拟的基本原理示意图

SMD 模拟的基本原理是对一个或多个特定原子(这部分原子称为 SMD 原子，如图 6.9 左侧的浅灰色圆圈标记)上施加一定的外力，沿着一定的方向拉伸蛋白质，同时保持一部分原子位置固定不变(相对于 SMD 原子)，从而研究目标蛋白质分子在多种条件下的行为。在以下的模拟中，固定泛素蛋白顶端的一个原子并拖动另一个顶端的原子，蛋白质将被拉伸并且开始解折叠。在模拟前，需要生成和准备好所用到的各种数据文件。在这种类型的 SMD 模拟中，SMD原子通过一个虚拟的弹簧连接到一个虚原子(如图 6.9 右侧的深灰色圆圈标记)。当这个虚原子以恒定速度运动时，SMD 原子将承受一个线性依赖两原子间距离的力，该力可以通过下式计算得出：

$$U(t)=\frac{1}{2}k\left[vt-(\bar{r}-\bar{r_{0}})\cdot\bar{n}\right]^{2}$$

$$\overline{F}(t)=-\nabla U(t)=-\left(\overline{i}\frac{\partial}{\partial x_i}+\overline{j}\frac{\partial}{\partial y_i}+\overline{k}\frac{\partial}{\partial z_i}\right)U(t)$$

式中，$U(t)$ 为势能；k 为弹簧的力常数；v 为拖动速度；t 为时间；$\bar{r}$ 为 SMD 原子的即时位置；$\overline{r_0}$ 为 SMD 原子的初始位置；$\bar{n}$ 为拖动的方向。

在 SMD 模拟中，可以对 SMD 原子进行恒速拖动或恒力拖动，在恒速拖动中，通过虚原子和 SMD 原子的相对位置、虚原子的速度，以及弹簧系数可得到势能函数，从而得到瞬时施加于 SMD 原子上的力。从力的大小、蛋白质分子内各原子的运动轨迹等可以研究、分析蛋白质结构变化的信息，从而深刻理解蛋白质内部结构或蛋白质与其他分子相互作用的机理。

5. 轨迹分析与性质计算

在 MD 中，对模拟得到的原子轨迹进行统计分析是很重要的，据此才能计算得到系统的各种性质，包括结构性质、热力学性质和动力学性质。按 MD 步骤经长时间(一般步数为 10^5 量级)演算后系统达到平衡，此时系统的(宏观)性质达到稳定，只会在某一平均值的附近波动[称为涨落(fluctuation)]。由此，系统的宏观性质(感兴趣的物理量)可以取一个相当长(一般为 10^6 数量级)的时间序列的统计平均值，即时间平均值，如系统能量、原子均方根偏差(RMSD)、分子构型等。即在每一微观状态(时间步)下都计算出感兴趣的物理量，再在所有的微观状态上求取平均值，从而得到分子系统的宏观性质。

蛋白质分子体系的能量根据具体的力场定义计算，本实验中所用的是 CHARMM 力场，其具体各项能量的定义见上文。例如，计算蛋白质分子的总静电作用能 U_{elec} 和总范德华作用能 U_{vdW} 时可分别使用如下公式计算：

$$U_{\text{elec}}=\sum_{i<j}\frac{q_i q_j}{4\pi\varepsilon_0 r_{ij}}$$

$$U_{\text{vdW}}=\sum_{i<j}4\varepsilon_{ij}\left[\left(\frac{\sigma_{ij}}{r_{ij}}\right)^{12}-\left(\frac{\sigma_{ij}}{r_{ij}}\right)^{6}\right]$$

蛋白质分子的总动能由分子中各原子的动能项加和得到(每个原子的速度由运动方程求解得到)，体系总能量由体系的总势能、总相互作用能和总动能加和得到。

均方根偏差(RMSD)：描述所有(或部分)原子组成的构型与平均构型的偏差随时间变化的情况，是同一蛋白质分子不同构型的比较，数值大小体现了构型差异的大小，可用于判断系统结构是否达到稳定(平衡)，以及不同结构之间的稳定性差别。其定义为

$$\text{RMSD}_i(t)=\sqrt{\frac{1}{N_i}\sum_{j=1}^{N_t}\sum_{i=1}^{N_i}[\overline{r_i}(t_j)-\langle\overline{r_i}\rangle]^2}$$

式中，N_i 为要比较的原子(全部或部分)的原子数；N_t 为要比较的原子所历经的时间步；$\overline{r_i}(t_j)$ 为原子 i 在时间 t_j 的位置；$\langle\overline{r_i}\rangle$ 为原子 i 在时间步 N_t 内的平均值，其定义为

$$\langle \bar{r}_i \rangle = \frac{1}{N_t}\sum_{j=1}^{N_t}\bar{r}_i(t_j)$$

均方根涨落(RMSF)：反映蛋白质分子或区域的柔性情况。计算各个原子(或骨架、侧链、残基)相对于其平均位置的涨落，表征了结构的变化对时间的平均，给出了蛋白各个区域柔性的表征，对应于晶体学中的温度因子(b 因子)。通常，可以预期 RMSF 和温度因子类似，这可以用于考察模拟结果是否与晶体结构相符。其定义为

$$\mathrm{RMSF}_i = \sqrt{\frac{1}{T}\sum_{t_j=1}^{T}\left[\bar{r}_i(t_j) - \langle \bar{r}_i \rangle\right]^2}$$

式中，T 为时间；$\bar{r}_i(t_j)$ 为 t_j 时刻原子 i 的位置；$\langle \bar{r}_i \rangle$ 为该原子的平均位置；$\bar{r}_i(t_j) - \langle \bar{r}_i \rangle$ 为 t_j 时刻原子 i 相对于其平均位置的偏移量。

RMSF 计算的基本单元可以是各个原子，也可以选择是 C_α 骨架、残基侧链、整个残基或其他自定义的原子团类型。当计算的是残基或一组原子的 RMSF 时，计算公式为

$$\mathrm{RMSF} = \frac{\sum \mathrm{RMSF}_i \cdot m_i}{\sum m_i}$$

式中，RMSF_i 为原子 i 的 RMSF 值；m_i 为其质量，即各原子 RMSF 按质量进行加权平均。

均方回旋半径 R_g：为了描述蛋白质分子的形状和平均尺寸，需要了解蛋白质分子链的卷曲程度，通常可用均方回旋半径表示。均方回旋半径是指质心到各原子(基团)向量平方的质量平均值，从统计学上讲，它是关于质心的原子(基团)分布的二次矩(标准差)。

$$R_g = \sqrt{\frac{\sum m_i \left\langle (\bar{r}_i - \bar{r}_{cm})^2 \right\rangle}{\sum m_i}}$$

式中，m_i 为原子 i 的质量；$\bar{r}_i - \bar{r}_{cm}$ 为原子 i 到全部原子的中心(通常是质心)的距离。

均方回旋半径是描述蛋白质卷曲程度的一个物理量，均方回旋半径越小，说明其紧密性越好，即蛋白质结构越稳定。可用于区分折叠的螺旋结构和舒展的结构，或者考察体系的特征运动。

溶剂可及表面积(SASA)：是描述溶剂可接触的生物大分子(如蛋白质)的表面积。通常，假定溶剂分子是一个半径为 r_{solv} 的球体(例如，假定水分子是半径为 1.4Å 的球体)，而蛋白质分子表示为一组适当范德华半径的相互连接的球体链，溶剂分子球在蛋白质的范德华表面上滚动所及的区域面积即为溶剂可及表面积，如图 6.10 中阴影部分所示。

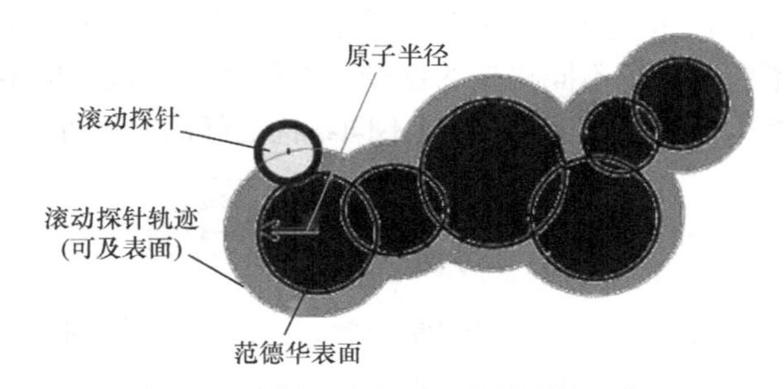

图 6.10　溶剂可及表面积及其计算示意图

【计算机与软件】

高配置(或高性能)计算机或工作站，或计算机群终端，Linux 操作系统，GROMACS 分子模拟软件，VMD 分子图形显示软件。

注：本实验使用 Linux 操作系统，基本操作说明参见本实验后面的“附 1：Linux 操作系统的基本操作”。

【实验步骤】

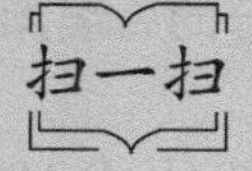

6-1　操控式分子动力学模拟：以泛素蛋白的 3D 结构研究为例

1. GROMACS 分子模拟流程图

1) 总体轮廓

选择体系→查阅文献→获得原始 pdb 文件→GROMACS 生成力场→定义模拟盒子/溶剂化→能量最小化→平衡→MD 或 SMD→轨迹分析/动画→结果。

2) 运行 GROMACS 基本细节

运行 GROMACS 基本细节见图 6.11。

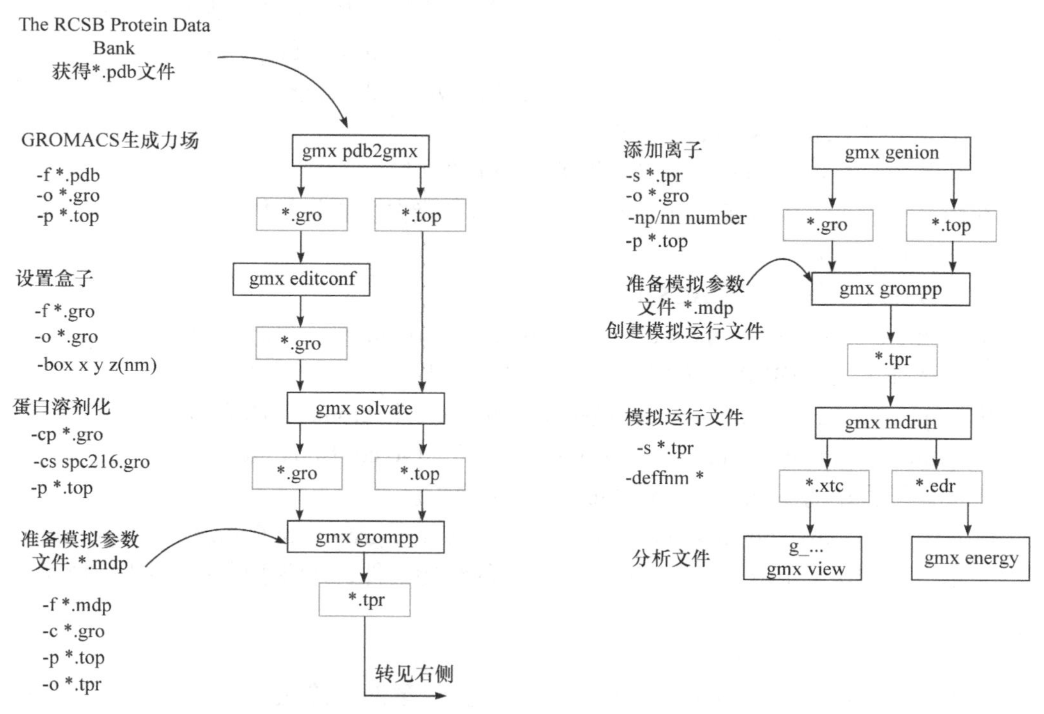

图 6.11　运行 GROMACS 基本细节

黑色框内为执行程序名称，灰色框内为生成和所需文件名称，*表示文件名

注：详细的 GROMACS 文件类型及常用命令说明参见本实验后面的“附 2：GROMACS 文件类型及常用命令”。

2. 具体实验步骤

注：[Linux]表示在 Linux 终端窗口下，下同。[VMD]表示在 VMD 可视化操作界面下。

1) 载入 UBQ 原始构型，对其进行预处理，生成 MD 模拟的初始文件

(1) [Linux] cd ~/UBQ/pretreat/

进入对 UBQ 进行预处理的文件夹，~表示主目录，此文件夹中已经包含了进行下面操作所需要的文件 1UBQ.pdb，本部分的后续操作均在此文件夹内进行。

(2) 从网址 http://www.rcsb.org/pdb/下载 UBQ 的初始构型(1UBQ.pdb)(图 6.12)，保存到目录下。搜索关键词，即 PDB ID / keyword = 1UBQ(实验室已准备好)。

(3) 在该 pretreat 目录下，键入 vmd

(4) [vmd] File → New Molecule → Browse and Load 1UBQ.pdb

(5) [vmd] Extensions → tkconsole

在新打开窗口中键入以下两行内容：

set ubq [atomselect top protein]

$ubq writepdb ubqp.pdb

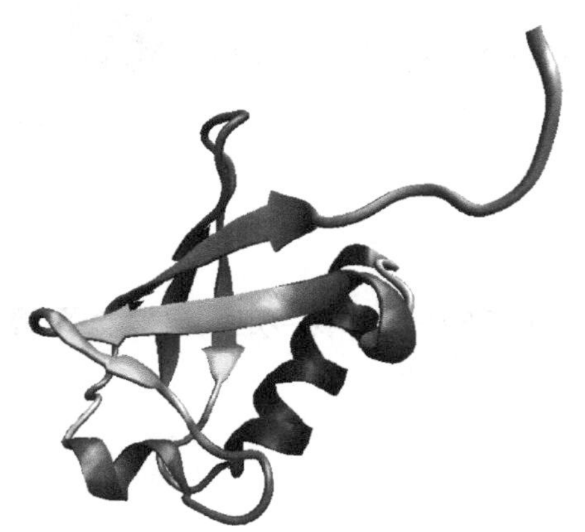

图 6.12　从 pdb 数据库下载的 UBQ 初始构型(1UBQ.pdb)

(6) [vmd] Extensions → tkconsole

继续输入 exit 退出 vmd，或者直接关闭 vmd 窗口。

在当前文件夹下生成新文件 ubqp.pdb，只包括蛋白质骨架结构，无水及氢原子。

(7) [Linux] gmx -h

执行该命令获得 GROMACS 软件信息。

(8) [Linux] gmx pdb2gmx -f ubqp.pdb -ff select -o conf.gro -p topol.top

依次选择 1 AMBER03 力场，1 TIP3P 水模型。

执行 gmx pdb2gmx 生成 gromacs 结构文件 conf.gro 和 gromacs 力场 topol.top 文件。

(9) [Linux] gmx editconf -f conf.gro -box 10 10 10 -o conf-box.gro

生成盒子大小为 10nm×10nm×10nm 的模拟盒子。

(10) [Linux] gmx solvate -cp conf-box.gro -cs spc216.gro -o conf-sol.gro -p topol.top

盒子中添加水，生成 conf-sol.gro 水+蛋白的结构文件，并将水的个数添加到力场 top 文件中。

(11) [Linux] vi topol.top

查看力场 top 文件，按 shift + G 可以查看文件尾部，确认文件中已经成功添加水(图 6.13)。输入 :q 退出文本。

```
[ molecules ]
; Compound          #mols
Protein_chain_A       1
SOL                32660
```

图 6.13　力场 topol.top 文件中关于添加分子的内容

2) 对 UBQ 进行弛豫平衡

注：关于在真空中进行模拟的说明：实际体系应在溶剂环境中进行模拟，但为在有限的上课时间内实现本实验的教学目的，可以根据实际计算资源的情况，选择在真空中或在溶剂环境中进行模拟。

(1) [Linux] cd ../equ/

进入对 UBQ 进行弛豫平衡的文件夹。

(2) [Linux] cp ../pretreat/conf-box.gro ./ (溶剂环境中的模拟：复制 conf-sol.gro)

复制上一级目录预处理文件夹中 conf-box.gro 文件到本文件夹。

(3) [Linux] cp ../pretreat/topol.top ./

复制上一级目录预处理文件夹中 topol.top 文件到本文件夹。

(4) [Linux] cp ../pretreat/posre.itp ./

复制上一级目录预处理文件夹中 posre.itp 文件到本文件夹。

(5) [Linux] gmx grompp -f minim.mdp -c conf-box.gro -p topol.top -o em.tpr

(溶剂环境中的模拟：将 conf-box.gro 换成 conf-sol.gro)

制作 GROMACS 能量优化文件。

(6) [Linux] gmx mdrun -v -s em.tpr -deffnm em

运行能量优化，生成 em.gro 优化结构文件。

(7) [Linux] vi md.mdp 设置平衡模拟参数文件。

注：按 i 或 insert 键进入文本编辑模式，提示有 insert 符号。

(在原有的基础上进行如表 6.3 所示修改，分号后为注释内容，不需要输入，修改完成后按 ESC 键退出编辑状态，输入:wq 保存并退出)

表 6.3　动力学平衡模拟 MDP 文件参数及说明

参数名称	参数赋值	参数注释
integrator	= md	; leap-frog integrator
nsteps	= 1000000	; 1000000*0.002ps = 2ns，根据计算机运行速度进行调整
dt	= 0.002	; 2fs
tcoupl	= V-rescale	; temperature coupling method
tc-grps	= System	; coupling groups
tau_t	= 1	; time constant, in ps
ref_t	= 300	; reference temperature, in K

注：一般需要 10ns 左右才能达到弛豫平衡，因实验时间所限，我们只运行 0.2～2ns。

(8) [Linux] gmx grompp -f md.mdp -c em.gro -p topol.top -o md.tpr

(9) [Linux] nohup gmx mdrun -v -s md.tpr -deffnm md &

注：最后面的&符号表示当前程序在后台运行，前台可进行其他作业。

3) 对 UBQ 的平衡构型进行 SMD 恒速拉伸动力学模拟

思路：固定 UBQ 蛋白的 C 端 C 原子，对其 N 端 C 原子沿 C 端 C 原子与 N 端 C 原子的连线方向施加一定的拉力，使 N 端 C 原子恒速移动，观察拉伸对 UBQ 蛋白构象变化的影响。步骤如下：

(1) [Linux] cd ~/UBQ/pcv/

进入对 UBQ 进行 SMD 模拟的文件夹。

(2) [Linux] cp ../equ/md.gro ./

将 UBQ 的平衡构型 md.gro 复制到当前文件夹内。

(3) [Linux] cp ../equ/topol.top ./

将力场文件复制到当前文件夹内。

(4) [Linux] cp ../equ/posre.itp ./

将 posre.itp 文件复制到当前文件夹内。

(5) [Linux] gmx make_ndx -f md.gro

创建 index.ndx 文件，定义拉伸原子及固定原子。依次输入以下内容，选择残基 1 号 CA 原子(原子编号为 5，可以通过 vi md.gro 文件确认)为固定原子，残基 76 号 CA 原子(原子编号为 1226)为拉伸原子：

```
a 5
a 1226
q
```

注：a 表示选择原子编号，q 表示保存并退出选择。

(6) [Linux] vi smd.mdp

(在原有的基础上进行如表 6.4 所示修改或添加以下内容，分号后为注释内容，不需要输入，修改完成后按 ESC 键退出编辑状态，输入 :wq 保存并退出)

表 6.4　拉伸模拟 MDP 文件参数及说明

参数名称	参数赋值	参数注释
pull	= umbrella	; use an umbrella (harmonic) potential for this pull
pull-geometry	= distance	; pull along the vector connecting two groups
pull-ngroups	= 2	; two groups for this pull
pull-ncoords	= 1	; pull along only one coordinate
pull-group1-name	= a_5	; fixed atom in index.ndx file
pull-group2-name	= a_1226	; pull atom in index.ndx file
pull-coord1-groups	= 1 2	; two groups will be pulled
pull-coord1-rate	= 0.05	; nm/ps = 1000nm/ns
pull-coord1-k	= 1000	; The pull force constant used in the umbrella potential in $kJ \cdot mol^{-1} \cdot nm^{-2}$
freezegrps	= a_5	; fix atom a_5
freezedim	= y y y	; fix atom a_5in three directions (x, y, z)

(7) [Linux] gmx grompp -f smd.mdp -c md.gro -p topol.top -n index.ndx -o smd1.tpr

(8) [Linux] nohup gmx mdrun -v -s smd1.tpr -deffnm smd1 -pf smd1 &

运行动力学拉伸实验 1，并产生拉力文件。

(9) [Linux] gmx trjconv -s smd1.tpr -f smd1.xtc -o smd1-1.xtc -pbc mol -center

回车依次选 0 system，0 system。

去除 smd1 轨迹文件的周期性边界条件。

(10) 重复步骤(6)～(9)，另做两组平行实验，把 smd1 相应改成 smd2 或 smd3。

在两组平行实验中，在步骤(6)中将 pull-coord1-k 后的 1000 分别改为 5000 和 10000；在步骤(7)～(9)中运行命令分别改为

[Linux] gmx grompp -f smd.mdp -c md.gro -p topol.top -n index.ndx -o smd2.tpr

[Linux] nohup gmx mdrun -v -s smd2.tpr -deffnm smd2 -pf smd2 &

[Linux] gmx trjconv -s smd2.tpr -f smd2.xtc -o smd2-1.xtc -pbc mol -center

[Linux] gmx grompp -f smd.mdp -c md.gro -p topol.top -n index.ndx -o smd3.tpr

[Linux] nohup gmx mdrun -v -s smd3.tpr -deffnm smd3 -pf smd3 &

[Linux] gmx trjconv -s smd3.tpr -f smd3.xtc -o smd3-1.xtc -pbc mol -center

【数据记录与处理】

扫一扫　6-2　VMD 模拟轨迹可视化

1. 提取平衡过程各项参数

(1) [Linux] cd ../equ/

进入对 UBQ 进行平衡模拟的文件夹。

(2) gmx energy -f md.edr -o temperature.xvg

回车后出现以下界面(图 6.14 或图 6.15)，根据参数名称选择前面数字。

```
 1  Angle              2  Proper-Dih.        3  Improper-Dih.      4  LJ-14
 5  Coulomb-14         6  LJ-(SR)            7  Disper.-corr.      8  Coulomb-(SR)
 9  Coul.-recip.      10  Potential         11  Kinetic-En.       12  Total-Energy
13  Temperature       14  Pres.-DC          15  Pressure          16  Constr.-rmsd
17  Box-X             18  Box-Y             19  Box-Z             20  Volume
21  Density           22  pV                23  Enthalpy          24  Vir-XX
```

图 6.14　任务正常终止时界面

```
 1  Angle              2  Proper-Dih.        3  Improper-Dih.      4  LJ-14
 5  Coulomb-14         6  LJ-(SR)            7  Disper.-corr.      8  Coulomb-(SR)
 9  Coul.-recip.      10  Position-Rest.    11  Potential         12  Kinetic-En.
13  Total-Energy      14  Conserved-En.     15  Temperature       16  Pres.-DC
17  Pressure          18  Constr.-rmsd      19  Vir-XX            20  Vir-XY
21  Vir-XZ            22  Vir-YX            23  Vir-YY            24  Vir-YZ
25  Vir-ZX            26  Vir-ZY            27  Vir-ZZ            28  Pres-XX
```

图 6.15　任务非正常终止时界面

例如，任务非正常终止时，依次输入 15 0，生成体系温度，15 表示选择 Temperature，0 表示终止选择。

(3) gmx energy -f md.edr -o pressure.xvg

依次输入 17 0，生成体系压力，17 表示选择 Pressure，0 表示终止选择。

(4) gmx energy -f md.edr -o density.xvg

依次输入 21 0，生成体系密度，21 表示选择 Density，0 表示终止选择。

(5) gmx energy -f md.edr -o energy.xvg

依次输入 13 0，生成体系能量，13 表示选择 Total-Energy，0 表示终止选择。

2. 显示平衡过程中 UBQ 的原子均方根偏差(RMSD)和回旋半径(Rg)变化情况

(1) gmx rms -s md.tpr -f md.xtc -o rmsd.xvg

依次选择 4 4，比较蛋白骨架原子的 RMSD 波动。

(2) gmx gyrate -s md.tpr -f md.xtc -o gyrate.xvg

选择 4

在 Windows 平台下可用文本编辑器删除数据文件(后缀名为 *.xvg)中的注释部分，并提取数据利用 Origin 作图软件作图。

3. 对 SMD 模拟结果进行分析

以第一组 SMD 实验为例，对模拟结果进行观察并处理。

(1) [Linux] cd ../pcv/

进入对 UBQ 进行 SMD 模拟的文件夹。

在溶剂环境中进行的模拟，进行以下步骤。如果在真空中进行模拟，跳过这一步。

[Linux] gmx trjconv -f md.gro -s md.tpr -o md-nowater.gro

键入 14 (non-water)，生成不含溶剂分子的平衡后的结构文件。

[Linux] gmx trjconv -f smd1.xtc -s smd1.tpr -o smd1-nowater.xtc

键入 14 (non-water)，生成不含溶剂分子的拉伸过程的轨迹文件。

(2) 在 Linux 终端窗口[Linux]键入 vmd

(3) [vmd] File→New Molecule→Browse and Load md.gro

(溶剂环境中的模拟选择 md-nowater.gro)

(4) [vmd] File→Load Data Into Molecule→Browse and Load smd1.xtc

(溶剂环境中的模拟选择 smd1-nowater.xtc)

(5) [vmd] Graphics→Representations

[Graphical Representations window] drawing methods: Cartoon

按 Create Rep 选项

→Selection 选项中：all 改为 resid 76 and name CA

按 Create Rep 选项

→Selection 选项中：all 改为 resid 1 and name N

drawing methods: VDW

可视化窗口出现残基 76 的 C 原子和残基 1 的 N 原子。

[OpenGL Display window]　按数字键 2，等鼠标变成十字形后，点击 C 和 N 原子，则会看到在此两个原子之间的距离有数字表示。

(6) [vmd] Graphics→Labels：选择 Bonds，选择需要表示的键，点击 Graph 按钮，这将会生成一个图形，表征 C—N 距离随时间的变化。

(7) 对另两组平行实验重复步骤(1)～(6)进行观察(将 smd1 相应改成 smd2 或 smd3)。

(8) VMD 观察：利用该软件的各种功能进行 MD 或 SMD 轨迹的观察与分析。

(9) 检查得到的三组拉力文件：smd1.xvg，smd2.xvg，smd3.xvg。力-时间数据文件记录了随模拟时间变化的施加于 SMD 原子上力的数值，使用 Origin 等作图软件做出三组平行实验中施加于 SMD 原子上力的曲线，结合观察模拟过程的动画，找出主要作用力的峰所对应的蛋白质结构的变化情况。

【思考题】

(1) 在接触本实验前，你做过计算机分子模拟实验吗？你对计算机分子模拟有什么样的认识？进行分子动力学模拟应做好哪些准备工作？

(2) 仔细思考本实验的原理与细节，并认真考虑本实验应该注意哪些方面。

(3) 什么是系统的微观状态？举例说明。微观状态与系统的宏观性质关系如何？

(4) 怎样理解时间平均等效于系综平均？

(5) 为什么说力场对分子模拟的准确性至关重要？你还知道有哪些力场模型适用于生物大分子的模拟？

(6) 什么是周期性边界条件？为什么要用周期性边界条件？分子模拟中总是使用周期性边界条件吗？

(7) 什么是操控式分子动力学模拟？操控式分子动力学模拟的基本原理是什么？通过操控式分子动力学模拟可以得到哪些信息？

(8) 操控式分子动力学对生物大分子的模拟与实验相比有什么优势？

(9) 为什么要对泛素蛋白进行操控式分子动力学模拟？从模拟结果的分析中可以得到什么结论？

(10) 如果你自己编写统计蛋白质 RMSD 的脚本，试简述思路。

附 1：Linux 操作系统的基本操作

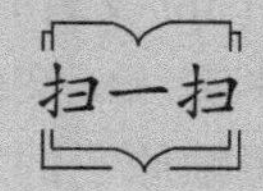

6-3　Linux 基本命令简介

在 Linux 操作系统中，主要使用字符操作的人机界面，类似于 DOS(磁盘操作系统)。控制命令都是通过字符操作界面输入操作系统的指令。因此，在进行“实验 22　操控式分子动力学模拟：以泛素蛋白的 3D 结构研究为例”、“实验 23　新冠病毒受体结合域(RBD)与受体蛋白 ACE2 相互作用的分子模拟”和“实验 24　Docking：以新冠病毒刺突

蛋白受体结合域(RBD)与橙皮苷分子对接为例”之前，有必要了解 Linux 操作系统的基本操作及指令。以下对 Linux 操作系统的基本操作进行概括性的介绍。

注意：操作指令对字母的大小写是敏感的！大小写的错误将导致指令的错误。
操作指令对空格的个数也是敏感的！多了或少了都将导致指令的错误。

扫一扫　6-4　Linux 操作系统快速指引

附 2：GROMACS 文件类型及常用命令

1. GROMACS 文件类型

下面是 GROMACS 中经常用到的最重要的文件类型。

1) 分子力场拓扑文件(.top)

GROMACS 中蛋白质的分子力场拓扑文件由 gmx pdb2gmx 命令生成。gmx pdb2gmx 命令可以将蛋白质的 pdb 结构文件转换为分子力场拓扑文件。拓扑文件完整地描述了蛋白质中所有原子之间的相互作用关系。

2) 分子结构文件(.gro，.pdb)

当使用 gmx pdb2gmx 命令产生分子力场拓扑时，它也会将结构文件(.pdb 文件)转换为 GROMACS 结构文件(.gro 文件)。pdb 文件与 GROMACS 文件的主要区别在于格式不同。

3) 分子动力学参数文件(.mdp)

分子动力学参数(.mdp，molecular dynamics parameter)文件包含了与分子动力学模拟本身有关的所有信息，如时间步长、积分步数、温度、压力等。

4) 索引文件(.ndx)

有时可能需要一个索引文件指定对原子组的作用(如温度耦合、给指定原子加速度、冻结等)。

5) 运行输入文件(.tpr)

gmx grompp 命令会处理所有输入文件并生成运行输入文件(.tpr 文件)。这些输入文件包括：分子结构(.gro 文件)、拓扑(.top 文件)、MD 参数(.mdp 文件)和(可选的)索引(.ndx 文件)等。

6) 轨迹文件(.trr 或 .xtc)

启动模拟的命令为 gmx mdrun，它需要的唯一输入文件是运行输入文件(.tpr 文件)。gmx mdrun 的输出文件是轨迹文件和日志文件(.log 文件)。轨迹文件 .trr 文件或 .xtc 文件的区别在于：trr 文件中包含每帧原子的三维位置和速度，xtc 文件中只包含每帧原子的三维位置，没有速度。

2. GROMACS 常用命令

调用 GROMACS 程序帮助文件：GROMACS 中有大量的程序(以命令的形式调用)，这些程序具有建立模型、运行模拟及轨迹分析等功能。使用者可以在 GROMACS 官方网站找到这些命令的说明文件。

网址为 https://manual.gromacs.org/documentation/current/onlinehelp

同时，为方便使用者在 Linux 操作系统命令行界面调用帮助功能，可以在指定程序后面加-h，调出程序说明文档。

例如，gmx pdb2gmx -h 该命令打印出 gmx pdb2gmx 程序的帮助说明文档。

下面是 GROMACS 中常用到的最重要的命令(GROMACS 运行程序)类型。

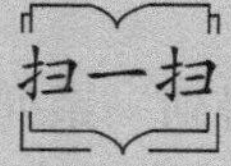

6-5　GROMACS 常用命令

(王　琦)

实验 23　新冠病毒受体结合域(RBD)与受体蛋白 ACE2 相互作用的分子模拟

【实验导读】

冠状病毒(coronavirus，CoV)是一类具有外膜的正单链 RNA 病毒，可感染哺乳动物。冠状病毒主要编码结构蛋白一般包括刺突(spike，S)蛋白、包膜(envelope，E)蛋白、膜(membrance，M)蛋白、核壳(nucleocapsid，N)蛋白。这些蛋白除维持病毒结构外，还有促进感染与抵抗宿主免疫反应等功能，其中刺突蛋白很容易与宿主细胞表面的受体接触/结合，使病毒包膜和宿主细胞的细胞膜融合以感染宿主细胞。

2019 年的新冠病毒(2019-nCoV)与 2003 年的 SARS 病毒类似，都是通过接触、识别人类宿主的 ACE2 蛋白进入、感染细胞，刺突蛋白结构域的细胞受体结合域(receptor binding domain，RBD)直接参与了宿主受体的识别、感染过程。该区域的氨基酸残基变异将导致病毒的种属嗜性和感染特性的变化。

因此，深入理解 2019-nCoV 的刺突蛋白受体结合域(RBD)与 ACE2 蛋白的相互作用将有助于理解新冠病毒对比 SARS 病毒与 ACE2 蛋白结合的差异，为进一步精确地设计疫苗以及发现抗新冠病毒药物提供重要的结构生物学基础。

【实验目的】

(1) 了解分子模拟对研究生物大分子体系的重要意义，学习分子模拟计算生物大分子(如蛋白质)3D 结构、热力学、动力学性质的基本原理和方法。

(2) 学习、理解并掌握分子动力学(MD)模拟及操控式分子动力学(SMD)模拟方法，掌握分子动力学模拟(MD 和 SMD)的基本条件、基本方法，学会 MD 和 SMD 模拟的基本操作与实际应用。

(3) 学习、理解并掌握蛋白质分子/原子运动轨迹的分析方法和相关物理量的统计与计算，获取各种特定性质(结构性质、平衡性质和非平衡性质)，如体系能量、原子均方根偏差(RMSD)、分子构型、相互作用能、关键相互作用残基等。

(4) 了解新冠病毒受体结合域(RBD)与受体蛋白 ACE2 的相互作用及关键相互作用残基等重要信息。

【实验原理】

MD 和 SMD 模拟的基本原理参见“实验 22　操控式分子动力学模拟：以泛素蛋白的 3D 结构研究为例”中的实验原理部分，此处不再赘述。

将模拟过程中的信息提取出来进行统计，并结合动画详细分析，可以得到一系列细致的结果，如关键作用残基、相互作用强度、整个过程中蛋白质各局部变化的情况等。

【计算机与软件】

高配置(或高性能)计算机或工作站，或计算机群终端，Linux 操作系统，GROMACS 分子模拟软件，VMD 分子图形显示软件。

【实验步骤】

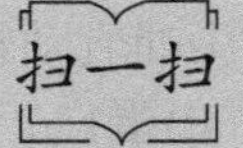

6-6　新冠病毒受体结合域(RBD)与受体蛋白 ACE2 相互作用的分子模拟：实验操作

GROMACS 分子模拟流程及运行 GROMACS 基本细节参见“实验 22　操控式分子动力学模拟：以泛素蛋白的 3D 结构研究为例”中的“实验步骤”部分，此处不再赘述。

注：[Linux]表示在 Linux 终端窗口下，下同。[VMD] 表示在 VMD 可视化操作界面下。

说明：以下是简要的实验步骤，详细的实验步骤可扫描二维码学习。

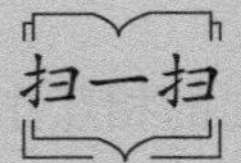

6-7　实验 23 详细的实验步骤

1. 载入 ACE2-RBD 蛋白原始构型，对其进行预处理，生成 MD 模拟的初始文件

(1) [Linux] cd ~/ACE2-RBD/pretreat/

(2) 从 http://www.rcsb.org/pdb/下载 ACE2-RBD 的初始构型(6m0j.pdb)(图 6.16)，保存到目录下。搜索关键词，即 PDB ID/keyword = 6m0j(实验室已准备好)。

(3) 在该 pretreat 目录下，键入 vmd

(4) [vmd] File → New Molecule → Browse and Load 6m0j.pdb

(5) [vmd] Extensions → tkconsole

在新打开窗口中键入以下两行内容：

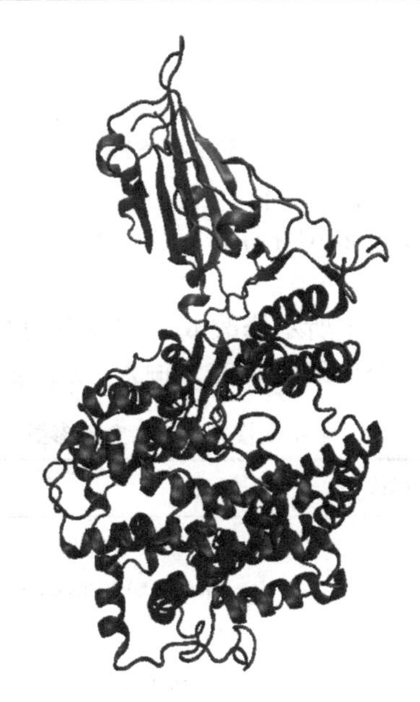

图 6.16　从 pdb 数据库下载的 ACE2-RBD 初始构型(6m0j.pdb)

set ace_rbd [atomselect top protein]
$ace_rbd writepdb ace_rbdp.pdb
(6) [vmd] 继续输入 exit 退出 vmd，或者直接关闭 vmd 窗口。
(7) [Linux] gmx -h
(8) [Linux] gmx pdb2gmx -f ace_rbdp.pdb -ff select -o conf.gro -p topol.top
(9) [Linux] gmx editconf -f conf.gro -box 10 10 20 -o conf-box.gro
(10) [Linux] gmx solvate -cp conf-box.gro -cs spc216.gro -o conf-sol.gro -p topol.top

2. 对 ACE2-RBD 进行平衡模拟

注：关于在真空中进行模拟的说明：实际体系应在溶剂环境中进行模拟，但为在有限的上课时间内实现本实验的教学目的，可以根据实际计算资源的情况，选择在真空中或在溶剂环境中进行模拟。

(1) [Linux] cd ~/ACE2-RBD/equ/
(2) [Linux] cp ../pretreat/conf-box.gro ./ (溶剂环境中的模拟：复制 conf-sol.gro)
(3) [Linux] cp ../pretreat/topol.top ./
(4) [Linux] cp ../pretreat/*.itp ./
(5) [Linux] gmx grompp -f minim.mdp -c conf-box.gro -p topol.top -o em.tpr
(溶剂环境中的模拟：将 conf-box.gro 改成 conf-sol.gro)
(6) [Linux] gmx mdrun -v -s em.tpr -deffnm em
(7) [Linux] gmx make_ndx -f em.gro

创建 index.ndx 文件，定义拉伸原子以及固定原子。依次输入以下内容，选择 ACE2 所有原子(原子编号为 1-9518)为固定原子，所有 RBD 原子(原子编号为 9519-12511)为拉伸原子：

a 1-9518

a 9519-12511

q

注：a 表示选择原子编号，q 表示保存并退出选择。

(8) [Linux] vi md.mdp

(在原有的基础上进行如表 6.5 所示修改或添加以下内容，分号后为注释内容，不需要输入，修改完成后按 ESC 键退出编辑状态，输入 :wq 保存并退出)

表 6.5　动力学平衡模拟 MDP 文件参数及说明

参数名称	参数赋值	参数注释
integrator	= md	; leap-frog integrator
nsteps	= 1000000	; 1000000*0.002ps = 2ns，根据电脑速度进行调整
dt	= 0.002	; 2fs
tcoupl	= V-rescale	; temperature coupling method
tc-grps	= System	; coupling groups
tau_t	= 1	; time constant, in ps
ref_t	= 300	; reference temperature, in K
energygrps	= a_1-9518 a_9519-12511	; calculate interaction energy between ACE2 and RBD

注：一般需要 10ns 左右才能达到弛豫平衡，因实验时间所限，我们只运行 0.2～2ns。

(9) [Linux] gmx grompp -f md.mdp -c em.gro -p topol.top -n index.ndx -o md.tpr

(10) [Linux] nohup gmx mdrun -v -s md.tpr -deffnm md &

3. 对 ACE2-RBD 的平衡构型进行 SMD 的恒速拉伸动力学模拟

思路：保持 ACE2 蛋白中所有的原子不动，对 RBD 的质心沿 z 方向(大致为 ACE2 蛋白与 RBD 的质心连线方向)施加一定的拉力，使 RBD 整体上恒速被拉动，观察拉伸时 RBD 的构象变化，特别是 ACE2 蛋白与 RBD 结合界面相互作用氨基酸残基的影响。步骤如下：

(1) [Linux] cd ~/ACE2-RBD/pcv/

(2) [Linux] cp ../equ/md.gro ./

(3) [Linux] cp ../equ/topol.top ./

(4) [Linux] cp ../equ/*.itp ./

(5) [Linux] cp ../equ/index.ndx ./

(6) [Linux] vi smd.mdp

(在原有的基础上进行如表 6.6 所示修改或添加以下内容，分号后为注释内容，不需要输入，修改完成后按 ESC 键退出编辑状态，输入 :wq 保存并退出)

表 6.6　拉伸模拟 MDP 文件参数及说明

参数名称	参数赋值	参数注释
pull	= umbrella	; use an umbrella (harmonic) potential for this pull
pull-geometry	= direction-periodic	; pull along the direction
pull-ngroups	= 2	; two groups for this pull
pull-ncoords	= 1	; pull along only one coordinate
pull-group1-name	= a_1-9518	; fixed atom in index.ndx file
pull-group2-name	= a_9519-12511	; pull atom in index.ndx file
pull-coord1-groups	= 1 2	; two groups will be pulled
pull-coord1-rate	= 0.05	; nm/ps = 1000nm/ns
pull-coord1-k	= 1000	; The pull force constant used in the umbrella potential in kJ · mol^{-1} · nm^{-2}
freezegrps	= a_1-9518	; fix atoms a_1-9518
freezedim	= y y y	; fix atoms a_1-9518 in three directions (x, y, z)
energygrps	= a_1-9518 a_9519-12511	; calculate interaction energy between ACE2 and RBD

(7) [Linux] gmx grompp -f smd.mdp -c md.gro -p topol.top -n index.ndx -o smd1.tpr

(8) [Linux] nohup gmx mdrun -v -s smd1.tpr -deffnm smd1 -pf smd1 &

(9) 重复步骤(6)～(8)，另做两组平行实验。

在两组平行实验中，在步骤(6)中将 pull-coord1-rate 后的 0.05 分别改为 0.1 和 0.025；在步骤(7)、(8)中运行命令分别改为

[Linux] gmx grompp -f smd.mdp -c md.gro -p topol.top -n index.ndx -o smd2.tpr

[Linux] nohup gmx mdrun -v -s smd2.tpr -deffnm smd2 -pf smd2 &

[Linux] gmx grompp -f smd.mdp -c md.gro -p topol.top -n index.ndx -o smd3.tpr

[Linux] nohup gmx mdrun -v -s smd3.tpr -deffnm smd3 -pf smd3 &

【数据记录与处理】

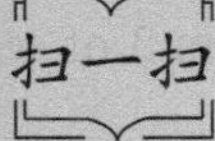

6-8　新冠病毒受体结合域(RBD)与受体蛋白 ACE2 相互作用的分子模拟：数据分析

1. 提取平衡过程各项参数

(1) [Linux] cd ~/ACE2-RBD/equ/

进入对 ACE2-RBD 进行平衡模拟的文件夹。

(2) gmx energy -f md.edr -o temperature.xvg

依次输入 14 0，生成体系温度，14 表示选择 Temperature，0 表示终止选择。

(3) gmx energy -f md.edr -o ace2-rbd.xvg

输入 41 42 0，对应静电能(Coul-SR)：a_1-9518-a_9519-12511

范德华能(LJ-SR)：a_1-9518-a_9519-12511

提取 ACE2 与 RBD 相互作用能。

2. 显示整个平衡过程中蛋白的原子均方根偏差(RMSD)和回旋半径(R_g)变化情况

(1) gmx rms -s md.tpr -f md.xtc -o rmsd.xvg

依次选择 4 4 比较蛋白骨架原子的 RMSD 波动。

(2) gmx gyrate -s md.tpr -f md.xtc -o gyrate.xvg

选择 4

在 Windows 平台下可用文本编辑器删除数据文件(后缀名为*.xvg)中的注释部分，并提取数据利用 Origin 作图软件作图。

3. 查找 ACE2 与 RBD 结合过程中的关键残基

(1) [Linux] cd ~/ACE2-RBD/equ/

进入对 ACE2-RBD 进行 MD 模拟的文件夹。

在溶剂环境中进行的模拟，进行以下步骤。在真空中进行的模拟，跳过这一步。

[Linux] gmx trjconv -f md.gro -s md.tpr -o md-nowater.gro

键入 14 (non-water)，生成不含溶剂分子的平衡后的结构文件。

(2) 在 Linux 终端窗口[Linux]键入 vmd

(3) [vmd] File → New Molecule → Browse and Load md.gro

(溶剂环境中的模拟选择 md-nowater.gro)

(4) 显示蛋白结构及关键作用残基

[vmd] Graphics → Representations

[Graphical Representations window] drawing methods: Cartoon

按 Create Rep 选项→ Selection 选项中：all 改为 serial 1 to 9518

coloring methods: ColorID 0

按 Create Rep 选项→ Selection 选项中：all 改为 serial 9519 to 12511

coloring methods: ColorID 1

按 Create Rep 选项 → Selection 选项中：all 改为(same residue as all within 3 of serial 1 to 9518) and not serial 1 to 9518

coloring methods: ColorID 1

drawing methods: Licorice

按 Create Rep 选项 → Selection 选项中：all 改为(same residue as all within 3 of serial 9519 to 12511) and not serial 9519 to 12511

coloring methods: ColorID 0

drawing methods: Licorice

[vmd] Extensions → tkconsole

在新打开窗口中键入以下内容：

set f [open "residofACE2.dat" w]

set ow [atomselect top "(same residue as all within 3 of serial 9519 to 12511) and not serial 9519 to 12511 and name N"]

puts $f [$ow get resid]

close $f

residofACE2.dat 文件中即记录了 ACE2 蛋白上的与 RBD 作用的关键残基序号。

在新打开窗口中键入以下内容：

set f [open "residofRBD.dat" w]

set ow [atomselect top "(same residue as all within 3 of serial 1 to 9518) and not serial 1 to 9518 and name N"]

puts $f [$ow get resid]

close $f

residofRBD.dat 文件中即记录了 RBD 蛋白上的与 ACE2 作用的关键残基序号。

(5) 计算关键残基的相互作用。

[Linux] mkdir res-energy 新建文件夹，相关计算在此文件夹中进行。

[Linux] cp ~/ACE2-RBD/equ/*.dat ./res-energy

[Linux] cp ~/ACE2-RBD/equ/topol.top ./res-energy

[Linux] cp ~/ACE2-RBD/equ/*.itp ./res-energy

[Linux] cp ~/ACE2-RBD/equ/md.xtc ./res-energy

[Linux] cp ~/ACE2-RBD/equ/md.gro ./res-energy

[Linux] cp ~/ACE2-RBD/equ/index.ndx ./res-energy

复制相关文件。

[Linux] sh cpmd.sh

[Linux] sh energyanalysis.sh

获取关键残基对在 MD 模拟过程中的能量变化。

[Linux] cd res-energy

[Linux] sh analysis.sh

获取体系平衡后关键残基对的相互作用能。

4. 对 SMD 模拟结果进行处理

以第一组 SMD 实验为例，对模拟结果进行观察并处理。

(1) [Linux] cd ~/ACE2-RBD/pcv/

进入对 ACE2-RBD 进行 SMD 模拟的文件夹。

在溶剂环境中进行的模拟，进行以下步骤。在真空中进行的模拟，跳过这一步。

[Linux] gmx trjconv -f md.gro -s md.tpr -o md-nowater.gro

键入 14 (non-water)，生成不含溶剂分子的平衡后的结构文件。

[Linux] gmx trjconv -f smd1.xtc -s smd1.tpr -o smd1-nowater.xtc

键入 14 (non-water)，生成不含溶剂分子的拉伸过程的轨迹文件。

(2) 在 Linux 终端窗口[Linux]键入 vmd

(3) [vmd] File → New Molecule → Browse and Load md.gro

(溶剂环境中的模拟选择 md-nowater.gro)

(4) [vmd] File → Load Data Into Molecule → Browse and Load smd1.xtc

(溶剂环境中的模拟选择 smd1-nowater.xtc)

(5) 显示蛋白结构及关键作用残基

[vmd] Graphics → Representations

[Graphical Representations window] drawing methods: NewCartoon

按 Create Rep 选项→ Selection 选项中：all 改为 serial 1 to 9518

coloring methods: ColorID 0

按 Create Rep 选项→ Selection 选项中：all 改为 serial 9519 to 12511

coloring methods: ColorID 1

按 Create Rep 选项→ Selection 选项中：all 改为(same residue as all within 3 of serial 1 to 9518) and not serial 1 to 9518

coloring methods: ColorID 1

按 Create Rep 选项→ Selection 选项中：all 改为(same residue as all within 3 of serial 9519 to 12511) and not serial 9519 to 12511

coloring methods: ColorID 0

(6) 提取 ACE2 与 RBD 相互作用能

[Linux] gmx energy -f smd1.edr -o ace2-rbd.xvg

输入 42 43 0，对应静电能(Coul-SR)：a_1-9518-a_9519-12511

范德华能(LJ-SR)：a_1-9518-a_9519-12511

(7) 计算关键残基对在 SMD 过程中的能量变化。

以 ACE2 的 Asp30 与 RBD 的 Lys417 为例。

[Linux] vi smd.mdp

(在原有的基础上进行如表 6.7 所示修改，分号后为注释内容，不需要输入，修改完成后按 ESC 键退出编辑状态，输入 :wq 保存并退出)

表 6.7　计算关键残基对相互作用能 MDP 文件参数及说明

参数名称	参数赋值	参数注释
energygrps	= r_30　r_417	; calculate interaction energy between Asp30 of ACE2 and Lys417 of RBD

[Linux] gmx make_ndx -f md.gro -n index.ndx -o index-30-417.ndx

创建 index.ndx 文件，依次输入以下内容：

r 30

r 417

q

注：r 表示选择残基序号，q 表示保存并退出选择。

[Linux] gmx grompp -c md.gro -f smd.mdp -n index-30-417.ndx -p topol.top -o smd-30-

417.tpr

[Linux] gmx mdrun -rerun smd1.xtc -dn index-30-417.ndx -s smd-30-417.tpr -deffnm smd-30-417

[Linux] gmx energy -s smd-30-417.tpr -f smd-30-417.edr -o resenergy-30-417.xvg

输入 42 43 0，对应静电能(Coul-SR)：r_30-r_417

范德华能(LJ-SR)：r_30-r_417

(8) 对另两组平行实验重复步骤(1)～(7)进行观察和提取能量(将 smd1 相应改成 smd2 或 smd3)。

(9) 检查得到的三组质心距文件：#smd1.xvg.1#、#smd2.xvg.1#、#smd3.xvg.1#。质心距-时间数据文件记录了随模拟时间变化的 RBD 和 ACE2 蛋白间的质心距变化，使用 Origin 或 Matlab 等作图软件作出三组平行实验中两个蛋白间的质心距变化曲线，结合观察模拟过程的动画，找出所对应的蛋白质结构的变化情况。

【数据记录与处理】

(1) VMD 观察：参考 VMD 软件使用教程“VMD Molecular Graphics”，尝试利用该软件的各种功能进行 MD 或 SMD 轨迹的观察与分析。

(2) RMSD 分析：根据得到的数据作 RMSD-Time 图，根据曲线的波动情况判断系统是否已达到平衡。如果一直都有较大的波动，说明什么问题？

(3) Energy 分析：根据数据作相互作用 Energy-Time 图，判断系统能量是否已经达到相对稳定状态。

(4) 结合构型中的关键残基分析：根据体系平衡后“关键残基对”的相互作用能，画出热图，从而判断 RBD 与 ACE2 结合过程中起重要作用的关键残基。

(5) SMD 分析：根据所得数据作 Com-Time 图，对应 VMD 动画观察模拟过程中蛋白质的运动情况，将 Com-Time 图中的蛋白质心距变化与蛋白质相互作用变化情况以及分子内部结构变化情况对应起来。

(6) 关于 SMD 过程中的“关键残基对”分析：对得到的“关键残基对”的相互作用能进行求导，可以得到 SMD 过程中“关键残基对”所受到的力随时间的变化，与总体系的 Force-Time 图进行对比，可以与分子内部结构变化情况对应起来，得到 RBD 与 ACE2 结合过程的一些关键信息。

【思考题】

(1) 仔细思考本实验的细节，并认真考虑本实验应该注意哪些地方。

(2) 本实验中是怎样从微观物理量获得分子系统的性质？

(3) 什么是系统的微观状态？举例说明。微观状态与系统的宏观性质关系如何？

(4) 为什么说力场对分子模拟的准确性至关重要？你还知道哪些力场模型？

(5) 什么是周期性边界条件？为什么要用周期性边界条件？分子模拟中总是使用周期性边界条件吗？

(6) 使用操控式分子动力学模拟的方法研究蛋白质与其他物质(如蛋白质、DNA、药物小分子、生物材料等)之间的相互作用有什么优势?

(7) 使用该软件还可以在哪些领域开展研究?

(王　琦)

实验 24　Docking：以新冠病毒刺突蛋白受体结合域(RBD)与橙皮苷分子对接为例

【实验导读】

21 世纪以来，冠状病毒(CoV)多次引起了人类致命性肺炎的大规模暴发。2003 年的严重急性呼吸综合征冠状病毒(SARS-CoV)和 2012 年的中东呼吸综合征冠状病毒(MERS-CoV)都曾造成了人类死亡，特别是 2019 年底出现的新型冠状病毒(2019-nCoV，也称为 SARS-CoV-2)造成了数以亿计的感染。迄今，尚未批准任何特定的治疗药物用于治疗人类冠状病毒感染。由于新药开发过程极其耗时，因此筛选已有的药物分子成为遏制突发性传染病流行的应对方案之一。

为了研发治疗 SARS-CoV-2 的药物，最快的方法就是从市售药物中寻找合适的药物分子。将 SARS-CoV-2 蛋白与其他冠状病毒(如 SARS-CoV 和 MERS-CoV)蛋白进行比较，系统地分析 SARS-CoV-2 基因编码的所有蛋白后，发现主要的药物靶标蛋白有 Spike(刺突)、3CLpro、RdRp 和 PLpro 等。

刺突蛋白是冠状病毒的主要结构蛋白，它以三聚体的形式在病毒表面组装成特殊的花冠结构。刺突蛋白是一种与宿主细胞相互作用的主要蛋白，通过与宿主细胞受体结合介导病毒入侵，在病毒感染期间促进宿主附着和病毒细胞覆盖融合。刺突蛋白被宿主细胞蛋白酶如Ⅱ型跨膜丝氨酸蛋白酶(TMPRSS2)识别而被切开成 S1 和 S2 亚基。S1 亚基结合到宿主细胞受体上，引发刺突三聚体的不稳定，进而造成 S1 亚基脱落，S2 亚基形成高度稳定的融合结构，从而使刺突蛋白更容易与宿主受体 ACE2 结合。随后，刺突蛋白经历多种结构重排后将病毒融合进入宿主细胞的细胞膜导致感染。因此，通过阻止宿主细胞表面的特异性受体与刺突蛋白的结合阻断新冠病毒进入宿主细胞的治疗策略对抗新冠病毒药物的开发具有价值。

基于针对刺突蛋白的小分子化合物的虚拟筛选结果，发现橙皮苷是可以靶向刺突和 ACE2 之间结合界面的化合物。预测的结构显示橙皮苷位于 Spike-RBD 表面的中间浅坑中，该化合物的二氢黄酮部分与 RBD 的 β-6 折叠平行，而糖基部分沿远离 ACE2 的方向插入浅坑中，其中一些疏水性氨基酸(包括 Tyr436、Tyr440、Leu442、Phe443、Phe476、Tyr475、Tyr481 和 Tyr49)形成相对疏水的浅口袋，用于容纳该化合物。预测到 Tyr440 与该化合物之间存在氢键。将 ACE2-RBD 复合物叠加到橙皮苷-RBD 复合物中，可以观察到橙皮苷与 ACE2 界面的明显重叠，因此橙皮苷有可能破坏或抑制 ACE2 与 RBD 的相互作用。橙皮苷-RBD 的对接构型有助于研发针对抑制 RBD 活性的防止 SARS-CoV-2 病毒感染的药物。本实验拟通过 Autodock 得到刺突蛋白和橙皮苷的对接构型，可以观测到橙皮苷是如何结合在 Spike-RBD 表面的。

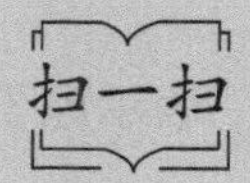

6-9　新冠病毒 3C 样蛋白酶(3CLpro)

【实验目的】

(1) 了解分子对接对研究生物大分子与小分子相互作用及其在药物研发中的重要作用。

(2) 学习和了解不同分子对接方法与算法的基本原理与应用。

(3) 学习和掌握 Autodock 对接小分子和生物大分子体系的方法。

(4) 理解橙皮苷/SARS-CoV-2 的分子对接构型，利用 VMD、LigPlus 等软件进行分析。

【实验原理】

分子对接方法是结构分子生物学和计算机辅助药物设计中的重要工具，用于探索配体小分子在靶蛋白的结合位点，其基本流程如图 6.17 所示。随着越来越多的蛋白质结构通过 X 射线晶体学、核磁共振、冷冻电子显微镜等实验确定，分子对接被越来越多地用作药物发现的工具。对于结构未知的蛋白质，也可以与同源建模的靶标对接。成功的分子对接方法可以计算出化合物的可药用性及其对特定靶标的特异性，以用于进一步的优化过程。分子对接方法一般从几何构型和能量两个角度评估对接构型的合理性。根据受体蛋白和配体是否刚性，可以将对接方法主要分为刚性对接和柔性对接两种，如图 6.18 所示。分子对接程序执行搜索算法，可有效搜索高维空间，其中递归评估配体的构象，直到达到最小能量的收敛。最后，根据配体和蛋白的总相互作用(静电+范德华相互作用等)对候选的对接构型进行打分排序，产生一系列对接构型以供选择。

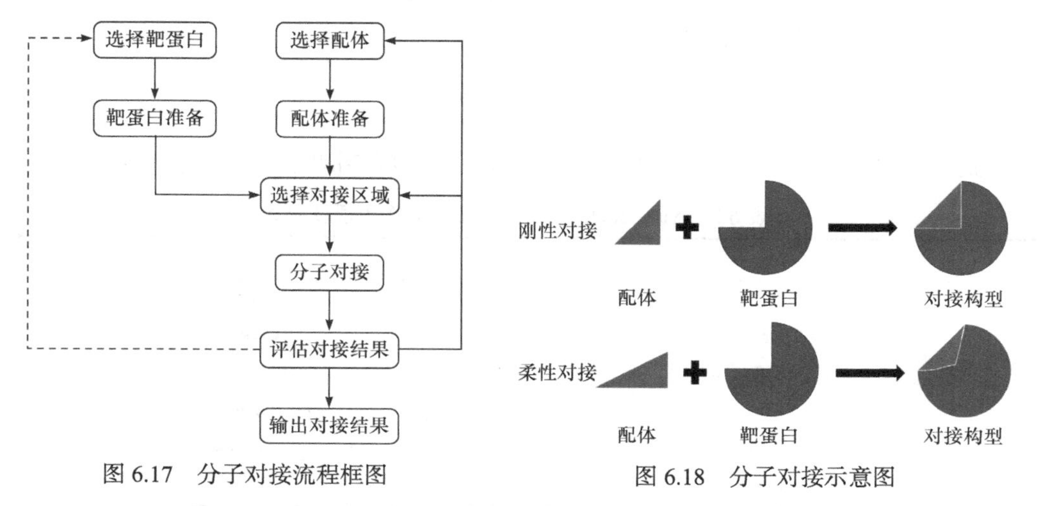

图 6.17　分子对接流程框图

图 6.18　分子对接示意图

现以本实验所用的 AutoDock Vina 为例，介绍其能量相关的打分函数。AutoDock Vina 采用全经验的打分函数，如式(1)所示，包括 Gaussian 空间作用、有限斥力体系、分段疏水和氢键作用、可旋转键的熵。

$$c = \sum_{i<j} f_{t_i t_j}(r_{ij}) \tag{1}$$

式(1)代表可以相对移动的原子间的相互作用总和，每个原子 i 用 t_i 表示，$f_{t_i t_j}$ 表示原子 i 和 j 之间的相互作用，r_{ij} 表示其原子相互作用距离。

$$c = c_{\text{inter}} + c_{\text{intra}} \tag{2}$$

式(2)为分子内和分子间相互作用的总和。

优化算法有效搜索高维空间，找到全局最小值和其他低得分构象，然后进行排序。将计算得到的最低评分预测构象的分子间自由能量，指定为 1：

$$s_i = g(c_1 - c_{\text{intra}}) = g(c_{\text{inter}}) \tag{3}$$

在输出的其他低得分构象中给出的 S 值，使用最佳结合构象的 c_{intra} 计算排名：

$$s_i = g(c_i - c_{\text{intra}}) \tag{4}$$

打分函数的具体作用项及其比重如表 6.8 所示，其推导过程如下：

$$f_{t_i t_j}(r_{ij}) \equiv h_{t_i t_j}(d_{ij}) \tag{5}$$

相互作用 $f_{t_i t_j}$ 定义为与表面距离 d_{ij} 有关，$d_{ij} = r_{ij} - R_{t_i} - R_{t_j}$，$R_{t_i}$ 为原子 i 的范德华作用半径。在 AutoDock Vina 的打分函数中，$h_{t_i t_j}$ 是空间相互作用的加权和(表 6.8 中的前三个作用项)，同样适用于疏水原子之间的疏水性相互作用，以及氢键相互作用。空间相互作用项如式(6)～式(8)所示。

$$\text{gauss}_1(d) = \mathrm{e}^{-(d/0.5\text{Å})^2} \tag{6}$$

$$\text{gauss}_2(d) = \mathrm{e}^{-[(d-3\text{Å})/2\text{Å}]^2} \tag{7}$$

$$\text{repulsion}(d) = \begin{cases} d^2, & 若\ d<0 \\ 0, & 若\ d \geqslant 0 \end{cases} \tag{8}$$

所有相互作用项 $f_{t_i t_j}$ 的 cut off 值 $d_{ij} = 8\text{Å}$。

$$g(c_{\text{inter}}) = \frac{c_{\text{inter}}}{1 + wN_{\text{rot}}} \tag{9}$$

构象独立函数 g 如式(9)所示，N_{rot} 代表配体重原子中可旋转键的数目，w 代表其相关权重。

表 6.8　AutoDock Vina 打分函数的作用项及权重

权重	作用项
−0.0356	gauss_1
−0.00516	gauss_2
0.840	repulsion(斥力)
−0.0351	hydrophobic(疏水)
−0.587	hydrogen bonding(氢键)
0.0585	N_{rot}

在过去的 20 多年间，学界和商业领域已经开发了 60 多种不同的分子对接工具和程

序。刚体对接方法，包括 ZDOCK、rDOCK、HEX 等，会产生大量具有良好表面互补性的对接构象，然后使用近似自由能对构象进行重新排序。刚性蛋白-蛋白对接程序 ZDOCK 是 Chen 和 Weng 等在 2002 年开发的。它使用快速傅里叶变换算法在 3D 网格上实现高效的全局对接搜索，并且利用形状互补性，静电项和统计电位项的组合进行评分。ZDOCK 在蛋白质-蛋白质对接基准方面达到了很高的预测准确性，成功率超过 70%。ZDOCK 为线上服务器，可在线提交任务和查看结果，操作简洁方便。但另一方面，受体蛋白的柔性在配体-蛋白复合物中的作用不容忽视，蛋白侧链的变化使受体蛋白能够根据配体的方向改变其结合部位或构象。配体在受体的各向异性环境中有平移、旋转和构象变量的(6+*N*)维空间中的不同选择。因此，柔性对接可以提供更为精确、合理的对接构型猜测，但同时也大大增加了计算成本。本实验采用的 AutoDock Vina 作为主要的柔性对接程序之一，它采用了蒙特卡罗采样技术和 Broyden-Fletcher-Goldfarb-Shanno(BFGS)方法进行局部优化。相比其他柔性对接程序，其预测准确性和运算所需时间均得到了显著的改善。

【计算机与软件】

高配置(或高性能)计算机或工作站，或计算机群终端，Linux 操作系统，Autodock Vina 软件，AutoDockTools 软件，LigPlus 软件，VMD 分子图形显示软件。

【实验步骤】

6-10　Docking：以新冠病毒刺突蛋白受体结合域(RBD)与橙皮苷分子对接为例：实验操作

1. SARS_CoV_2 蛋白的准备

(1) 载入蛋白

[AutoDockTools]菜单栏 File → Read Molecule 打开 SARS-CoV-2 _Spike_homo_3sci.pdb

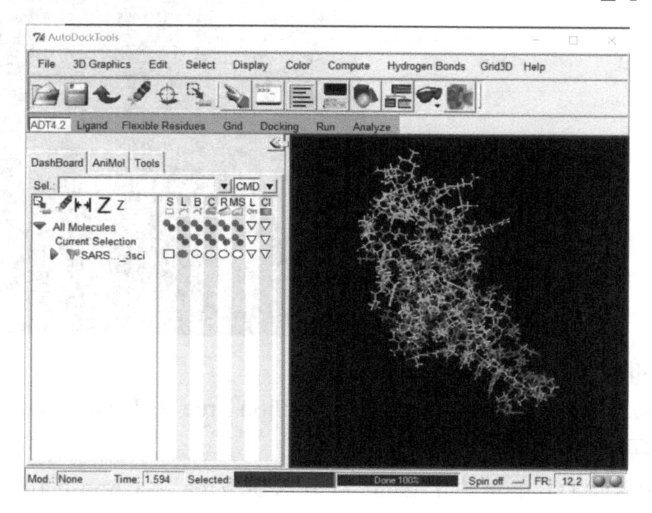

(2) 加氢：[AutoDockTools]菜单栏 Edit → Hydrogens → Add 点击 OK

(3) 计算电荷：[AutoDockTools]菜单栏 Edit → Charges → Compute Gasteiger

(4) 给蛋白添加原子类型：[AutoDockTools]菜单栏 Edit → Atoms → Assign AD4 type

(5) 最后导出为 PDBQT 文件：[AutoDockTools]菜单栏 File → Save → Write PDBQT pdbqt 是 AutoDock 特定的坐标文件格式。

2. 配体小分子 hesperidin 的准备

(1) 打开小分子，查看电荷

[AutoDockTools] ADT 菜单栏 Ligand → Input → Open 打开 hesperidin.pdb 文件

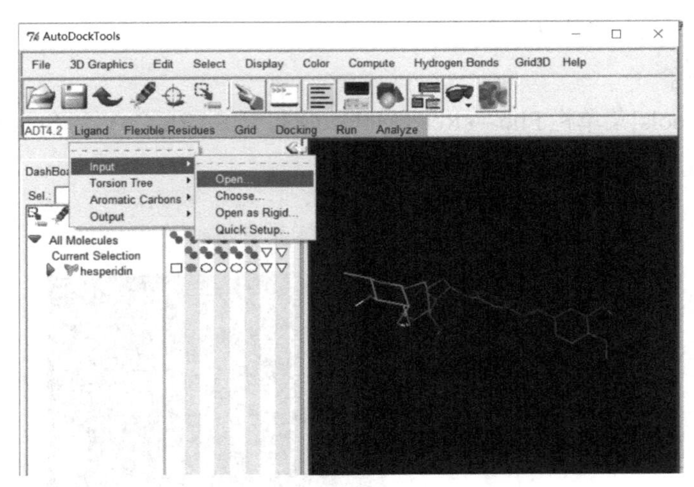

(2) 判定配体的 root

[AutoDockTools] ADT 菜单栏 Ligand → Torsion Tree → Detect Root

(3) 选择配体可扭转的键

[AutoDockTools] ADT 菜单栏 Ligand → Torsion Tree → Choose Torsions

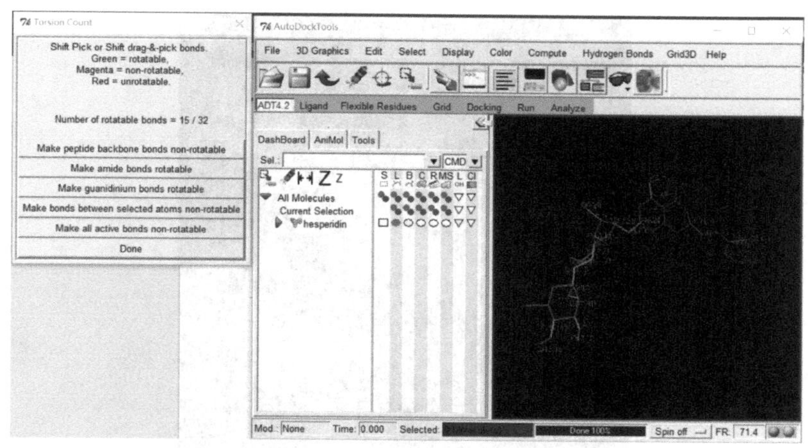

(4) 导出为 PDBQT

[AutoDockTools] ADT 菜单栏 Ligand → Output → Save as PDBQT

3. Grid

1) 打开蛋白

[AutoDockTools] Grid → Macromocule → Open 打开 SARS-CoV-2_Spike_homo_3sci.pdbqt

2) 打开配体小分子

[AutoDockTools] Grid → Set Map Types → Open ligand

3) 设置 GridBox(指定对接区域)

[AutoDockTools] Grid → Grid Box 打开 Grid Options 对话框。调整 x、y、z 及格子中心坐标。

(1) 在不知道结合位点的情况下，可以将盒子大小设置为罩住整个蛋白(如下所示)。

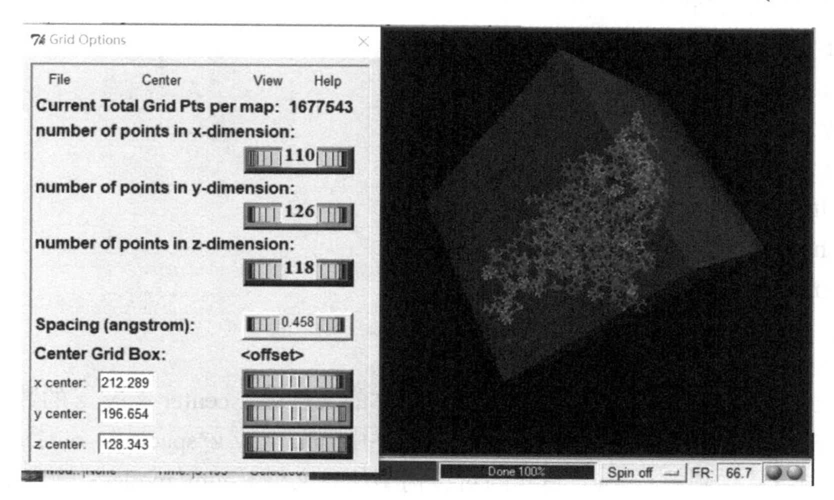

(2) 如果根据文献资料或 pdb 数据库、实验线索、猜测等，大致知道蛋白的结合区域或希望指定对接区域，可以将盒子大小设置为罩住指定的结合区域(如下所示)。

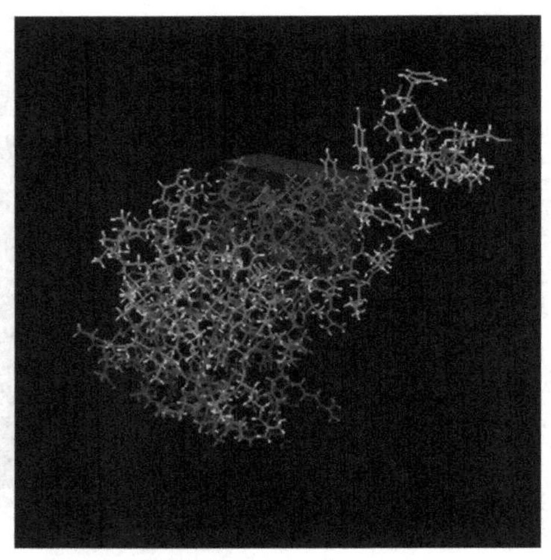

设置完成后点击 Grid Options 菜单中 File → Close saving current

4) 保存 gpf 文件

[AutoDockTools] Grid → Output → Save GPF 保存为 p-l.gpf 文件。

4. 进行对接(Linux 系统下操作)

(1) 将蛋白文件 SARS_CoV_2 _Spike_homo_3sci.pdbqt 和配体文件 hesperidin.pdbqt 传输到 Linux 系统上。

(2) [Linux]打开 AutoDock_Vina 的设置文件 conf.txt

```
receptor = SARS_CoV_2 _Spike_homo_3sci.pdbqt
ligand = hesperidin.pdbqt
center_x = 214.080
center_y = 183.456
center_z = 120.651
size_x = 20
size_y = 7.5
size_z = 15
out = hesperidin_model_out.pdbqt
log = hesperidin_model_out.log
num_modes =10
energy_range = 4
```

注：conf.txt 文件可根据实际情况进行修改。

receptor：受体蛋白的文件名。ligand：配体的文件名。center_x, y, z 的数值：p-l.gpf 文件中 gridcenter 的值。size_x, y, z：p-l.gpf 文件中 npts_x, y, z*spacing。out：猜测的对接构型结构文件(从优到差)。log：猜测的对接构型信息文件。num_modes：输出猜测的对接构型的数目。energy_range：和最佳模型的能量值相差的最大值，kcal/mol，一般为 2～4。

(3) 运行任务。

[Linux]键入 qsub PBS

PBS 文件：

```
#!/bin/bash
#PBS -N dock
#PBS -j oe
#PBS -q MD
#PBS -l nodes=1:ppn=8
#PBS -V
cd $PBS_O_WORKDIR
vina --config conf.txt
```

注：该行为执行对接的命令行。

【数据记录与处理】

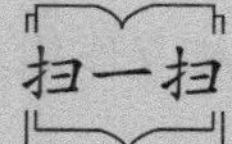

6-11　Docking：以新冠病毒刺突蛋白受体结合域(RBD)与橙皮苷分子对接为例：数据分析

1. 查看对接结果

[Linux] vi hesperidin_model_out.log

打开 log 文件查看，能量一列为负值，说明猜测的结果合理。

```
mode |   affinity | dist from best mode
     | (kcal/mol) | rmsd l.b.| rmsd u.b.
-----+------------+----------+----------
   1         -7.7      0.000      0.000
   2         -7.2      2.231      5.631
   3         -6.8      1.506      1.988
   4         -6.3      1.866      3.271
   5         -6.0      2.627      6.313
   6         -5.7      1.724      2.423
   7         -5.4      2.028      2.938
   8         -4.9      2.473      5.346
   9         -4.5      4.215     11.730
  10         -4.1      4.114     11.310
```

2. 查看对接构型

[AutoDockTools] ADT 界面 Analyze → Dockings → Open AutoDock vina results 打开 out 文件。

[AutoDockTools] ADT 界面 Analyze → Macromocule → Open

打开 SARS-CoV-2_Spike_homo_3sci.pdbqt 即可看到对接构型。

选择 out 文件中 2～3 个合适的配体坐标信息，分别复制到受体蛋白的 pdbqt 文件中，另存为复合物的 pdbqt 文件，再用 AutoDockTools 转化为 pdb 文件，即可得到这 2～3 个复合物的结构。

[VMD] File → New Molecule 打开 pdb 文件，Graphics → Representaions → Selected atoms 中输入 chain A，选择 Surf 显示模式，即可看到蛋白结构。再输入 chain X，选择 CPK 模式，即可看到配体-蛋白的复合物结构。或者选择 vdW 模式，可以查看分子对接

契合的程度。

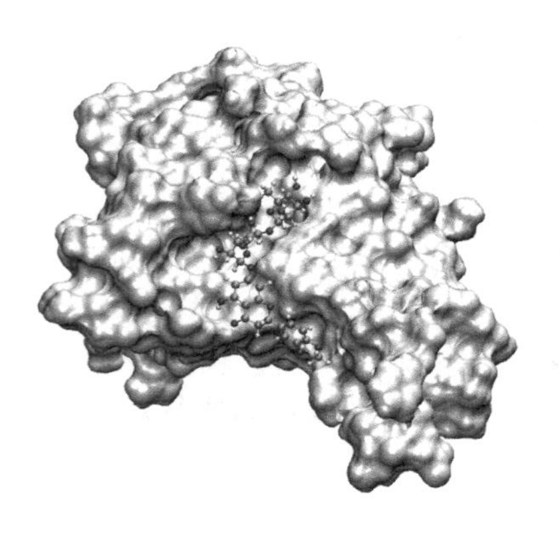

3. 查看对接具体信息

利用 LigPlus 软件打开复合物的 pdb 文件，可看到配体与蛋白残基的具体相互作用。其中，圆弧表示疏水相互作用，虚线表示氢键相互作用。

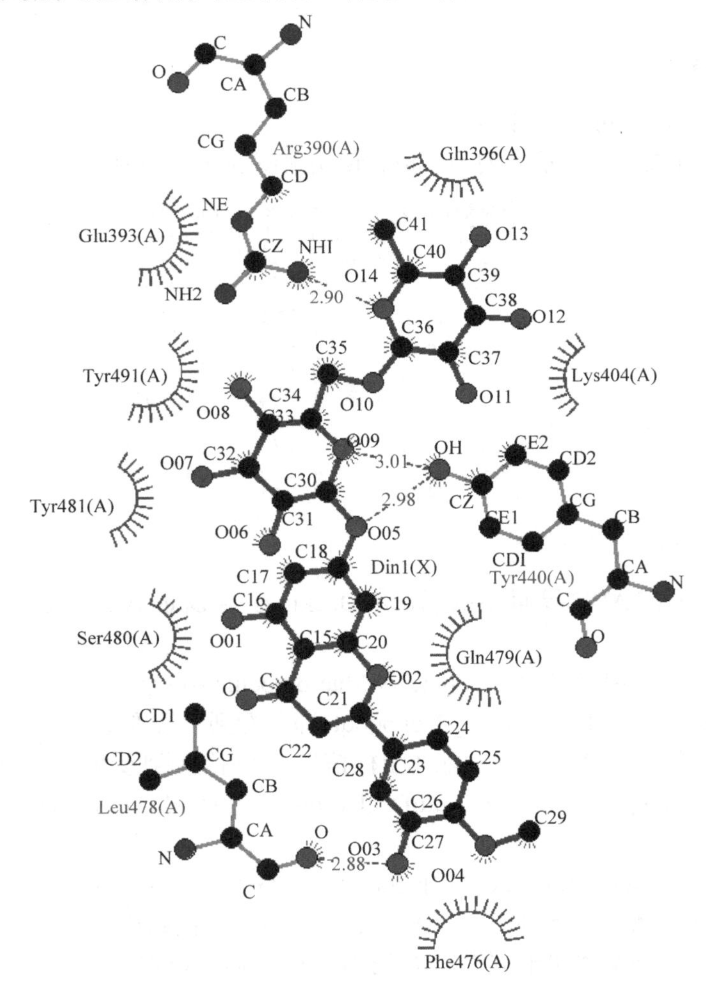

【实验拓展】

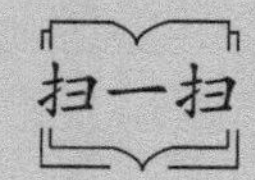

6-12　新冠病毒抑制剂对接实验拓展

【思考题】

(1) 使用分子对接技术，如何判断得到的配体-蛋白的对接构型是否为合适的对接构型？

(2) 使用分子对接技术得到配体小分子-蛋白的对接构型后，可以使用什么技术手段判断配体小分子与蛋白的结合强弱？

(3) 仔细思考本实验的细节，并认真考虑本实验中应该注意的问题。

(4) 阐述刚性对接和柔性对接的优缺点，并思考在实际应用中该如何选择哪种对接。

(5) 除药物开发领域外，分子对接技术还有哪些应用？

(王　琦)

第7章　化学中细胞工程实验

实验25　MTT法测定聚乙烯亚胺的细胞毒性

【实验导读】

毒性是外来化合物对机体造成的损害，常见的外来化合物有农用化学品、工业化学品、药物、食品添加剂、日用化学品、各种环境污染物及霉菌毒素等，毒性的大小与剂量相关。目前以测定细胞毒性作为评价化学物质毒性的依据。细胞毒性评价法易于量化且重现性高，因此被广泛应用。

将化学物质加入处于指数生长期的细胞中共孵育一段时间，然后换成正常培养液继续培养，让细胞再增殖2～3个群体倍增时间，这样就可以将能够增殖的细胞和不能增殖的细胞区别开。用MTT染料还原反应测定存活细胞的数目，就能检测化学物质对细胞造成的损伤。

聚乙烯亚胺(polyethylenimine，PEI)是一种聚阳离子材料，广泛应用于基因转染实验，细胞的转染效率和毒性均与分子质量成正比。分子质量高于25kDa时聚乙烯亚胺细胞转染效率高但毒性也高，分子质量低于25kDa时聚乙烯亚胺几乎没有转染效率和细胞毒性。本实验通过三种不同分子质量的PEI(0.6kDa、2kDa和25kDa)在C6细胞株进行MTT实验，比较研究PEI的细胞毒性。

【实验目的】

(1) 掌握细胞毒性测试的原理和测试方法。

(2) 掌握细胞毒性实验的计算方法。

【实验原理】

四唑盐比色实验是一种检测细胞存活和生长的方法。显色剂四唑盐是一种能接受氢原子的染料，化学名称为3-(4,5-二甲基-2-噻唑)-2,5-二苯基四氮唑溴盐，商品名为噻唑蓝，简称MTT。检测原理为：活细胞线粒体中的琥珀酸脱氢酶能使外源性的MTT还原为难溶性的蓝紫色结晶物甲臜，并沉积在细胞中，而死细胞无此功能。二甲基亚砜能溶解细胞中的甲臜，用酶标仪测定在570nm波长处的光吸收值(OD)，可间接反映活细胞数量。在一定细胞数范围内，MTT结晶物形成的量与活细胞数成正比。本实验通过三种不同分子质量的聚乙烯亚胺PEI(0.6kDa、2kDa和25kDa)在C6细胞株进行细胞毒性实验，比较三种材料的细胞毒性。

【主要仪器与试剂】

1. 仪器

酶标仪(BIO-RAD 680，配 570nm 滤光片)，微量振荡器(用于振荡 96 孔板)，细胞培养用的常规仪器。

2. 试剂

(1) 0.01mol · L^{-1} PBS(pH 7.4)，0.25%胰蛋白酶消化液，小牛血清，DMEM 培养基，DMSO。

(2) C6 细胞：培养于含有 10%小牛血清的 DMEM 培养基中，并置于 37℃、CO_2 浓度为 5%的细胞培养箱中。于实验前一日长到细胞培养皿 70%～80%的密度。

(3) 5mg · mL^{-1} MTT 溶液：称取 250mg MTT 溶于 50mL PBS 中，搅拌 30min 后用 0.22μm 滤器除菌，避光冷藏。

(4) 聚乙烯亚胺溶液：浓度均为 10mg · mL^{-1}。

【实验步骤】

扫一扫　7-1　MTT 法测定聚乙烯亚胺的细胞毒性

(1) 细胞接种：用 0.25%胰蛋白酶消化收集 C6 细胞，用含 10%小牛血清的 DMEM 培养液配成单个细胞悬液，将细胞接种到 96 孔板上，每孔 10^5 个细胞，每孔体积 200μL。

(2) 细胞培养：将培养板放入 CO_2 培养箱，在 37℃、5% CO_2 及饱和湿度条件下，培养至细胞贴壁而未进入分化阶段(一般小于 16h)。

(3) 将 PEI 的 PBS 溶液用无血清培养液稀释成浓度分别为 10μg · mL^{-1}、25μg · mL^{-1}、50μg · mL^{-1}、100μg · mL^{-1} 和 200μg · mL^{-1} 的材料液。吸去 96 孔板中的细胞培养液，用 PBS 清洗细胞，加入上述系列浓度的 PEI 材料液，每个浓度 5 复孔，每孔体积 200μL。

(4) PEI 溶液与细胞共孵育 3h 后，吸去培养液，每孔加入 200μL 浓度为 0.5mg · mL^{-1} MTT 无血清培养液，37℃孵育 4h。

(5) 翻板法弃去液体，每孔加入 100μL DMSO，在振荡器上振荡 5min。

(6) 在酶标仪上测 570nm 波长处的吸收值。

【数据记录与处理】

(1) 对比 PEI(0.6kDa、2kDa 和 25kDa)的细胞死亡情况，计算细胞活力。

细胞活力的计算式如下：

$$\text{细胞活力}=\frac{\text{经PEI处理过的每孔吸收值}-\text{死亡细胞对照组的每孔吸收值}}{\text{存活细胞对照组的每孔吸收值}-\text{死亡细胞对照组的每孔吸收值}}\times 100\%$$

(2) 以 PEI 浓度为横坐标、细胞存活百分数(%)为纵坐标作图。

【注意事项】

(1) 实验时应观察细胞的生长状况，选择适当的细胞接种浓度。一般情况下，96孔培养板的一个孔内贴壁细胞长满时约有 10^5 个细胞。细胞板的接种与实验开始的时间间隔不宜超过16h，以免细胞过早进入指数生长期，从而干扰实验结果。

(2) 避免血清的干扰。细胞培养时一般选择10%小牛血清培养液进行孵育，在加入化学试剂前，要尽量吸尽培养孔中残余的培养液，并用PBS清洗细胞。

(3) 设全活对照组，与实验孔平行设置不加材料只加无血清培养液作为全活对照。设全死对照组，与实验孔平行设置不加材料的超滤水作为全死对照。进行比色测定时，以全死对照组的孔为零值。

【思考题】

(1) 除MTT法外，还有哪些方法可以测定细胞毒性?

(2) 如何用细胞记数法计算细胞悬浮液中细胞的浓度?

(白宏震、汤谷平、周 峻)

实验26 抗肿瘤药物5-氟尿嘧啶对肿瘤细胞的抑制及细胞形态观察

【实验导读】

细胞是生物体形态结构、生理功能和发育分化等生命现象的基本单位。为观察不同细胞或细胞在不同环境下的状态，染色是最常用且最直观的方法。

常用的酸性染料如伊红(eosin)、橙黄G、光绿等，碱性染料如苏木精(hematoxylin)、碱性品红、亚甲蓝等。细胞或组织学中最常用的是苏木精和伊红染色法，简称HE染色法。经苏木精染色后，细胞核和细胞质内的嗜碱性物质呈蓝紫色，用胞浆染料伊红染胞浆，使胞浆的各种不同成分呈现出深浅不同的粉红色。5-氟尿嘧啶为抗嘧啶类药物，经过酶转化为5-氟脱氧尿嘧啶，其具有抗肿瘤活性，通过抑制胸腺嘧啶核苷酸合成酶而抑制DNA的合成。临床上用于治疗消化道肿瘤、乳腺癌和卵巢癌等多种肿瘤。

【实验目的】

(1) 观察抗肿瘤药物对肿瘤细胞的抑制。

(2) 观察抗肿瘤药物对肿瘤细胞形态的影响。

(3) 掌握苏木精-伊红染色的原理。

(4) 熟悉细胞染色的方法。

【实验原理】

5-氟尿嘧啶与细胞共孵育后会干扰正常细胞的代谢，通过染色的方法，可以观察细胞整体形态的变化，观察到药物对细胞形态的影响。

苏木精在碱性溶液中呈蓝色，可将细胞核染成蓝紫色。伊红在水中解离成带负电荷的阴离子，与蛋白质的氨基正电荷的阳离子结合，使胞浆染色，细胞浆、红细胞、肌肉、结缔组织、嗜伊红颗粒等被染成不同程度的红色或粉红色，与蓝紫色的细胞核形成鲜明对比。

【主要仪器与试剂】

1. 仪器

倒置荧光显微镜，超净工作台，CO_2 培养箱，移液枪，6 孔板。

2. 试剂

苏木精，伊红，乙酸，RPMI1640 细胞培养液，DMEM 细胞培养液，小牛血清。

苏木精染液：用 20mL 无水乙醇溶解 2.5g 苏木精，制成溶液Ⅰ；用 330mL 去离子水加热溶解 5g 硫酸铝钾，制成溶液Ⅱ。将溶液Ⅰ和溶液Ⅱ混合后，依次加入 250mg 碘酸钠、150mL 甘油和 10mL 乙酸。

盐酸-乙醇分化液：99mL 70%乙醇中加入 1mL 浓盐酸。

伊红染液：称取伊红 0.3g，用 100mL 去离子水溶解后，加入 1 滴乙酸。

细胞株：C6 细胞株。

【实验步骤】

扫一扫　7-2　聚乙烯亚胺的细胞形态学实验

(1) 细胞接种：用 0.25%胰蛋白酶消化单层 C6 细胞，用含 10%小牛血清的 1640 培养液配成单个细胞悬液，将细胞接种到 24 孔板，每孔 5×10^5 个细胞，每孔体积 1mL，共 4 个孔。

(2) 细胞培养：将培养板放入 CO_2 培养箱，在 37℃、5% CO_2 及饱和湿度条件下培养 16h。

(3) 在铺制完细胞的 24 孔板中分别加入阿霉素药物，使其浓度为 $0.5mg \cdot mL^{-1}$、$1.0mg \cdot mL^{-1}$、$1.5mg \cdot mL^{-1}$，在无血清条件下孵育 2.5h，第 4 个孔为未加样品的对照组。

(4) 2.5h 后，吸去培养液，细胞用 PBS 洗三次，用 3%甲醛固定细胞 5min。

(5) 吸去 3%甲醛，细胞用去离子水清洗三次，滴加苏木精染液 1mL，染色 40min。

(6) 40min 后，吸去苏木精溶液，用去离子水轻微冲洗细胞，伊红复染 2～10s，再用去离子水洗涤 24 孔板中的细胞。

(7) 用倒置荧光显微镜观察，拍照。

【注意事项】

(1) 染色过程中，切忌使细胞干燥。

(2) 染色后润洗细胞时，动作需轻缓。

(3) 伊红的染色时间不宜过长。

【思考题】

(1) 查阅文献，阐述细胞染色的其他方法。

(2) 在细胞染色后，如何通过细胞形态的变化判断药物对细胞活性的影响？

(白宏震、周　峻、汤谷平)

实验 27　基于荧光分子探针的细胞内活性氧水平测定

【实验导读】

活性氧(reactive oxygen species，ROS)是细胞正常代谢产物的一种，包括超氧阴离子($O_2^-\cdot$)、过氧化氢(H_2O_2)、羟基自由基(OH·)、一氧化氮(NO)等，其中细胞内含量较高的ROS主要为$O_2^-\cdot$。ROS在化合价或外层电子轨道上具有一个或多个不成对的原子或分子片段，因此具有短寿命和高活性的特点。细胞内ROS具有调节细胞氧化还原稳态的功能，是维持细胞生命活动的必需成分。同时，细胞内ROS对多种细胞信号通路具有调控作用，如PI3K-AKT、MAPK-ERK、核因子κB(nuclear factor kappa-B，NF-κB)等。这些信号通路进一步影响细胞的增殖、迁移、分化、死亡等。

2′,7′-二氯二氢荧光素二乙酸酯(2′,7′-dichlorodihydrofluorescein diacetate，DCFH-DA)是一种还原型、乙酰化形式的分子探针，可用于指示细胞中的ROS水平。这种非荧光分子探针在细胞内容易被酯酶分解生成DCFH，而DCFH不能通过细胞膜，从而使分子探针很容易装载到细胞内。细胞内ROS可以氧化无荧光的DCFH，将其转化为绿色荧光分子DCF，因此检测DCF荧光强度可以知道细胞内活性氧的水平。基于DCFH-DA的细胞内ROS水平检测原理如图7.1所示。

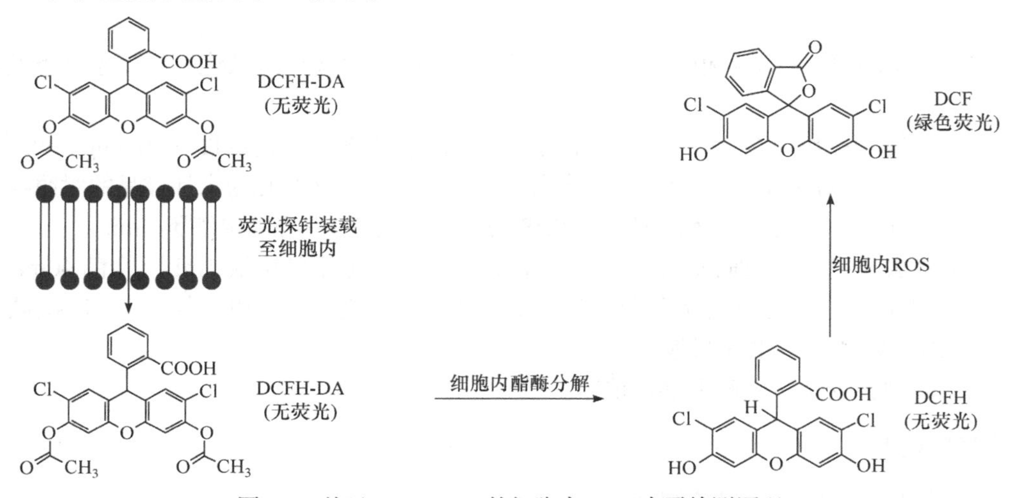

图7.1　基于DCFH-DA的细胞内ROS水平检测原理

【实验目的】

(1) 学习 DCFH-DA 分子探针的细胞内 ROS 检测原理。
(2) 掌握基于 DCFH-DA 分子探针的细胞内 ROS 检测方法和观察方法。

【实验原理】

DCFH-DA 分子探针进入细胞内，可以被细胞内的酯酶水解为 DCFH，进而积聚在细胞内。细胞内 ROS 进一步将无荧光的 DCFH 转化为具有绿色荧光的 DCF。因此，细胞内绿色荧光强度与细胞内 ROS 水平成正比，在最大激发波长 480nm 和最大发射波长 525nm 下检测荧光信号。

【主要仪器与试剂】

1. 仪器

CO_2 培养箱，倒置荧光显微镜，超净工作台，24 孔板，移液枪。

2. 试剂

DMEM 细胞培养液，小牛血清，PBS，0.25%胰蛋白酶，10mmol · L^{-1} DCFH-DA 分子探针，100mmol · L^{-1} ROS 诱导剂。
细胞株：C6 细胞株。

【实验步骤】

1. 细胞准备

实验前一天进行细胞铺板，确保检测时细胞汇合度达到 50%～70%且不会过度生长。
用 PBS 或无血清培养基配制 ROS 诱导剂工作液，将 100mmol · L^{-1} ROS 诱导剂稀释至 10μmol · L^{-1} 作为工作液。

2. 诱导细胞内 ROS 上调

去除细胞培养液，加入适量 ROS 诱导剂工作液，于 37℃细胞培养箱内诱导细胞内 ROS 上调，避光，诱导时间为 0.5～3h。

3. 装载分子探针

利用无血清培养基将 10mmol · L^{-1} DCFH-DA 分子探针稀释至 10μmol · L^{-1} 作为工作液。
吸去 ROS 诱导剂溶液，加入适当体积的 DCFH-DA 工作液，37℃细胞培养箱内避光孵育 30min 装载探针。

4. 观察并拍照

吸去 DCFH-DA 工作液，用 PBS 清洗 3 次后，在倒置荧光显微镜下观察并拍照。

【注意事项】

(1) 细胞接种浓度不宜过高，实验前应注意细胞生长状况。

(2) 探针装载后，一定要洗净残余的未进入细胞内的探针，否则会导致背景较高。

(3) 探针装载完毕，进行激发波长和发射波长的扫描，以确认探针的装载情况是否良好。

(4) 尽量缩短探针装载后到测定所用的时间，以减少误差。

【思考题】

如何利用 DCFH-DA 荧光分子探针对细胞内 ROS 水平进行定量测定？

(白宏震、汤谷平、周　峻)

实验 28　抗肿瘤药物 5-氟尿嘧啶对肿瘤细胞迁移的影响

【实验导读】

瘤组织的增殖、瘤细胞的分化和转移是恶性肿瘤最基本的生物学特征，而侵袭和转移又是恶性肿瘤威胁患者健康的主要原因。肿瘤转移是指恶性肿瘤细胞从原发部位侵入淋巴管、血管或体腔至靶组织或靶器官，长出与原发肿瘤不相连续而组织学类型相同的肿瘤。

细胞划痕法是测定肿瘤细胞的运动特性的方法之一。其借鉴体外细胞致伤愈合实验模型，在体外培养的单层细胞上划痕致伤，然后加入药物观察其抑制肿瘤细胞迁移的能力。如图 7.2 所示，在细胞层上出现一道空痕(a)，当加入药物后，药物的作用使细胞迁移受到抑制(b)，而未加入药物的细胞保持了原有的迁移能力，在一段时间后通过迁移将划痕掩盖(c)。

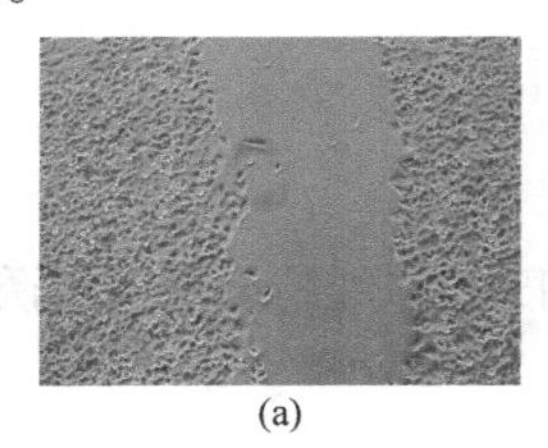
(a)

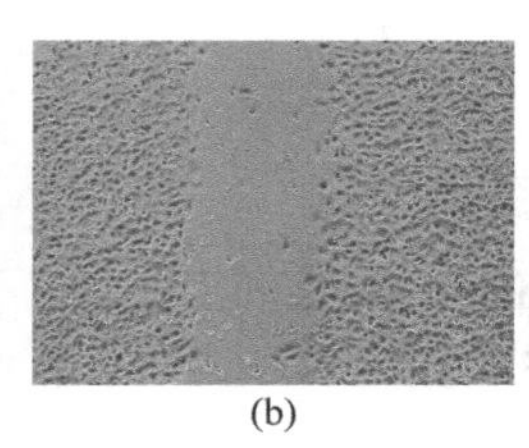
(b)

(c)

图 7.2　划痕实验结果示意图

(a) 表示在单层细胞上划出的一道痕；(b) 表示加入抑制剂，为阳性对照组；(c) 表示未加入抑制剂，为阴性对照组

【实验目的】

(1) 学习肿瘤细胞转移的基本原理。

(2) 掌握肿瘤细胞运动迁移的观察方法。

【实验原理】

肿瘤细胞在体外仍具有迁移的能力，本实验借鉴体外细胞致伤愈合实验模型，利用细胞划痕法测定肿瘤细胞的运动特性。

【主要仪器与试剂】

1. 仪器

倒置相差显微镜，CO_2 培养箱，超净工作台，24 孔板，移液枪。

2. 试剂

细胞株及其培养：PBS，DMEM 培养液，0.25%胰蛋白酶，小牛血清，1μg · mL^{-1} 5-氟尿嘧啶溶液。

细胞株：肝肿瘤细胞 HepG2。

【实验步骤】

1. 5-氟尿嘧啶溶液的配制

准确称取 10mg 5-氟尿嘧啶，用去离子水溶解，定容于 100mL 容量瓶。准确移取 1mL 上述溶液，稀释至 100mL，即得 1μg · mL^{-1} 5-氟尿嘧啶溶液。

2. 制备单层细胞

用 0.25%胰蛋白酶消化收集 HepG2 细胞，用含 10%小牛血清的 DMEM 培养液配成单个细胞悬液。将细胞接种到 24 孔板上，每孔 5×10^5～10×10^5 个细胞，每孔体积 500μL。将培养板放入 CO_2 培养箱，在 37℃、5% CO_2 及饱和湿度条件下，培养至细胞贴壁而未进入分化阶段(一般小于 16h)。

3. 划痕

以 5-氟尿嘧啶为例，首先配制 1mg · mL^{-1} 母液，取 45μL 该母液，用 PBS 稀释至 1.1mL，得到 40μg · mL^{-1} 5-氟尿嘧啶溶液。用 10μL 移液枪枪头(或无菌牙签)在单层细胞上呈“一”字划痕，用 PBS 清洗 3 次，然后加入上面配好的 5-氟尿嘧啶溶液，平行两个样本，孵育 24h 后换成含 10%小牛血清的 DMEM 培养液，孵育 24h。

4. 观察并拍照

吸去培养液，用 PBS 清洗 3 次后，在倒置相差显微镜下观察并拍照。

【注意事项】

(1) 实验时应注意细胞生长状况，选择适当的细胞接种浓度。对不同的细胞要观察细胞的贴壁率等，确定实验时细胞的接种数量和培养时间，保证培养终止时密度适当。

(2) 用 PBS 冲洗时，注意贴壁慢慢加入，以免冲散单层贴壁细胞，影响实验拍照结果。

(3) 在药物的筛选过程中，药物对细胞迁移能力的影响也是重要的一个方面。实验设计过程中需要选择适当的阳性对照组和阴性对照组。

【思考题】

(1) 设计实验，验证药物作用时间及药物浓度对肿瘤细胞迁移的影响。

(2) 如何用划痕实验半定量地计算药物对细胞迁移的影响?

(白宏震、汤谷平、周　峻)

实验 29　聚乙烯亚胺-DNA 复合物体外细胞转染实验

【实验导读】

基因转染是将具有生物功能的核酸转移到细胞内，并使核酸在细胞内维持其生物功能的技术。本实验以聚乙烯亚胺为阳离子载体材料，用萤火虫萤光素酶真核表达质粒 pCAG(带有 pCMV 启动子)进行复合物的制备，以 Cos-7 细胞为研究对象，观察聚乙烯亚胺载体材料携带质粒 DNA 在细胞中的转染情况。图 7.3 为聚阳离子载体材料与质粒 DNA 形成复合物并在细胞内运转的示意图。聚乙烯亚胺的结构及作用详见“实验 8　聚乙烯亚胺-DNA 复合物粒径和表面电荷的测定”。

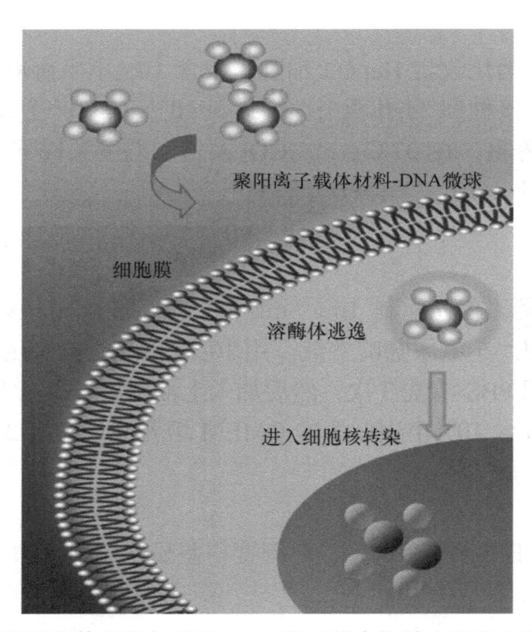

图 7.3　聚阳离子载体材料与质粒 DNA 形成复合物并在细胞内运转的示意图

【实验目的】

(1) 掌握聚阳离子载体材料-质粒 DNA 复合物的制备过程。

(2) 掌握细胞转染技术，用聚阳离子载体材料-质粒 DNA 复合物进行体外转染实验。

【实验原理】

基因转染需要一定的转染试剂将目的基因运送到细胞内。常用的转染试剂是阳离子脂质体和阳离子聚合物，它们在克服细胞屏障方面与病毒有相似的特征。但是，脂质体的体内毒性较强，在应用上受到限制。因此，阳离子聚合物转染试剂日益受到重视。

【主要仪器与试剂】

1. 仪器

超纯水系统，CO_2 培养箱，低温高速离心机，化学发光检测仪。

2. 试剂

聚乙烯亚胺(PEI，25kDa)。

质粒：萤火虫萤光素酶真核表达质粒 pCAG(带有 pCMV 启动子)。

试剂盒：质粒提取试剂盒，萤光素酶检测试剂盒，细胞裂解液，蛋白质定量 BCA 试剂盒。

工作溶液：

(1) 细胞株：Cos-7 细胞。

(2) 细胞培养液：含有 10%小牛血清的 DMEM 培养液。

(3) 无血清细胞培养液：DMEM 培养液(不加入血清)。

【实验步骤】

以下步骤均需无菌操作。

1. 细胞接种

用 0.25%胰蛋白酶消化单层 Cos-7 细胞，用含 10%小牛血清的 DMEM 培养液配成单个细胞悬液，将细胞接种到 24 孔板上，每孔 2×10^5 个细胞，每孔体积 100μL。

2. 聚乙烯亚胺载体材料溶液的配制

称取 4.5mg PEI(25kDa)，将其溶于 1mL 水中得到母液，其含 N 浓度为 $100\text{nmol}\cdot\mu\text{L}^{-1}$。取 100μL 母液稀释至 1mL，得到含 N 浓度为 $10\text{nmol}\cdot\mu\text{L}^{-1}$ 的 PEI 溶液。

取 DNA 溶液，稀释使其含 P 浓度为 $1\mu\text{g}\cdot\mu\text{L}^{-1}$，即 $3\text{nmol}\cdot\mu\text{L}^{-1}$。

3. 聚乙烯亚胺-DNA 复合物的配制

取 3μL PEI 溶液(含 N 物质的量为 30nmol)，加水 7μL，配成 10μL 的 PEI 溶液。

取 1μL DNA 溶液(含 P 物质的量为 3nmol)，加水 9μL，配成 10μL 的 DNA 溶液。然后将上述 PEI 溶液和 DNA 溶液涡旋混匀，得到 N/P 值为 10∶1(物质的量比)的溶液，室温下静置 30min，备用。加入前，用 PBS 稀释至 200μL。

4. 聚乙烯亚胺载体材料的细胞转染实验

将 Cos-7 细胞按每孔 2×10^4 个的细胞密度铺于 24 孔板中，细胞培养箱中培养 16h，待细胞密度为 70%～80%时进行转染实验。将实验步骤 3.制备的复合物加入各孔中，加 500μL 无血清培养液于 37℃、5% CO_2 培养箱培养 4h 后，吸去孔中液体，每孔加入 500μL 含 10% 小牛血清的新鲜培养液，继续培养 36h，实验均为 3 复孔。培养 36h 后，吸去孔中的溶液，用 PBS 洗涤 3 次，细胞培养板每孔加入 200μL PBS，–20℃冻存 1h。然后 37℃融化，取 25μL 细胞裂解液，采用萤光素酶检测试剂盒测定萤光素酶活性，按照试剂盒说明书要求操作。同时取 5μL 细胞裂解液，采用 BCA 试剂盒检测总蛋白量。

【数据记录与处理】

(1) 记录各 N/P 值下萤光素酶值读数相对光单位(relative light unit，RLU)，将 3 个复孔的数值平均，并计算 SD 值。

(2) 测定各孔的细胞蛋白值，并计算 RLU · (mg 蛋白质)$^{-1}$ 值。

(3) 以 N/P 比为横坐标、RLU · (mg 蛋白质)$^{-1}$ 为纵坐标作图。

【注意事项】

(1) 在细胞培养过程中，注意每孔细胞的密度和状态，转染时的密度为 70%～80%。

(2) 在转染溶液的配制过程中，注意等体积混合和放置时间的控制。

【思考题】

(1) 载体材料与 DNA 形成复合物的过程中，为什么要将载体材料缓慢加入 DNA 中?

(2) 在萤光素酶的测定中，如何控制底物与萤光素酶的比例?

(3) 测定荧光值后，为什么要进行蛋白质的测定?

(白宏震、汤谷平、周　峻)

实验 30　聚乙烯亚胺携带基因在细胞中的荧光染色实验

【实验导读】

研究表明，聚乙烯亚胺在携带 DNA 进入细胞的过程中，需要克服多重障碍，可能的过程是载体-DNA 复合物需要跨越细胞膜，然后经过网格蛋白介导、细胞膜穴样内陷、被动吸收等过程进入细胞，进入细胞后还要经过小囊泡、内体、溶酶体等过程才能到达细胞核附近，外源基因还需要进入细胞核才能进行表达。因此，可以通过聚乙烯亚胺携带有荧光标记的 siRNA(FAM-siRNA)以及对相关细胞器的染色来了解这个过程。细胞内细胞器结构和染色后的细胞如图 7.4 所示。聚乙烯亚胺的结构及作用详见“实验 8　聚乙烯亚胺-DNA 复合物粒径和表面电荷的测定”。

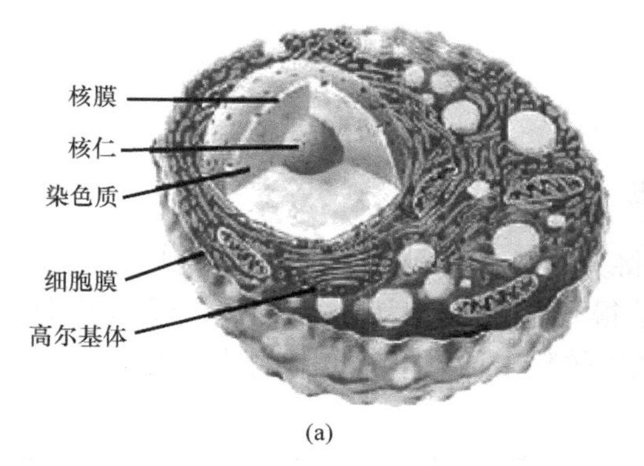

(a)

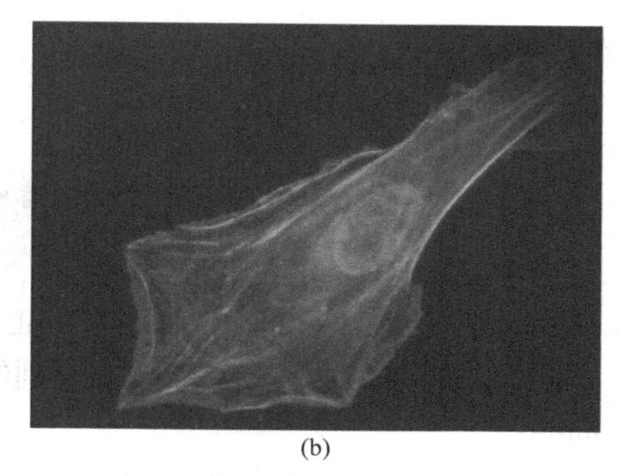

(b)

图 7.4　细胞器结构示意图(a)和细胞染色后的照片(b)

【实验目的】

(1) 学习细胞器荧光染色。

(2) 了解细胞吞噬过程及机理。

【实验原理】

Hoechst 33258 是一种可以穿透细胞膜的蓝色荧光染料，对细胞的毒性较低。它常用于细胞凋亡检测，染色后用荧光显微镜观察或流式细胞仪检测，也可用于普通的细胞核染色或常规的 DNA 染色。其最大激发波长为 346nm，最大发射波长为 460nm。Hoechst 33258 与双链 DNA 结合后，最大激发波长为 352nm，最大发射波长为 461nm。

带有荧光标记的 siRNA(FAM-siRNA)可以用于评估 PEI-siRNA 复合物在细胞内的摄取效率，可用荧光显微镜观察或流式细胞仪检测。FAM 是一种绿色荧光基团，由蓝光激发，激发波长为 480nm，发射波长为 520nm。

荧光凝集素是一种多功能探针，在组织化学和流式细胞术中用于糖复合物的检测，在凝胶电泳中用于糖蛋白定位。麦胚凝集素(WGA)可以与细胞质膜中的 *N*-乙酰葡萄糖氨基和 *N*-乙酰神经氨酸(唾液酸)残基特异性结合。将 WGA 与荧光染料偶联，可以得到满足不同实验要求的荧光探针。本实验选用 WGA，Alexa Fluor® 647conjugate，激发波长为 650nm，发射波长为 665nm。

【主要仪器与试剂】

1. 仪器

倒置荧光显微镜，离心机，涡旋振荡器，恒温水浴箱，移液枪(20μL、200μL、1mL)，血球计数板，24 孔细胞培养板。

2. 试剂

C6 细胞，FAM-siRNA，DMEM 培养液，链霉素/青霉素(双抗)，小牛血清(FCS)，磷酸盐缓冲液(PBS)，胰蛋白酶/EDTA 消化液，聚乙烯亚胺(25kDa)，无 RNA 酶水(DEPC)。

【实验步骤】

以下步骤均需无菌操作。

1. PEI/FAM-siRNA 复合物用于细胞吞噬

(1) 称取 4.5mg 聚乙烯亚胺载体材料，将其溶于 1mL 水中得到母液，其含 N 浓度为 100nmol · μL^{-1}。取 100μL 母液稀释至 1mL，得到含 N 浓度为 10nmol · μL^{-1} 的 PEI 溶液。

(2) 取 1 管 FAM-siRNA，离心，将得到的固体粉末稀释至其含 P 的浓度为 1μg · μL^{-1}，即 3nmol · μL^{-1}。

(3) 取 3μL 聚乙烯亚胺溶液(含 N 物质的量为 30nmol)，加 7μL 水，配成 10μL 聚乙烯亚胺溶液。

(4) 取 1μL FAM-siRNA 溶液(含 P 物质的量为 3nmol)，加 9μL DEPC，配成 10μL FAM-siRNA 溶液。

将上述聚乙烯亚胺溶液和 FAM-siRNA 溶液涡旋混匀，得到 N/P 值为 10：1(物质的量比)的溶液，室温下静置 30min，备用。

(5) 将 C6 细胞按每孔 5×10^5 个的细胞密度铺于 24 孔板中，细胞培养箱中培养 24h，待细胞密度为 70%～80%时进行转染实验。将复合物加入各孔中，加 500μL 无血清培养液于 37℃、5% CO_2 培养箱培养 4h 后，吸去孔中液体，每孔加入 500μL 含 10%小牛血清的新鲜培养液，继续培养 36h。

2. WGA，Alexa Fluor® 647conjugate 进行细胞膜染色

(1) 用 PBS 或合适的缓冲液制备 1.0～10μg · μL^{-1} WGA 染料。

(2) 将 1/10 细胞培养基体积的 WGA 染料溶液加入细胞培养物中(可以用 1/10 浓度的 WGA 染料缓冲液代替培养基)。

(3) 在 37℃培养细胞 10～20min。

(4) 用 PBS 或合适的缓冲液洗细胞两次。

3. Hoechst 33258 进行细胞核染色

(1) 用 PBS 或合适的缓冲液制备 10～50μmol · L^{-1} Hoechst 33258 染料。

(2) 将 1/10 细胞培养基体积的 Hoechst 染料溶液加入细胞培养物中(可以用 1/10 浓度的 Hoechst 染料缓冲液代替培养基)。

(3) 在 37℃培养细胞 10～20min。

(4) 用 PBS 或合适的缓冲液洗细胞两次。

4. 观察与拍照

(1) 在 460nm 激发波长条件下，用 520nm 发射波长的滤光片的荧光显微镜观察细胞并拍摄 FAM-siRNA 照片。

(2) 在 346nm 激发波长条件下，用 460nm 发射波长的滤光片的荧光显微镜观察细胞并拍摄照片。

(3) 在 650nm 激发波长条件下，用 665nm 发射波长的滤光片的荧光显微镜观察细胞并拍摄照片。

(4) 照片的叠加处理(图 7.5)。

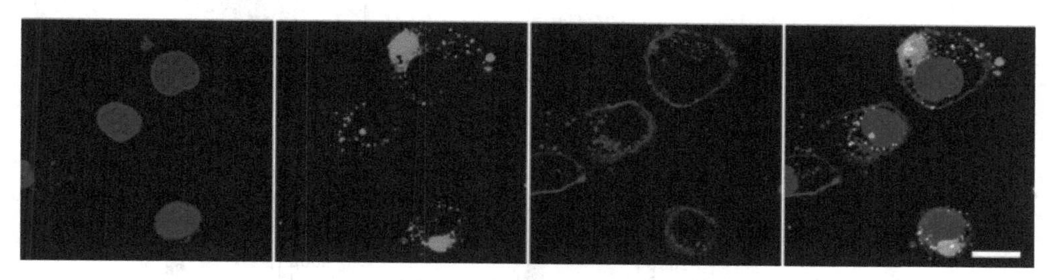

图 7.5 实验结果示意图

从左到右依次为 Hoechst 染色的细胞核、FAM-siRNA 照片、WGA 染色的细胞膜和叠加照片，比例尺为 30μm

【注意事项】

(1) 在细胞接种时注意每孔的细胞密度，以便后面观察得到较好的照片。

(2) Hoechst 33258 对人体有一定的刺激性，注意适当防护。

【思考题】

描述聚乙烯亚胺携带 FAM-siRNA 进入细胞可能的途径。

(白宏震、汤谷平、周 峻)

实验 31 聚乙烯亚胺作为基因载体材料携带 TRAIL 基因对细胞凋亡的影响

【实验导读】

肿瘤坏死因子(tumor necrosis factor，TNF)相关凋亡诱配体(TNF-related apoptosis inducing ligand，TRAIL)是 TNF 家族新成员。TRAIL 基因定位于染色体 3q26，编码 281 个氨基酸，所表达的蛋白质的分子质量为 32.5kDa，经糖基化修饰后，形成的蛋白属 Ⅱ 型跨膜糖蛋白，胞外区可被半胱氨酸蛋白酶剪切到体液中，其分子质量为 19kDa。

细胞凋亡是指为维持内环境稳定，由基因控制的细胞自主的、有序的死亡。TRAIL 诱导细胞凋亡主要与死亡受体和线粒体的信号途径有关。细胞发生凋亡时，一方面细胞周期会受到影响；另一方面其细胞膜的通透性也增加，但是其程度介于正常细胞与坏死细胞之间。利用这一特点，被检测细胞悬液用荧光素染色，利用流式细胞仪测量细胞悬液中细胞荧光强度来区分正常细胞、坏死细胞和凋亡细胞。利用流式细胞仪检测细胞周期和细胞凋亡率是目前最常见的方法(图 7.6)。

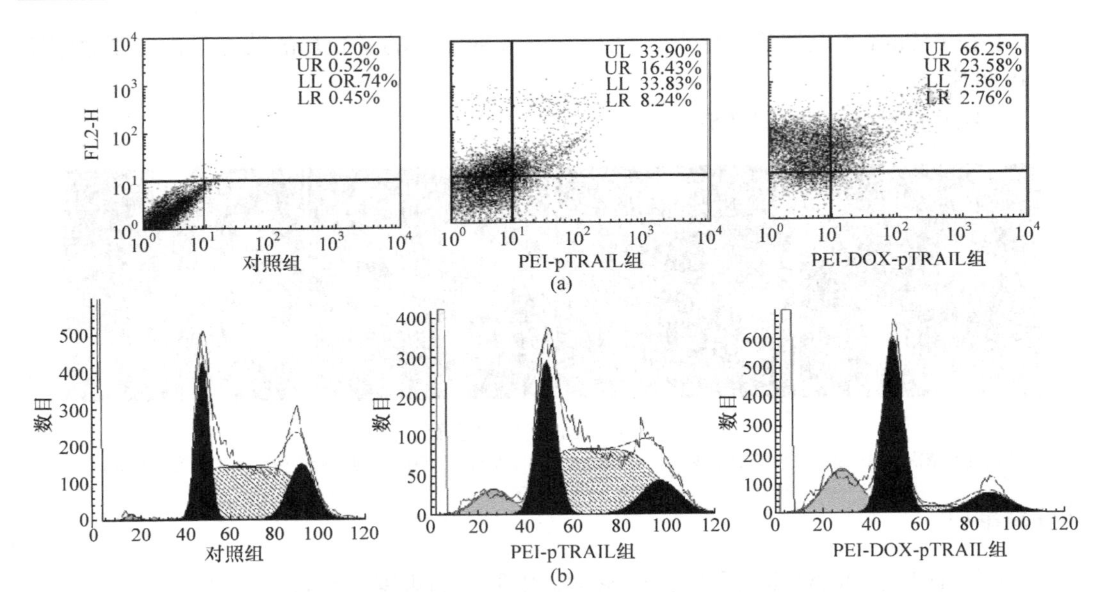

图 7.6　流式细胞仪对用药后细胞凋亡(a)和细胞周期(b)的分析

【实验目的】

(1) 了解聚乙烯亚胺作为基因载体包装 DNA 的原理及过程。

(2) 了解 TRAIL 基因的作用。

(3) 熟悉利用流式细胞仪检测细胞周期和细胞凋亡。

【实验原理】

细胞内的 DNA 含量随细胞周期进程发生周期性变化，如 G_0/G_1 期的 DNA 含量为 2C，而 G_2 期的 DNA 含量为 4C。利用碘化丙啶(propidium iodine，PI)标记的方法，通过流式细胞仪对细胞内 DNA 的相对含量进行测定，可分析细胞周期各时期的百分数。

【主要仪器与试剂】

1. 仪器

超纯水系统，CO_2 培养箱，高速冷冻离心机，流式细胞仪。

2. 试剂

聚乙烯亚胺(PEI，25kDa)，碘化丙啶，1×PBS 溶液(0.1mol · L^{-1})，1×TAE 电泳缓冲液，150mmol · L^{-1} NaCl 溶液(pH 7.4)，70%乙醇(保存于 4℃)。

质粒：TRAIL。

试剂盒：质粒提取试剂盒，细胞周期检测试剂盒，Annexin V/FTIC/PI 双染细胞凋亡检测试剂盒。

细胞培养液：含有 10%小牛血清的 DMEM 培养液。

无血清细胞培养液：DMEM 培养液(不加入血清)。

细胞株：C6 细胞株。

【实验步骤】

1. 细胞接种

用 0.25%胰蛋白酶消化单层 C6 细胞，用含 10%小牛血清的 DMEM 培养液配成单个细胞悬液，将细胞接种到 24 孔板上，每孔 5×10^5 个细胞，每孔体积 500μL。

2. 聚乙烯亚胺载体材料溶液的配制

称取 4.5mg PEI(25kDa)，将其溶于 1mL 水中得到母液，其含 N 浓度为 $100nmol\cdot\mu L^{-1}$。取 100μL 母液稀释至 1mL，得到含 N 浓度为 $10nmol\cdot\mu L^{-1}$ 的 PEI 溶液。

取 DNA 溶液，稀释使其含 P 的浓度为 $1\mu g\cdot\mu L^{-1}$，即 $3nmol\cdot\mu L^{-1}$。

3. 聚乙烯亚胺-DNA 复合物的配制

取 3μL PEI 溶液(含 N 物质的量为 30nmol)，加 7μL 水，配成 10μL PEI 溶液。取 1μL DNA 溶液(含 P 物质的量为 3nmol)，加 9μL 水，配成 10μL DNA 溶液。

将上述 PEI 溶液和 DNA 溶液涡旋混匀，得到 N/P 值为 10：1(物质的量比)的溶液，室温下静置 30min，备用。

4. 流式细胞仪检测细胞凋亡

(1) 取对数生长期细胞，倒去培养液，用胰蛋白酶适度消化细胞，用培养液吹打，$800r\cdot min^{-1}$ 离心 15min，弃去上清液。

(2) 用 PBS 洗 2 次，加 250μL 结合缓冲液重悬细胞，调整细胞浓度为 2×10^5～5×10^5 个 $\cdot mL^{-1}$，取 195μL 细胞悬液加入 5μL(Annexin V/FITC，An)；混匀后于室温避光孵育 10min。

(3) 用结合缓冲液洗涤细胞一次。

(4) 加入 190μL 结合缓冲液重悬细胞，加入 10μL $20\mu g\cdot mL^{-1}$ PI 溶液(终浓度为 $1\mu g\cdot mL^{-1}$)。

(5) 进行流式细胞仪分析，获得由四个象限组成的细胞直方图(cytogram)。左下象限代表正常细胞(An−PI−)，右下象限代表早期凋亡细胞(An+PI−)，右上象限代表晚期凋亡细胞和坏死细胞(An+PI+)，左上象限代表细胞收集过程中出现的损伤细胞(An−PI+)。

【注意事项】

(1) 在细胞培养过程中，注意每孔细胞的密度和状态，转染时的密度为 70%～80%。

(2) 流式细胞仪检测的是单细胞，破碎的细胞和细胞团会干扰实验结果。因此，在细胞消化过程中要将细胞吹散，洗涤过程动作要轻缓，防止细胞破裂。

(3) 流式细胞仪检测细胞个数在 10^5 个以上，细胞数量少会导致信号弱。

(4) PI 染色要避光。

【思考题】

(1) 简述 TRAIL 蛋白的抗肿瘤活性。

(2) 细胞凋亡的检测指标还包括哪些?

(白宏震、汤谷平、周　峻)

实验 32　聚乙烯亚胺-阿霉素复合物的细胞摄取实验

【实验导读】

激光扫描共聚焦显微镜(laser scanning confocal microscope，LSCM)是紫外和激光双重扫描相结合的显微镜，它综合了普通显微镜和荧光显微镜的功能。荧光染料可在 LSCM 下进行亚细胞水平结构功能的研究，如细胞膜、细胞核、细胞质 3 种不同的物质，采用三种不同荧光标记的抗体标记样品，经激光扫描，共聚焦采集后数据成像，即可在三个相应部位观察到所标记的抗体阳性反应。聚乙烯亚胺-阿霉素携带 pEGFP 基因转染在 MCF-7/Adr 细胞上的荧光共聚焦照片如图 7.7 所示。

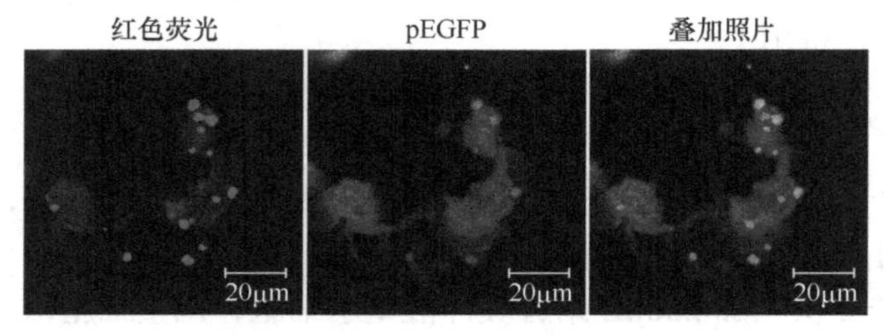

图 7.7　聚乙烯亚胺-阿霉素携带 pEGFP 基因转染在 MCF-7/Adr 细胞上的荧光共聚焦照片

Hoechst 33258 和 Hoechst 33342 均为非嵌入性荧光染料。它们在活细胞中 DNA 聚 AT 序列富集区域的小沟处与 DNA 结合。活细胞或固定细胞均可从低浓度溶液中摄取该染料，从而使细胞核着色，故又将此类染料称为 DNA 探针。Hoechst 33342 和 Hoechst 33258 均可溶于水，并在水溶液中保持稳定。Hoechsr-DNA 复合物的激发波长和发射波长分别是 460nm 和 550nm。在荧光显微镜紫外光激发时，Hoechst-DNA 复合物发出亮蓝色荧光。

本实验用载药系统聚乙烯亚胺-阿霉素(PEI-DOX)，以 Cos-7 细胞为研究对象，利用 LSCM 观察药物阿霉素在细胞内的摄取。

【实验目的】

(1) 掌握染料 Hoechst 对细胞的染色方法。

(2) 了解 LSCM 的原理和使用方法。

【实验原理】

Hoechst 33342，分子式为 $C_{27}H_{28}N_6O \cdot 3HCl \cdot 3H_2O$，是一种可以穿透细胞膜的蓝色荧光染料。在生理条件下，聚乙烯亚胺(PEI)结构中含有的三种胺可以形成具有很强缓冲能力的缓冲对，以适应细胞胞浆和细胞核内 pH 的变化。通过交联剂将阿霉素偶合于载体材料上，制成载药系统。

【主要仪器与试剂】

1. 仪器

激光扫描共聚焦显微镜，超纯水系统，超净工作台，CO_2 培养箱，移液枪。

2. 试剂

70%乙醇，含 10%小牛血清的 RPMI1640 培养液，0.25%胰蛋白酶，聚乙烯亚胺-阿霉素。

【实验步骤】

1. 细胞接种

(1) 将普通盖玻片放入 70%乙醇中浸泡 5min，于超净工作台内吹干。将盖玻片置于 24 孔板内，种入细胞并培养过夜，使细胞密度为 50%～80%。将盖玻片放入 24 孔板的每个孔中。

(2) 用 0.25%胰蛋白酶消化单层 Cos-7 细胞，用含 10%小牛血清的 RPMI1640 培养液配成细胞悬液，将细胞接种到 24 孔板上，每孔 2×10^4 个细胞，每孔体积 500μL。于 CO_2 培养箱中培养 24h，待细胞密度为 70%～80%时进行摄取实验。

2. 聚乙烯亚胺-阿霉素溶液的配制

称取 3mg 聚乙烯亚胺-阿霉素药物，将其溶于 3mL 水中得到母液，再配成 $1\mu g \cdot mL^{-1}$ 的溶液。然后配制具有相同阿霉素浓度的 $0.1\mu g \cdot mL^{-1}$ 阿霉素溶液。其中，阿霉素溶液作为对照实验。

3. 聚乙烯亚胺载药系统和阿霉素的细胞摄取实验

(1) 孵育 24h 后，吸去 24 孔板中的培养液，加入 400μL 无血清的 RPMI1640 培养液。将实验步骤 2.中配好的溶液分别加入 24 孔板中，于 37℃、5% CO_2 培养箱培养 2.5h。

(2) 吸去培养液，用 PBS 洗涤 3 次，每次 200μL。每孔加入 200μL 4%多聚甲醛溶液，孵育 0.5h。吸去多聚甲醛溶液，用 PBS 洗涤 3 次。吸去 PBS，每孔加入 200μL $0.5\mu g \cdot mL^{-1}$ Hoechst 溶液，孵育 6min。吸走 Hoechst 溶液，用 PBS 洗涤 3 次。用 10μL 枪头挑一点甘油放在载玻片上，将盖玻片取出放在载玻片上，将有细胞的一面接触载玻片上的甘油，用锡箔纸包好置于 4℃冰箱中，防止荧光猝灭。

在 LSCM 下观察细胞摄取现象。

【注意事项】

(1) 在细胞培养过程中，注意每孔细胞的密度和状态，转染时的密度为 70%～80%。

(2) 利用 Hoechst 染色时间不宜过长，过长会影响染色结果。

【思考题】

(1) 细胞吞噬过程中，游离的阿霉素与偶合高分子材料的前体药物阿霉素有什么区别？查阅文献，简述两者到达细胞核的时间及在细胞核的滞留时间。

(2) 查阅文献，简述阿霉素的抗肿瘤机理。

(白宏震、周　峻、汤谷平)

实验 33　聚乙烯亚胺-阿霉素实体瘤原位注射成像实验

【实验导读】

阿霉素是一种抗肿瘤抗生素，可抑制 RNA 和 DNA 的合成，对 RNA 的抑制作用最强，抗瘤谱较广，对多种肿瘤均有作用，属周期非特异性药物，对各种生长周期的肿瘤细胞都有杀灭作用。阿霉素主要适用于急性白血病，对急性淋巴细胞白血病及粒细胞白血病均有效，一般作为第二线药物，即在首选药物耐药时可考虑应用此药。对于恶性淋巴瘤，阿霉素可作为交替使用的首选药物。阿霉素对乳腺癌、肉瘤、肺癌、膀胱癌等其他各种癌症的治疗都有一定疗效，多与其他抗癌药联合使用。

缓释是指通过延缓药物从制剂中的释放速率，降低药物进入机体的吸收速率，从而起到更佳的治疗效果。但药物从制剂中的释放速率受外界环境(如 pH 等)的影响。缓释与控释合称缓控释，是目前药物制剂研究的较新领域。阿霉素与高分子的结合能明显延长药物半衰期，使药物易于在肿瘤组织富集。

【实验目的】

(1) 掌握皮下注射药物的基本方法。

(2) 了解活体成像检测方法。

【实验原理】

阿霉素在紫光激发下可以发出红色的荧光，其激发波长为 479nm，发射波长为 587nm。可以通过荧光图像的获取及分析研究阿霉素在体内的滞留时间(图 7.8)。

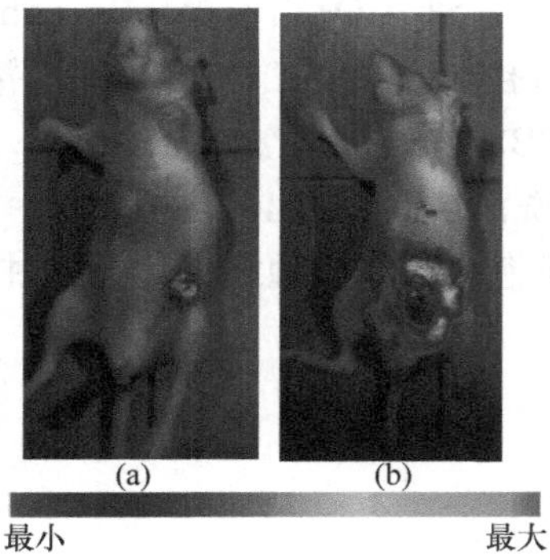

(a)　(b)

最小　最大

图 7.8　阿霉素活体荧光成像

(a) 注射 DOX 小鼠；(b) 注射 PEI-DOX 小鼠，8h

【主要仪器与试剂】

1. 仪器

活体荧光成像系统。

2. 试剂

聚乙烯亚胺-阿霉素(PEI-DOX)，阿霉素(DOX)，1×PBS(0.1mol · L^{-1})，水合氯醛(4%)。

实验动物：ICR 小鼠(体重 18～22g)。

【实验步骤】

1. 溶液的配制

称取 6mg 聚乙烯亚胺-阿霉素(阿霉素的含量约为 30μg)溶于 120μL PBS 中，浓度为 0.05mg · μL^{-1}；另称取 3mg 阿霉素溶于 3mL PBS 中，浓度为 1mg · mL^{-1}。

2. 动物麻醉

取两只 ICR 小鼠，每只注射 100μL 4%水合氯醛麻醉剂，等待 15min，待小鼠完全麻醉后进行下一步实验。

3. 皮下注射及荧光成像

取实验步骤 1.中配制好的溶液各 100μL，分别注射于完全麻醉的两只 ICR 小鼠背部皮下，将两只小鼠一并置于活体荧光成像系统内，观察并分析荧光强度，拍照。

4. 体内滞留时间观察

4h 后重新麻醉两只小鼠，重复实验步骤 3.，观察并分析荧光强度，拍照。比较注射不同试剂的两只小鼠荧光强度的变化。

【注意事项】

(1) 注射阿霉素的用量尽量与注射聚乙烯亚胺-阿霉素中阿霉素的含量相等。
(2) 麻醉剂用量根据动物体重计算，以免小鼠死亡。

【思考题】

从化学结构上分析，还有哪些抗肿瘤药物可自发荧光？

(白宏震、周　峻、汤谷平)

实验 34　流式细胞技术检测细胞增殖实验

【实验导读】

伴随着激光技术的进步和荧光染料的发展，流式细胞术已成为检测细胞增殖的一种重要手段，能够快速实现多参数多荧光指标的检测。如图 7.9 所示，利用 BrdU 共孵育细胞，使其嵌入新合成的 DNA，然后利用抗 BrdU 的单克隆抗体进行特异性标记，并用荧光二抗标记增殖细胞。通过流式细胞术分析增殖细胞($BrdU^{+}$)的比例，进而定量检测细胞增殖。

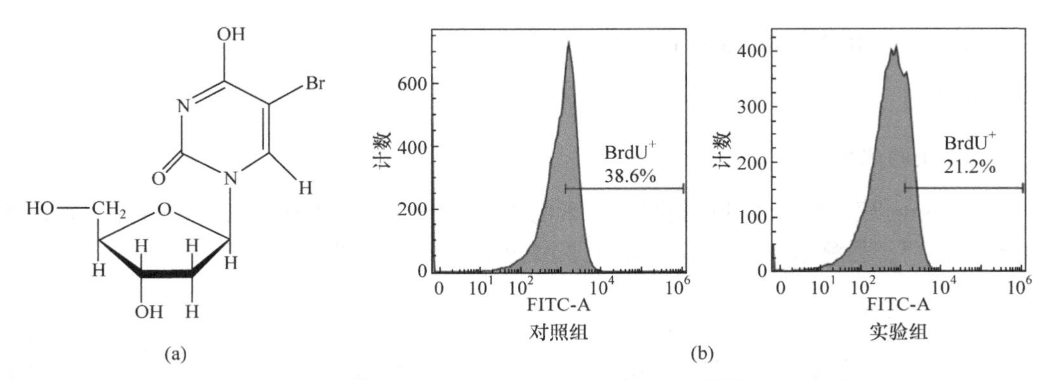

图 7.9　BrdU 结构式(a)和流式细胞仪分析 BrdU 阳性增殖细胞群(b)

【实验目的】

(1) 掌握 BrdU 掺入法测定细胞增殖的实验原理。

(2) 了解流式细胞仪的原理和操作方法。

【实验原理】

细胞以分裂的方式进行增殖。在检测细胞增殖的多种方法中，直接测定 DNA 合成是一种敏感且高精度的分析方法。BrdU 是一种胸腺嘧啶核苷的类似物，当细胞处于细胞周期中的 DNA 合成期时，BrdU 可以掺入新合成的 DNA 中。利用抗 BrdU 的单克隆抗体荧光染色，就可通过流式细胞仪检测 BrdU 的含量，从而定量检测细胞群体的增殖情况。

【主要仪器与试剂】

1. 仪器

超纯水系统，CO_2 培养箱，流式细胞仪，离心机，移液枪。

2. 试剂

含 10%小牛血清的 DMEM 培养液，PBS，0.25%胰蛋白酶，4%甲醛溶液，脱氧核糖核酸酶 DNase Ⅰ，小鼠抗 BrdU 单克隆抗体，Alexa Fluor TM488 标记的山羊抗小鼠 IgG 二抗。

【实验步骤】

1. 细胞接种

消化对数生长的 C6 细胞，终止消化后离心，弃去培养液，用 PBS 洗 1～2 次，用含血清培养基重悬细胞并计数，调整细胞浓度为 1×10^5 个 · mL^{-1}。在 6 孔培养板中，每孔接种 1mL 细胞悬液，设置对照孔，孵育 16h。

2. BrdU 掺入

在细胞对数增殖期时，加入 20μL BrdU 工作液(10μmol · L^{-1})，置于 5% CO_2 培养箱

中，继续在 37℃下避光培养 2h。同时，培养一份未加入 BrdU 的细胞，此后的实验处理与 BrdU 掺入组保持一致，作为实验对照用于流式细胞分析时确定 BrdU 的阳性圈门位置。

3. 染色准备

收集细胞，吸净含有 BrdU 的培养液，用 PBS 清洗细胞 2 次，用 0.25%胰蛋白酶消化细胞，得到的单细胞悬液收集至 1.5mL 离心管中，计数确定细胞数量。向细胞悬液中逐滴加入 100μL 4%甲醛溶液，混匀后 4℃避光孵育 0.5h，固定细胞。

4. 脱氧核糖核酸酶 DNase Ⅰ 处理

轻轻重悬弹起细胞，加入 500μL DNase Ⅰ 反应缓冲液，充分混匀，加入 25μL DNase Ⅰ，放入 37℃避光反应 0.5h，进行 DNA 变性。

5. 抗体标记

抗 BrdU 单克隆抗体按 1∶200(体积比)稀释于染色缓冲液中。向细胞悬液加入 50μL 一抗反应液，充分混匀，4℃避光孵育 0.5h。

将 Alexa Fluor TM488 标记的 IgG 二抗按 1∶500(体积比)稀释于染色缓冲液中。向细胞悬液中加入 50μL 二抗反应液，充分混匀，4℃避光孵育 0.5h。

6. 采集流式细胞仪数据分析样本

BrdU 的信号由 Alexa Fluor TM488 荧光信号标记，用 488nm 激光器激发，采集 530/30 波段的信号。为确保分析精度，检测细胞浓度应调整为 0.5×10^6～2×10^6 个 · mL^{-1}，进样速度为低速，记录总数不小于 20000 细胞。分析通过 DNA 染料的荧光脉冲信号的宽度和面积，区分样本中的粘连细胞群体，最大限度降低粘连细胞的影响。

【注意事项】

(1) 消化和清洗过程中，不可过度吹打细胞，以减少细胞碎片的产生。

(2) DNA 变性、抗体标记等步骤中注意避光，以减少实验误差。

【思考题】

(1) 采用流式细胞仪测试时，应测试细胞的哪个区域?

(2) 采用流式细胞仪测试时，如何合理划分对照区域?

(3) 查阅文献，学习利用 BrdU 和其他 DNA 染料(如 PI、7-AAD 和 DAPI 等)，结合流式细胞技术分析细胞周期。

(白宏震、周　峻、汤谷平)

第 8 章　探索性实验

实验 35　环糊精-聚乙烯亚胺聚合物的合成及携带基因药物的性质实验

【实验导读】

p53 是一种肿瘤抑制基因(tumor suppressor gene)。由这种基因编码的蛋白质是一种转录因子(transcription factor)，其控制细胞周期的启动，许多与细胞健康相关的信号均向 p53 蛋白发送信息。在人体 50%以上的肿瘤组织中发现 p53 基因的突变，这是肿瘤中最常见的遗传学改变，表明该基因的改变很可能与人体肿瘤产生的发病机制相关。

细胞内的 DNA 含量随细胞周期进程发生周期性变化，如 G_0/G_1 期的 DNA 含量为 2C，而 G_2 期的 DNA 含量为 4C。利用碘化丙啶(PI)标记和流式细胞仪，可以对细胞内 DNA 的相对含量进行测定，从而分析细胞周期各时期的百分数。

【实验目的】

(1) 了解聚阳离子材料的合成和化学表征方法。

(2) 掌握纳米复合物的制备和表征。

(3) 了解聚阳离子材料携带绿色荧光蛋白基因的测定和观察。

(4) 了解流式细胞仪的测定方法和细胞周期各时期的百分数。

【实验原理】

本实验以环糊精和低相对分子质量的聚乙烯亚胺为单体，通过 *N,N'*-二羰基咪唑(CDI)活化环糊精，将低相对分子质量的聚乙烯亚胺偶合于活化的环糊精上，从而制备环糊精-聚乙烯亚胺高分子材料。

非病毒聚阳离子载体与质粒 DNA 复合物的粒径大小影响体外细胞和体内动物的基因转染效率。因此，需要准确测定和监控纳米载体-DNA 复合物纳米微粒的形成及纳米微粒的外观形态等，为基因转染效率的提高提供科学的依据。

【主要仪器与试剂】

1. 仪器

激光粒径测定仪，流式细胞仪，CO_2 培养箱，倒置荧光显微镜，超净工作台。

2. 试剂

聚乙烯亚胺(分子质量为 600Da)，β-环糊精(β-CD)，质粒 DNA pEGFP，p53 质粒。

DMEM 细胞培养液，小牛血清，磷酸盐缓冲液(PBS)，0.25%胰蛋白酶，100mmol · L^{-1} ROS 诱导剂。

细胞株：C6 细胞株。

质粒提取试剂盒，蛋白质定量 BCA 试剂盒，细胞周期检测试剂盒。

核磁共振管和氘代试剂。

【实验步骤】

1. 环糊精-聚乙烯亚胺载体材料的合成

称取 2.1g β-CD(1.85mmol)溶于 8～10mL DMSO 中，将其加入 100mL 圆底烧瓶中，加入 0.2mL 三乙胺(TEA，Et_3N)作催化剂。称取 2.4g CDI(14.8mmol)，溶于 8mL DMSO，将其加入圆底烧瓶中。在氮气保护和避光条件下，混合物室温搅拌反应 3h。

反应结束后，称取 6.7g PEI(11.2mmol)溶于 10mL DMSO 中，逐滴加入上述反应体系溶液，同时补加 0.1mL TEA。在氮气保护和避光条件下反应过夜，用 MW8000-14000 透析膜在流动纯水中透析 48h，冷冻干燥 48h，得到产物。

2. 环糊精-聚乙烯亚胺的表征

称取 15mg 环糊精-聚乙烯亚胺，溶于 0.6mL 氘代水中。将其小心地装入核磁共振管中进行测定。

3. 环糊精-聚乙烯亚胺/DNA 复合物的制备和表征

称取 14.5mg 环糊精-聚乙烯亚胺，溶于 1mL 水中，得到母液，其含 N 浓度为 100nmol · L^{-1}。取 100μL 该母液稀释至 1mL，得到含 N 浓度为 10nmol · μL^{-1} 的溶液。取 DNA 溶液，配制成含 P 浓度为 1μg · μL^{-1} 的溶液，即 3nmol · μL^{-1}。

4. 环糊精-聚乙烯亚胺复合物细胞转染实验

将 C6 细胞按每孔 2×10^4 个的细胞密度铺于 24 孔板中，于 CO_2 培养箱中培养 24h，待细胞密度为 70%～80%时进行转染实验。将实验步骤 3.制备的复合物加入各孔中，加 500μL 无血清培养液，于 37℃、5% CO_2 培养箱培养 4h 后，吸去孔中液体，每孔加入 500μL 含 10%小牛血清的新鲜培养液，继续培养 36h。在倒置荧光显微镜下观察绿色荧光的转染。

5. 环糊精-聚乙烯亚胺复合物的携带治疗基因 p53 细胞周期实验

将 C6 细胞按每孔 2×10^5 个的细胞密度铺于 24 孔板中，于 CO_2 培养箱中培养 24h，待细胞密度为 70%～80%时进行转染实验。称取 14.5mg 环糊精-聚乙烯亚胺，溶于 1mL 水中，得到母液，其含 N 浓度为 100nmol · L^{-1}。取 100μL 该母液稀释至 1mL，得到含 N 浓度为 10nmol · μL^{-1} 的环糊精-聚乙烯亚胺溶液。

取 p53 基因，配制成含 P 浓度为 1μg · μL^{-1} 的溶液，即 3nmol · μL^{-1}。

分别取 30μL 上述稀释的环糊精-聚乙烯亚胺溶液和 1μL 浓度为 1μg · μL^{-1} 的 p53 基因，各自定容至 50μL。将环糊精-聚乙烯亚胺溶液逐滴加入 DNA 溶液中，温和振荡，放置 30min，备用。

加 500μL 无血清培养液于 37℃、5% CO_2 培养箱培养 4h 后，吸去孔中液体，每孔加入 500μL 含 10%小牛血清的新鲜培养液，继续培养 36h。倒去培养液，用胰蛋白酶适度消化细胞，用培养液吹打，800r · min^{-1} 离心 15min，弃去上清液。用 PBS 洗 2 次，加 0.5mL PBS 吹匀，务必吹散。

用 5mL 注射器将细胞吸起，用力打入 5mL 预冷 70%乙醇中，封口膜封口，4℃固定过夜。

800r · min^{-1} 离心 15min，收集固定细胞，用 PBS 洗 2 次。用 0.4mL PBS 重悬细胞，并转至 1.5mL 离心管中轻轻吹打。加入约 3μL RNase-A 至终浓度约为 50μg · mL^{-1}，37℃水浴消化 30min。加入约 50μL PI 至终浓度约为 65μg · mL^{-1}，在冰浴中避光染色 30min。样品进行细胞周期测定。

6. 环糊精-聚乙烯亚胺复合物携带治疗基因 p53 细胞凋亡实验

取对数生长期细胞，倒去培养液，用胰蛋白酶适度消化细胞，用培养液吹打，800r · min^{-1} 离心 15min，弃去上清液。加入 1mL 预冷 70%乙醇中，轻轻吹打混匀，4℃固定 30min 或更长时间(通常固定 2h 或以上更能保证染色效果)。1000g 左右离心 3～5min，沉淀细胞。加入约 1mL 预冷 PBS，重悬细胞。再次离心沉淀细胞，小心吸除上清液(可以残留约 50μL 的 PBS，以避免吸走细胞)。轻轻弹击离心管底以适当分散细胞，避免细胞成团。

PI 染色液的配制：参考表 8.1，根据待检测样品的数量配制适量的 PI 染色液。

表 8.1　PI 染色液的配制

样品数	1	6	12
染色缓冲液/mL	0.5	3	6
碘化丙啶染色液(20×)/μL	25	150	300
RNase A (50×)/μL	10	60	120
总体积/mL	0.535	3.21	6.42

固定细胞染色：每管细胞样品中加入 0.5mL PI 染色液，缓慢并充分重悬细胞沉淀，37℃避光温浴 30min。随后 4℃或冰浴避光存放，染色完成后的 24h 内完成流式检测。

流式检测和分析：用流式细胞仪在激发波长 488nm 处检测红色荧光，同时检测光散射情况，进行细胞 DNA 含量分析。

【数据记录与处理】

(1) 对核磁共振图谱进行解析。

(2) 对各实验步骤进行整理及分析。

【注意事项】

(1) 聚乙烯亚胺与环糊精的合成需氮气保护。在环糊精活化后逐滴加入聚乙烯亚胺溶液时，要缓慢滴加。

(2) 聚乙烯亚胺与质粒 DNA 配制时要缓慢混合，如果滴加速度过快会造成局部过浓现象而出现沉淀。配制完毕放置 30min 后要立即测定，时间过长会出现聚集。

(白宏震、周　峻、汤谷平)

实验 36　脂肪酶 CALB 的理性设计及其对仲醇立体选择性的调控

【实验导读】

南极假丝酵母脂肪酶 B(*candida antartica* lipase B，CALB)全长 317 个氨基酸，分子质量 33kDa。CALB 属于典型的 α/β 水解酶类型，其活性中心由 Ser105-His224-Asp187 催化三联体、氧穴 Thr40-Gln106 和底物结合口袋(又分为酸结合口袋和醇结合口袋)组成。醇结合口袋主要由 Trp104、Ser47、Ser42、L278、A281 等氨基酸残基组成，而 Val189、Gln157、Vel154 等氨基酸组成了酸结合口袋(图 8.1)。

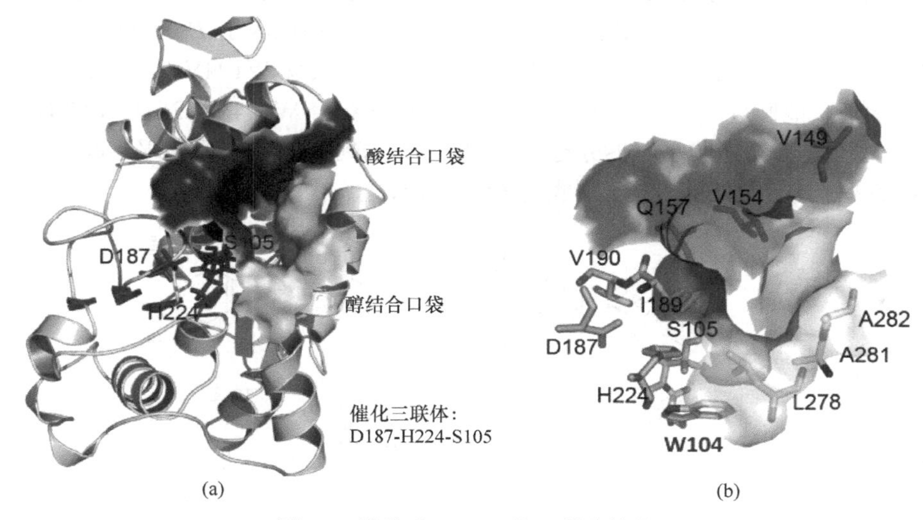

图 8.1　脂肪酶 CALB 的 X 射线结构

(a) 催化三联体结构；(b) 特异性底物结合口袋

CALB 脂肪酶的立体选择性来源于其特殊的底物结合口袋。与其他脂肪酶类似，CALB 有一个容积较小的醇结合口袋。对于仲醇或仲胺等底物，CALB 的醇结合口袋只能容纳甲基、乙基等小体积的取代基。由于其催化三联体的位置和催化机理中过渡态形成一些反应所必需氢键的要求，只有 *R* 构型的仲醇或仲胺底物的小体积取代基刚好能结合在 CALB 的醇结合口袋中，从而发生催化反应。因此，野生型 CALB 对 *R* 构型的仲醇或仲胺底物具有严格的立体选择性，而 *S* 构型不能发生反应。很多脂肪酶都有这种选择性规律，称为 Kazlauskas 规则。在了解 CALB 对仲醇和仲胺的立体选择性的机制基础上，可以通过蛋白质改造方法实现对 CALB 立体选择性的反转。

蛋白质分子改造的方法主要包括定向进化、半理性设计和理性设计。其中，理性设计(rational design)是建立在对酶蛋白的三维空间结构和催化机理等构效关系深入理解的基础上，对酶蛋白进行定点突变而获得催化性能改善的突变体酶。该方法针对性强，突变体库容量小且质量高，工作效率高。

【实验目的】

(1) 了解定点突变的原理，学习和掌握酶突变株构建的方法。
(2) 掌握脂肪酶催化的水解拆分反应研究方法。
(3) 掌握选择性的评价方法。
(4) 掌握手性化合物的色谱拆分方法。

【实验原理】

脂肪酶的醇结合口袋往往含有一些大体积的氨基酸，如 CALB 醇结合口袋中的 Trp104，如果将这些大位阻氨基酸突变为小体积的氨基酸后，就可以实现脂肪酶立体选择性的反转。例如，将 CALB 的 Trp104 突变成丙氨酸后，可以获得对 *α*-苯乙醇具有 *S* 构型选择性的突变株，其对乙酸苯乙酯的水解拆分立体选择性因子 *E* 为 18[转化率 49%，ee(*S*)80%]。浙江大学吴起等优化了比 W 小的氨基酸，发现 W104V 比 W104A 具有更好的反转选择性，他们进一步组合其他位点的理性设计获得 W104V/A281L/A282K 突变株，该突变株对乙酸苯乙酯的水解拆分选择性因子 *E* 达到 80[转化率 46%，ee(*S*)94%]，比 W104A 突变株具有更好的 *S* 构型仲醇选择性(图 8.2)。

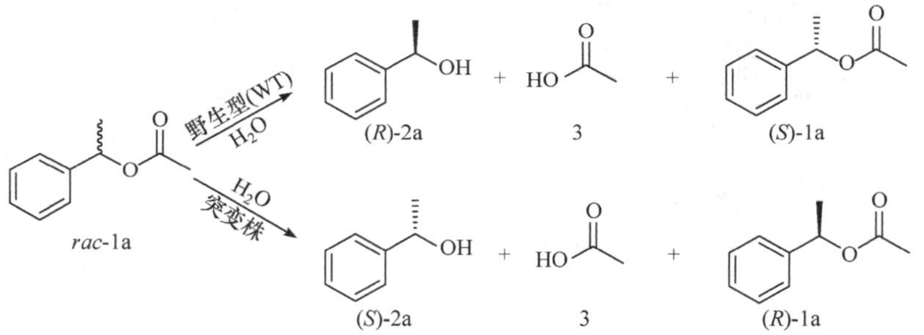

野生型(WT)
H_2O
H_2O
突变株
rac-1a
(*R*)-2a　3　(*S*)-1a
(*S*)-2a　3　(*R*)-1a

图 8.2　WT-CALB 及其突变株对乙酸苯乙酯水解拆分的互补立体选择性

WT：(*R*)-选择性，ee＞99%，*E*＞200；W104A：(*S*)-选择性，ee=80%，*E*=18；W104V/A281L/A282K：(*S*)-选择性，ee=94%，*E*=80

本实验利用定点突变的方法构筑 CALB 的 W104A 和 W104V/A281L/A282K 突变株，其基本原理如图 8.3 所示。对于 104 位点的突变株，选择一段包含 104 位点的约 30 个碱基的序列作为引物，设计引物时将 104 位的密码子写为 GCG(表 8.2)，这样通过 PCR 获得的 DNA 产物，其表达蛋白质中 104 位就可以实现从 W 到 A 的突变。其他位点的突变方法类似。需要说明的是，W104A 突变株经过一次单点突变即可获得，而 W104V/A281L/A282K 突变株需要先获得 W104V 的突变株后，以 W104V 突变株再作为模板质粒，经过 A281L/A282K 突变后才能得到 W104V/A281L/A282K 突变株。

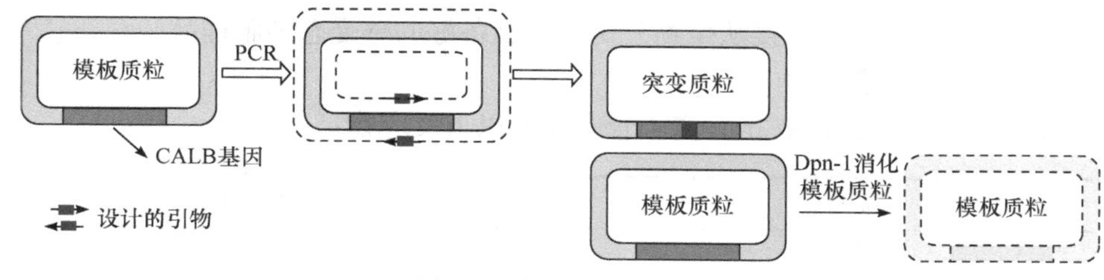

图 8.3　定点突变的过程

表 8.2　CALB 突变引物

引物	序列
W104A	CTTCCCGTGCTCACC**GCG**TCCCAGGGTGGTCTGGTT
W104V	CTTCCCGTGCTCACC**GTG**TCCCAGGGTGGTCTGGTT
A281L/A282K	GCGCTCCTGGCGCCG**TTGAAG**GCAGCCATCGTGGCG
通用反向引物	GATGCCGGGAGCAGACAAGCCCGTCAGGGCGC

【主要仪器与试剂】

1. 仪器

气相色谱分析仪(含 CP-Chirasil-Dex CB 手性分离柱)，18℃和 37℃恒温振荡培养箱，高速冷冻离心机，PCR 仪，超声波细胞粉碎机，超纯水系统，立式压力蒸汽灭菌锅，电泳仪，自动凝胶图像分析仪，水浴锅，移液枪。

2. 试剂

酵母提取物，蛋白胨，琼脂粉，硫酸卡那霉素，氯霉素，异丙基-β-D-硫代半乳糖(IPTG)，牛血清白蛋白，pfu DNA 聚合酶，dNTP mixture、Dpn-1，DNA 相对分子质量标准物、蛋白质相对分子质量标准物，Plasmid Mini Kit Ⅰ(100)试剂盒，Cycle Pure Kit (200)试剂盒，特异性 DNA 引物(电泳纯)。

乙酸苯乙酯、2-苯基乙醇等化学试剂均为分析纯或色谱纯试剂。

LB 液体培养基，LB 固体培养基，50mg · mL^{-1} 硫酸卡那霉素母液，34mg · mL^{-1} 氯霉素母液，100mg · mL^{-1} 阿拉伯糖母液，1mol · L^{-1} IPTG 母液，纯化结合缓冲液[50mmol · L^{-1} PBS(pH 7.4)，0.5mol · L^{-1} NaCl，5mmol · L^{-1} 咪唑]，纯化洗脱缓冲液[50mmol · L^{-1} PBS(pH 7.4)，0.5mol · L^{-1} NaCl，500mmol · L^{-1} 咪唑]。含有 CALB 基因的 pETM-11 质粒，含有分子伴侣 pGro7 质粒的 *Escherichia coli.* BL21(DE3)均由实验室保存。

【实验步骤】

1. CALB 突变株的构建方法

1) 感受态细胞的制备

取 100μL BL21(含分子伴侣 pGro7，氯霉素抗性)甘油菌接种于 5mL LB 液体培养基(含氯霉素 34μg · mL^{-1})中，37℃ 200r · min^{-1} 振荡培养过夜。制备感受态细胞的具体实验操作可参见实验 11，或者直接从生物公司购买制备好的感受态细胞样品。

2) PCR 扩增体系和程序

(1) PCR 扩增体系：在 0.2mL 离心管中加入以下反应物：

反应物	体积/μL
超纯水	29
DNA 模板(100ng · μL^{-1})	1
正向引物(2.5mmol · L^{-1})	5
反向引物(2.5mmol · L^{-1})	5
10×PCR 缓冲液	5
dNTP(各 2.5mmol · L^{-1})	4
pfu DNA 聚合酶	1
总体积	50

(2) PCR 程序：

94℃	5min	
94℃	1min	循环30次
60℃	1min	
72℃	14min	
72℃	10min	

注意：PCR 扩增时要设置阴性对照(不加模板 DNA)和阳性对照。

PCR 扩增结束后，加入 2μL Dpn-1，在 37℃下消化 5h，除去模板 DNA。使用纯化试剂盒纯化 PCR 溶液，并进行后续质粒转化和测序。

本实验可以进一步采用 1%(含 2×GeneFinder®染料)琼脂糖凝胶电泳检验 PCR 扩增产物。PCR 和琼脂糖凝胶技术原理见“2.7　PCR 技术”和“实验 12　琼脂糖凝胶电泳分离 DNA 片段”。

(3) 质粒转化与测序。

质粒转化的具体实验操作可参见“实验 11　大肠杆菌感受态细胞的制备与质粒 DNA 的转化”。

转化成功的单菌落按照质粒抽提试剂盒的说明进行质粒抽提，然后送样测序。测序正确的样品加入 70%无菌甘油以体积比 1∶1 混合形式于−80℃保存。

2. 蛋白的表达

(1) 取 50μL 保存的突变株甘油菌液接种到 5mL LB 液体培养基(含卡那霉素 50μg · mL^{-1}、氯霉素 34μg · mL^{-1})中，37℃振荡(200r · min^{-1})，培养过夜以活化菌体。

(2) 将活化后的菌液按 1%～2%(体积分数)接种到含相应抗生素的 LB 液体培养基中，在 37℃、200r · min^{-1} 振荡培养箱中培养约 4h(OD_{600} 约为 0.6)。

(3) 将培养液冷却至 4℃左右，加入阿拉伯糖(终浓度为 1mg · mL^{-1})，在 20℃培养 3～

4h，再加入 IPTG 溶液(终浓度为 $1mmol \cdot L^{-1}$)诱导 CALB 表达，在 18℃、$200r \cdot min^{-1}$ 条件下培养约 48h。

(4) 停止表达后，在 4℃预冷的高速冷冻离心机中 $8000r \cdot min^{-1}$ 离心 5min，弃去上清液，加入一定体积的缓冲液重悬细胞，可以反复冻融多次，或者直接在冰浴条件下使用超声波细胞粉碎机对细胞进行裂解。取出裂解后的细胞液，在 4℃预冷的高速冷冻离心机中 $8000r \cdot min^{-1}$ 离心 30min，得到粗酶液。

3. 乙酸苯乙酯的酶促水解拆分反应

扫一扫　8-1　脂肪酶催化仲醇的立体选择性拆分及其构型调控

(1) 每个小组取 3 个 5mL 离心管，分别加入 950μL WT-CALB、W104A 和 W104V/A281L/A282K 粗酶液。

(2) 每管中加入 50 μL $0.2mol \cdot mL^{-1}$ 乙酸苯乙酯的乙腈溶液，在 37℃摇床中反应，转速 $200r \cdot min^{-1}$。

(3) 反应一定时间后，取 0.5mL 样品置于 5mL 离心管中，加入 0.5mL 含有十二烷内标固定浓度的甲基叔丁基醚溶液进行萃取，总共萃取 2 次。所得样品用手性气相色谱进行测定。也可以作时间曲线，确定最佳的反应时间点。

本实验中给出了 CALB 的 W104A、W104V/A281L/A282K 两种突变体的构建过程和方法，并比较了这三种 CALB 酶催化乙酸苯乙酯的酶促水解反应的产率和选择性。作为一个探索性实验，学生可以针对下面“4. 实验拓展与探索”部分所列的内容，自主设计实验，进一步进行拓展和探索。

4. 实验拓展与探索

1) 其他 CALB 突变株的构建

进一步查阅相关文献，了解 CALB 的蛋白质工程改造进展，从中寻找一些对催化性能有重要影响的关键位点，或者结合本书“实验 24　Docking：以新冠病毒刺突蛋白受体结合域(RBD)与橙皮苷分子对接为例”和“实验 22　操控式分子动力学模拟：以泛素蛋白的 3D 结构研究为例”中有关分子对接和分子动力学模拟的内容，进行 CALB 催化特定底物反应的分子对接和动力学模拟计算，从而发现一些重要的突变位点，并进一步构建相应的新突变株。

2) CALB 蛋白的表达优化

CALB 的表达是一个难点，CALB 在大肠杆菌中表达时很容易形成包涵体，导致上清液中可溶性蛋白量很少，而沉淀中蛋白量很高。本实验采用含分子伴侣 pGro7 的 BL21 细胞作为宿主菌，有助于增加 CALB 的水溶性表达。

查阅文献，寻找促进 CALB 在大肠杆菌中表达更好的方法，包括亲水性蛋白标签、各种不同的分子伴侣质粒等。此外，还可以对本实验的蛋白表达条件进行优化和探索，包括 IPTG 的添加量、表达温度、表达时间等。

3) CALB 蛋白的纯化

利用 CALB 质粒自带的 His 标签，通过镍柱进行亲和色谱分离，从而获得 CALB 纯化蛋白，进一步用于 CALB 蛋白催化性质和结构的探索，以及蛋白固定化研究等。具体可以参考“实验 1　疏水作用色谱分离纯化 α-淀粉酶”和“实验 2　亲和色谱树脂的制备及溶菌酶的提取纯化”的相关步骤。

4) CALB 反应动力学参数的测定

酶的反应动力学参数可以定量地表征酶催化的活性和效率，对于衡量突变酶的催化性能十分重要。可以根据米氏方程，利用纯化后的 CALB 蛋白催化乙酸苯乙酯的酶促水解拆分反应，测定不同底物浓度下的初始反应速率，以 $1/v$ 对 $1/[S]$作图求出 K_M。并根据蛋白浓度计算 k_{cat}，求得催化效率 k_{cat}/K_M，比较 WT-CALB 和突变株的反应活性和催化效率的区别。

米氏方程及其双倒数形式：

$$v = \frac{v_{max}[S]}{K_M + [S]}$$

$$\frac{1}{v} = \frac{K_M}{v_{max}} \times \frac{1}{[S]} + \frac{1}{v_{max}}$$

式中，v 为反应速率；v_{max} 为最大反应速率；[S]为底物浓度；K_M 为米氏常数。以 $1/v$ 对 $1/[S]$作图可得一直线，其斜率为 K_M/v_{max}，截距为 $1/v_{max}$。若将直线延长与横轴相交，则该交点在数值上等于$-1/K_M$。

【实验安排】

1. 课前准备

对学生进行分组，布置相关实验任务，并查阅文献，每组根据实验内容，自主设计初步实验方案(4 学时)。

2. 研讨课

讨论各小组提交的实验方案设计的可行性。以讨论组为单位，每组派出一名学生做 ppt 展示，介绍文献调研情况和方案设计，其他组提问。修改方案、上交材料(ppt 和实验方案作为预习报告)，准备材料和试剂等(2 学时)。

3. 完成实验

每个小组在完成基础实验的情况下，可以选择自己感兴趣的内容进行拓展。

【数据记录与处理】

(1) 记录色谱数据，利用内标法，测定各个时间取样样品的反应转化率和产率。

(2) 计算各个时间酶催化拆分反应的立体选择性因子 E。

【注意事项】

(1) 不同酶的反应时间需要根据粗酶液的浓度或活性加以控制，以便确保拆分反应转化率不超过 50%。其中，两个突变株的活性比野生型 CALB 低，它们的反应时间可以略微长一些。

(2) 手性气相色谱柱分离条件：CP-Chirasil-Dex CB 手性分离柱(25m × 0.25mm × 0.1μm)，进样器温度 250℃，柱温 100℃，以 2℃ · min^{-1} 升温到 126℃，再以 40℃ · min^{-1} 升温到 190℃，恒温 1min；检测器温度 280℃。按照保留时间从左到右的出峰顺序依次为：(*S*)-苯乙醇乙酸酯(7.5min)，(*R*)-苯乙醇乙酸酯(8.6min)，(*R*)-1-苯乙醇(10.8min)，(*S*)-1-苯乙醇(11.4min)。

【思考题】

(1) 酶的立体选择性受哪些因素影响？
(2) 如何进一步提高 CALB 酶的 *S* 构型选择性？
(3) 如何从结构上解释这些突变株与野生型 CALB 具有相反的立体选择性？

(吴 起)

实验 37 大豆食品中转基因成分的分析

【实验导读】

通过基因工程技术将一种或几种外源基因转移到某种特定的生物体中，并使其有效地表达出相应的产物(多肽或蛋白质)，此过程称为转基因。以转基因生物为原料加工生产的食品就是转基因食品。转基因食品根据来源不同可分为植物性转基因食品、动物性转基因食品和微生物性转基因食品。转基因作为一种新兴的生物技术手段，它的不成熟和不确定性使转基因食品的安全性成为人们关注的焦点。在所有产业化转基因植物中，转基因大豆的种植面积最广，而我国是转基因大豆的最大进口国。随着转基因技术越来越快地发展，转基因食品越来越多地在市场上出现。因此，对于转基因大豆食品的检测、监控和管理与人们的生活息息相关。

转基因大豆按不同的性状与功能，主要包括耐除草剂、抗虫、抗病、品质改良(高油酸、低亚麻酸、富含 ω-3 脂肪酸)等类型。其中，应用范围最广、影响最大的是转 EPSPS 基因耐除草剂大豆。EPSPS 酶是莽草酸途径中的一部分，参与合成芳香族氨基酸及植物中的其他芳香族化合物。CP4 EPSPS 基因受到来自于花椰菜花叶病毒(CaMV)的一个增强型 35S 启动子(E35S)、一个来自于矮牵牛的叶绿体转导肽(CTP4)编码序列，以及一个来自于根癌农杆菌胭脂碱合成酶(NOS)转录终止元件的调控。由于大部分转基因植株都含有相同的通用元件和标记基因，因此可通过 PCR 技术对其中常见的 CaMV35S 启动子、NOS 终止子、CP4 EPSPS 等序列进行定性和定量分析，从而鉴定食品中是否含有转基因成分。

此外，采用高通量测序技术也可以实现上述目的，并且速度更快，通量更高。

【实验目的】

(1) 了解转基因技术的原理和应用，以及大豆食品中转基因成分的分类和检测方法。

(2) 熟练掌握基因组 DNA 的提取、PCR 和凝胶电泳技术。

(3) 以分组讨论的方式，自行设计实验方案，准备实验材料，完成实验过程，并对结果进行分析和总结。

【实验原理】

目前对转基因植物产品的检测方法主要分为两类：第一类是以外源基因特定的 DNA 序列为检测对象的检测技术，如 PCR、高通量测序等；第二类是以导入外源基因表达的蛋白质为对象的鉴定方法，如酶联免疫吸附测定(ELISA)等。基于外源基因的 PCR 检测方法具有简便、快速、准确等特点，因此成为转基因作物检测的常用技术。加工后的食品大多经历过一系列粉碎、高温(高压)、发酵或添加化学成分等，这些加工工艺往往会导致食品中其原料成分 DNA 的破坏，所提取的 DNA 呈碎片状，大小从几十到数百碱基不等。因此，在设计引物时，需尽量考虑使引物扩增出的 PCR 产物片段大小合适，以免由于引物不当造成假阴性。

基因组 DNA 的提取方法可以参考“实验 14　植物基因组 DNA 的提取与扩增”。由于各种转基因食品性质不同，因此适合的提取方法也有所不同。

PCR 引物设计可以参考文献中的序列，也可以在美国国家生物技术信息中心(NCBI)网站上根据目标基因序列进行设计和选择。PCR 程序设定，尤其是退火温度，根据引物的 T_m 进行选择。

凝胶电泳可以参考“实验 16　基于连接反应的滚环扩增技术检测单核苷酸多态性”。

【主要仪器与试剂】

1. 仪器

普通 PCR 仪或荧光定量 PCR 仪，电泳仪，凝胶成像仪，超微量分光光度计，水浴锅，离心机，移液器等。

2. 试剂

PCR 引物，DNA 提取试剂盒，PCR 扩增试剂盒，核酸染料，琼脂糖等。

样品：转基因大豆(阳性)，豆腐，黄豆粉，市售黄豆，豆芽等。

【实验内容】

(1) 采用定性 PCR 和凝胶电泳技术对原料、半加工食品和深加工食品中外源 DNA 成分进行分析。材料主要有：黄豆、黄豆粉、豆浆、豆腐、其他含有大豆成分的深加工食品。也可自备材料。

(2) 以目前常见的 GTS40-3-2(ERM-BF410gn)和 MON89788(AOCS 0906-B)转基因大豆标准品为例，分别选取大豆内源基因大豆凝集素(lectin)和外源基因 CaMV35S 启动子、NOS 终止子和 CP4 EPSPS 为目标基因，设计引物如表 8.3 所示。

表 8.3　引物序列

lectin	上游引物	5′-GCCCTCTACTCCACCCCCATCC-3′
	下游引物	5′-GCCCATCTGCAAGCCTTTTTGTG-3′
CaMV35S	上游引物	5′-GATAGTGGGATTGTGCGTCA-3′
	下游引物	5′-GCTCCTACAAATGCCATCA-3′
NOS	上游引物	5′-GAATCCTGTTGCCGGTCTTG-3′
	下游引物	5′-TTATCCTAGTTTGCGCGCTA-3′
CP4 EPSPS	上游引物	5′-GATTGATGTTCCAGGTGATCCAT-3′
	下游引物	5′-ACCGTTTGCGACAGCAGAAAG-3′

(3) 基因组 DNA 的提取参照“实验 14　植物基因组 DNA 的提取与扩增”。

(4) 超微量分光光度计检测提取 DNA 的浓度和纯度。

(5) PCR 反应体系：DNA 模板 2μL；上游引物(5μmol · L^{-1})1.4μL；下游引物(5μmol · L^{-1})1.4μL；PCR 预混液 12.5μL，用水补齐至 25μL。

(6) PCR 扩增程序：95℃预变性 3min，95℃变性 15s，58℃退火 40s，循环次数 30 次，72℃延伸 5min。

(7) PCR 扩增产物用 1%琼脂糖凝胶电泳分离检测，具体步骤参照“实验 14　植物基因组 DNA 的提取与扩增”。

(8) 根据 PCR 扩增结果对样品中的转基因成分进行分析和鉴别。查阅相关资料，对市售大豆产品中的转基因成分进行评价。

【实验安排】

探究性实验与普通实验课相比增加讨论环节，学生要提前查阅大量资料，设计实验方案，在讨论课上以小组为单位进行报告，教师和其他同学提问，并给出意见和建议。此环节对于实验的最终成败非常重要，也可以锻炼学生独立解决科学问题的能力，对培养学生基本的科学研究素质具有重要意义。

课前准备：分组(讨论组每组 4 人，实验组每组 2 人)，布置任务，查阅文献。

第一次研讨课(2 学时)：主要讨论实验方案的可行性，确定方案 (合成引物、准备试剂材料)。以讨论组为单位，每组派出一名学生做演示，介绍文献调研情况和方案设计(具体到实验条件、引物序列、试剂配方等)，其他组提问。修改方案、上交材料(ppt 和实验方案作为预习报告)，准备材料和试剂。

第二次实验(6 学时)：提取核酸、检验核酸提取质量，PCR 扩增、凝胶电泳，以实验组为单位。

【注意事项】

(1) 不同材料的提取方法不同，如植物油中 DNA 提取方法与固体样本不同，因此需要查阅相关文献，制定方案。

(2) 目前我国进口转基因大豆主要的外源基因包括花椰菜花叶病毒 CaMV35S 启动子、根癌农杆菌胭脂碱合成酶基因(NOS)终止子和抗除草剂草甘膦基因 CP4 EPSPS 几种成分。可多购买几种转基因大豆产品，结合大豆内源基因大豆凝集素(lectin)作为内源基因参照，分组进行筛选分析。

(姚　波)

参考文献

方芳，周峻，汤谷平. 2018. 复凝聚法制备药物微胶囊及细胞毒性评价. 实验室研究与探索, 37(7): 41-44

冯庆玲，侯文涛. 2006. 碳酸钙生物矿化的体外研究进展. 清华大学学报(自然科学版), 46(12): 2019-2023

黄永莲. 2009. 琼脂糖凝胶电泳实验技术研究. 湛江师范学院学报, 30(6): 83-85

嵇正平，王俊，韩静. 2011. 流动注射化学发光法测定溶菌酶含量. 分析化学, 39(7): 1100-1103

刘深鑫，张博，刘迎春，等. 2022. SARS-CoV-2 与受体 ACE2 独特的相互作用与结合/解离过程. 中国科学：化学, 52(5): 721-773

刘水平，罗志勇. 2006. 琼脂糖凝胶电泳实验技巧. 实用预防医学, 13(4): 1068-1069

倪贤生，唐盈，涂俊凌，等. 2007. 转基因食品 PCR 定性检测技术的研究. 江西医学检验, 25(6): 569-570, 656

倪忠. 2011. 脂肪酶 A 热点残基突变体催化功能的计算模拟与实验研究. 杭州：浙江大学

王琦. 2005. 液体结构的分子动力学模拟//雷群芳. 中级化学实验. 北京：科学出版社

解晶晶，邹朝勇，傅正义. 2020. 无定形碳酸钙的稳定性和结晶转化过程研究进展. 中国材料进展, 39(4): 261-268, 260

杨昭庆，洪坤学. 2000. 单核苷酸多态性的研究进展. 国外医学遗传学分册, 23(1): 4-8

赵荣文，谭丽萍，刘同军. 2021. 溶菌酶及其应用研究进展. 齐鲁工业大学学报, 35(1): 12-18

赵亚华. 2005. 生物化学与分子生物学实验技术教程. 北京：高等教育出版社

赵永芳. 2002. 生物化学技术原理及应用. 3 版. 北京：科学出版社

周玥旻，王晓雨，唐睿康. 2022. 从生物矿化到仿生矿化：构筑新功能生命体. 大学化学, 37(3): 15-82

Addadi L, Raz S, Weiner S. 2003. Taking advantage of disorder: amorphous calcium carbonate and its roles in biomineralization. Advanced Materials, 15(12): 959-970

Busto E, Gotor-Fernández V, Gotor V. 2010. Hydrolases: catalytically promiscuous enzymes for non-conventional reactions in organic synthesis. Chemical Society Reviews, 39(11): 4504-4523

Cai Y, Wu Q, Xiao Y M, et al. 2006. Hydrolase-catalyzed Michael addition of imidazoles derivatives to acrylic monomers in organic medium. Journal of Biotechnology, 121(3): 330-337

Carrion-Vazquez M, Li H B, Lu H, et al. 2003. The mechanical stability of ubiquitin is linkage dependent. Natural Structural Biology, 10(9): 738-743

Cartwright J H E, Checa A G, Gale J D, et al. 2012. Calcium carbonate polyamorphism and its role in biomineralization: how many amorphous calcium carbonates are there? Angewandte Chemie: International Edition, 51(48): 11960-11970

Cen Y X, Li D Y, Xu J, et al. 2019. Highly focused library-based engineering of *Candida antarctica* Lipase B with (*S*)-selectivity towards *sec*-alcohols. Advanced Synthesis & Catalysis, 361: 126-134

Chen Q, Huang G J, Wu W T, et al. 2020. A hybrid eukaryotic-prokaryotic nanoplatform with photothermal modality for enhanced antitumor vaccination. Advanced Materials, 32(16): 1908185

He Y H, Wang J W, Wang S P, et al. 2023. Natural mussel protein-derived antitumor nanomedicine with tumor-targeted bioadhesion and penetration. Nano Today, 48: 101700

Huang G J, Chen Q, Wu W T, et al. 2020. Reconstructed chitosan with alkylamine for enhanced gene delivery by promoting endosomal escape. Carbohydrate Polymers, 227: 115339

Li D Y, Lou Y J, Xu J, et al. 2021. Electronic effect-guided rational design of *Candida antarctica* Lipase B for kinetic resolution towards diarylmethanols. Advanced Synthesis & Catalysis, 363(7): 1867-1872

Li J C, Wang Q, Tu Y Q. 2022. Binding modes of prothrombin cleavage site sequences to the factor Xa catalytic triad: insights from atomistic simulations. Computational and Structural Biotechnology Journal, 20: 5401-5408

Li Y, Bai H Z, Wang H B, et al. 2018. Reactive oxygen species (ROS)-responsive nanomedicine for RNAi-based cancer therapy. Nanoscale, 10(1): 203-214

Liu J R, Xie L, Deng J, et al. 2019. Annular mesoporous carbonaceous nanospheres from biomass-derived building units with enhanced biological interactions. Chemistry of Materials, 31(18): 7186-7191

Lu X, Ping Y, Xu F J, et al. 2010. Bifunctional conjugates comprising *β*-cyclodextrin, polyethylenimine and 5-fluoro-2′-deoxyuridine for drug delivery and gene transfer. Bioconjugate Chemistry, 21(10): 1855-1863

Magnusson A O, Takwa M, Hamberg A, et al. 2005. An *S*-selective lipase was created by rational redesign and the enantioselectivity increased with temperature. Angewandte Chemie: International Edition, 44(29): 4582-4585

Mallat T, Baiker A. 2004. Oxidation of alcohols with molecular oxygen on solid catalysts. Chemical Reviews, 104(6): 3037-3058

Mann S. 2001. Biomineralization: Principles and Concepts in Bioinorganic Materials Chemistry. New York: Oxford University Press

Min K, Kim H T, Park S J, et al. 2021. Improving the organic solvent resistance of lipase a from Bacillus subtilis in water-ethanol solvent through rational surface engineering. Bioresource Technology, 337: 125394

Mu R P, Wang Z S, Wamsley M C, et al. 2020. Application of enzymes in regioselective and stereoselective organic reactions. Catalysts, 10(8): 832

Mu Z, Kong K R, Jiang K, et al. 2021. Pressure-driven fusion of amorphous particles into integrated monoliths. Science, 372(6549): 1466-1470

Nassif N, Pinna N, Gehrke N, et al. 2005. Amorphous layer around aragonite platelets in nacre. Proceedings of the National Academy of Science of the USA, 102(36): 12653-12655

Pagadala N S, Syed K, Tuszynski J. 2017. Software for molecular docking: a review. Biophysical Reviews, 9(2): 91-102

Pereira M M, Dias L D, Calvete M J F. 2018. Metalloporphyrins: bioinspired oxidation catalysts. ACS Catalysis, 8(11): 10784-10808

Pierce B G, Wiehe K, Hwang H, et al. 2014. ZDOCK server: interactive docking prediction of protein-protein complexes and symmetric multimers. Bioinformatics, 30(12): 1771-1773

Shen J W, Wu T, Wang Q, et al. 2008. Molecular simulation of protein adsorption and desorption on hydroxyapatite surfaces. Biomaterials, 29(5): 513-532

Shewale J G, Kumar K K, Ambekar G R. 1987. Evaluation of determination of 6-aminopenicillanic acid by *p*-dimethylaminobenzaldehyde. Biotechnology Techniques, 1: 69-72

Strohmeier G A, Pichler H, May O, et al. 2011. Application of designed enzymes in organic synthesis. Chemical Reviews, 111(7): 4141-4164

Trott O, Olson A J. 2010. AutoDock Vina: improving the speed and accuracy of docking with a new scoring function, efficient optimization, and multithreading. Journal of Computational Chemistry, 31(2): 455-461

Verma S, Choudhary R N, Kanadje A P, et al. 2021. Diversifying arena of drug synthesis: in the realm of lipase mediated waves of biocatalysis. Catalysts, 11(11): 1328

Wang K, Hu Q D, Zhu W, et al. 2015. Structure-invertible nanoparticles for triggered *co*-delivery of nucleic acids and hydrophobic drugs for combination cancer therapy. Advanced Functional Materials, 25(22): 3380-3392

Wang S P, Huang X C, He Y X, et al. 2023. Amphiphilic porphyrin-based supramolecular self-assembly for photochemotherapy: from molecular design to application. Nano Today, 48: 101732

Wen Y T, Bai H Z, Zhu J L, et al. 2020. A supramolecular platform for controlling and optimizing molecular architectures of siRNA targeted delivery vehicles. Science Advances, 6(31): eabc2148

Whittle C A, Johnston M O. 2002. Male-driven evolution of mitochondrial and chloroplastidial DNA sequences in plants. Molecular Biology and Evolution, 19(6): 938-949

Wu C R, Liu Y, Yang Y Y, et al. 2020. Analysis of therapeutic targets for SARS-CoV-2 and discovery of potential drugs by computational methods. Acta Pharmaceutica Sinica B, 10(5): 766-788.

Wu Q, Liu B K, Lin X F. 2010. Enzymatic promiscuity for organic synthesis and cascade process. Current Organic Chemistry, 14 (17): 1966-1988

Yao B, Li J A, Huang H A, et al. 2009. Quantitative analysis of zeptomole microRNAs based on isothermal ramification amplification. RNA, 15(9): 1787-1794

Yao B, Sun D Y, Ren Y A, et al. 2022. Introducing theoretical principles of semi-, relative, and absolute quantification via conventional, real-time, and digital PCR to graduate and senior undergraduate students of chemistry. Journal of Chemical Education, 99(2): 603-611

Yao H, Ng S S, Tucker W O, et al. 2009. The gene transfection efficiency of a folate-PEI600-cyclodextrin nanopolymer. Biomaterials, 30(29): 5793-5803

Yu K X, Chen S A, Amgoth C, et al. 2021. Two polymorphs of remdesivir: crystal structure, solubility, and pharmacokinetic study. CrystEngComm, 23(16): 2923-2927

Zhang Y M, Chen H, Gao X, et al. 2012. A novel immunosensor based on an alternate strategy of electrodeposition and self-assembly. Biosensors and Bioelectronics, 35: 277-283

(王　琦、方　芳、白宏震、汤谷平、吴　起、陈志春、周　峻、姚　波、曾秀琼)

附　　录

附录 1　常用化学生物学缓冲溶液的配制

1. Tris-HCl 缓冲液(0.05mol · L^{-1})

按下表将 0.1mol · L^{-1} 三羟甲基氨基甲烷(Tris)溶液与 0.1mol · L^{-1} 盐酸混匀，稀释至 100mL。

pH(25℃)	Tris/mL	盐酸/mL
7.10	50	45.7
7.20	50	44.7
7.30	50	43.4
7.40	50	42.0
7.50	50	40.3
7.60	50	38.5
7.70	50	36.6
7.80	50	34.5
7.90	50	32.0
8.00	50	29.2
8.10	50	26.2
8.20	50	22.9
8.30	50	19.9
8.40	50	17.2
8.50	50	14.7
8.60	50	12.4
8.70	50	10.3
8.80	50	8.5
8.90	50	7.0

注：① Tris 相对分子质量为 121.1；0.1mol · L^{-1} Tris 溶液为 12.11g · L^{-1}。

② Tris 溶液能从空气中吸收二氧化碳，储存时需将试剂瓶盖严。

2. 其他特殊缓冲液

名称	配制方法
TE 缓冲液(pH 8.0)	10mmol · L^{-1} Tris-HCl(pH 8.0)，1mmol · L^{-1} EDTA(pH 8.0)
STE 缓冲液(pH 8.0)	10mmol · L^{-1} Tris-HCl(pH 8.0)，1mmol · L^{-1} EDTA(pH 8.0)，0.1mmol · L^{-1} NaCl，用去离子水配制
50×TAE 电泳缓冲液	在 500mL 去离子水中加入 242g Tris 和 18.6g 二水合 EDTA 二钠盐，搅拌溶解，再加入 57.1mL 乙酸，摇匀后定容至 1L，室温保存
5×TBE 电泳缓冲液	54g Tris，27.5g 硼酸，3.72g 二水合 EDTA 二钠盐，用去离子水定容至 1000mL
6×点样缓冲液	0.25%溴酚蓝，400g · L^{-1} 蔗糖

附录 2　常用特殊化学生物学试剂的配制

1. MTT 溶液的配制方法

将 0.5g MTT 溶于 100mL 的磷酸盐缓冲液(PBS)或无酚红的培养基中，用 0.22μm 滤膜过滤以除去溶液中的细菌，配制成浓度为 5mg · mL^{-1} 的溶液，于 4℃避光保存。在配制和保存的过程中，容器应用铝箔纸包住。

注意事项：①MTT 溶液需要新鲜配制，过滤后 4℃避光保存两周内有效，或配制成 5mg · mL^{-1} 于–20℃长期保存，但要避免反复冻融；②当 MTT 溶液变为灰绿色时，表明已失效，不可再用；③MTT 有致癌性，操作时必须戴橡胶手套，避免直接接触。

2. 消毒剂的配制

每 1000mL 水中加入 1～2 片消毒片(主要成分为三氯异氰尿酸)，将消毒片完全溶解并混匀。适用于非金属物品表面消毒，一般用于公共场所的物体表面消毒，也可用于处理废弃的细胞培养基和细胞培养容器，如细胞板、细胞培养皿等。

注意事项：①消毒液对皮肤有刺激作用，使用时需戴橡胶手套；②消毒液对金属具有腐蚀性，对棉织物有漂白作用，应慎用；③存放时要置于避光阴凉处。

3. HE 染色液的配制

(1) 苏木精染液配制方法：用 20mL 无水乙醇溶解 2.5g 苏木精，制成溶液Ⅰ；用 330mL 水加热溶解 5g 硫酸铝钾，制成溶液Ⅱ。将溶液Ⅰ和溶液Ⅱ混合后，依次加入 0.25mg 碘酸钠、150mL 甘油和 10mL 乙酸。

(2) 伊红染液配制方法：0.3g 伊红用 100mL 95%乙醇溶解，加 1～3 滴 10%乙酸调节 pH，摇匀。

注意：伊红溶液的酸度控制在 pH 6.5 左右，酸度过大会将已经染色的细胞核上的苏木精洗下来。

(3) 溶液配制完成后避光、冷藏保存，有效期为三个月。

附录 3　生物信息数据库

1. 基因数据库

欧洲生物信息学研究所(European Bioinformatics Institute)EMBL 数据库。

美国国家生物技术信息中心(National Center for Biotechnology Information)NCBI 数据库。

日本国立遗传学研究所(National Institute of Genetics)DDBJ 数据库。

以色列魏茨曼科学研究所(Weizmann Institute of Science)收录人基因组、转录组、蛋白质组的数据库。

日本京都大学生物信息学中心(Center for Bioinformatics，Kyoto University)KEGG 数据库。

2. 蛋白质数据库

SWISS-PROT 数据库：用于蛋白质序列的搜寻。

PIR(Protein Information Resource)数据库：提供同源性和分类组织的综合性蛋白质序列数据库，能快速查询、比较和匹配蛋白质序列，给出磷酸化、糖基化及细胞黏附位点。

Expasy-Enzyme 数据库：用于酶的氨基酸序列、活性位点的查询。

PDB(Protein Data Bank)数据库：提供蛋白质序列及三维晶体学结构数据。

Scratch Protein Predictor：用于蛋白质二级结构分析及预测服务。

3. 细胞、菌种库信息

ATCC：提供细胞、微生物、分子生物学、组织工程等相关产品信息。

(方　芳、姚　波、吴　起、汤谷平、周　峻、白宏震)